建筑工程材料检测

主　编　李　浩　杨晓杰
副主编　张　嵩　黄　岚　赵雪君

中国建材工业出版社

图书在版编目(CIP)数据

建筑工程材料检测/李浩，杨晓杰主编．—北京：中国建材工业出版社，2015.8（2022.8重印）
ISBN 978-7-5160-1122-5

Ⅰ．①建… Ⅱ．①李… ②杨… Ⅲ．①建筑材料—检测 Ⅳ．①TU502

中国版本图书馆CIP数据核字（2015）第018473号

内容简介

本书是与企业合作，基于工作过程的课程开发与设计，以职业活动为导向，以能力为目标、项目为载体编写而成的。通过本书学习，可以熟悉常用建筑材料的基本性质与技术要求。同时具备建筑材料检测实验员、见证取样员的职业素质和岗位技能。

全书内容包括：建筑材料基础知识、水泥性能检测、普通混凝土性能检测、建筑砂浆性能检测、建筑钢材性能检测、墙体材料性能检测、防水材料性能检测、建筑涂料性能检测、建筑玻璃性能检测、保温隔热吸声材料性能检测。

本书内容丰富，明了易懂；针对性、实用性强。本书适合作为高职高专建筑材料类、环境类及相关专业教材，也可供建筑施工企业基层管理人员使用。

本书有配套课件，读者可登录我社网站免费下载。

建筑工程材料检测
主　编　李　浩　杨晓杰
副主编　张　嵩　黄　岚　赵雪君

出版发行：中国建材工业出版社
地　　址：北京市海淀区三里河路11号
邮　　编：100831
经　　销：全国各地新华书店
印　　刷：北京雁林吉兆印刷有限公司
开　　本：787mm×1092mm　1/16
印　　张：15.75
字　　数：392千字
版　　次：2015年8月第1版
印　　次：2022年8月第3次
定　　价：55.00元

本社网址：www.jccbs.com.cn　　微信公众号：zgjcgycbs
本书如出现印装质量问题，由我社网络直销部负责调换。联系电话：(010) 57811387

前　言

本教材是以职业能力培养为重点，与企业合作，基于工作过程的课程开发与设计，针对工程材料检测单位等合作企业提供的企业发展需要和建材检测、材料质量控制等职业岗位实际工作任务所需要的技能、知识和素质要求来选取项目内容编写而成的。

教材编写组在编写前进行了大量的市场调研，取得了诸多宝贵的实用依据和编写意见。编写教师均为常年从事建筑材料检测工作和专业教学工作的双师型教师，具有扎实的理论基础和丰富的实践经验。教材内容突出新、实、精、简、够的特点，且全部采用建筑行业最新的材料检测标准，突出技能培养特色，有很强的实用性。同时，教材配有自测练习和项目实训内容，便于学生学习。

本教材由昆明冶金高等专科学校李浩、杨晓杰任主编，张嵩、黄岚、赵雪君任副主编。全书编写分工如下：

李浩编写前言及项目1；杨晓杰编写项目9；张嵩编写项目10；黄岚编写项目2；赵雪君编写项目6；唐越编写项目4；韩长菊编写项目3；张世玲编写项目7；龚晓莹编写项目8；杨海燕编写项目5；张虹编写项目1。全书由云南省建筑材料质量检验监督站高级工程师谢喆，云南诚辉检测有限公司总经理、高级工程师陈昆元主审。

由于时间仓促，编者水平有限，书中难免有不足和疏漏之处，敬请广大读者批评指正。

编　者

2015年6月

目 录

项目 1　建筑材料基础知识

学习目标

1. 了解建筑材料的基本物理性质、力学性质。
2. 理解实验数据统计分析与处理方法，误差的处理方法。
3. 掌握有效数字的计算方法。
4. 了解见证取样及送检的范围和程序。
5. 了解建筑材料检测所依据的相关标准。
6. 掌握法定的计量单位及其换算方法。

能力目标

1. 能根据建筑材料性质合理地选择和使用建筑材料。
2. 能熟练计算平均值、标准差、变异系数等，正确分析误差产生的原因。
3. 能进行常用国际单位制的换算。

相关理论知识

知识点一　建筑材料概述

1. 建筑材料的定义

① 广义的建筑材料是指建造物和构筑物的所有材料，包括使用的各种原材料、半成品、成品等的总称。如黏土、铁矿石、石灰石、生石膏等。

② 狭义的建筑材料是指直接构成建筑物和构筑物实体的材料。如混凝土、水泥、石灰、钢筋、黏土砖、玻璃等。

③ 作为建筑材料必须同时满足两个基本要求：

a. 满足建筑物和构筑物本身的技术性能要求，保证能正常使用。

b. 在其使用过程中，能抵御周围环境的影响与有害介质的侵蚀，保证建筑物和构筑物的合理使用寿命，同时也不能对周围环境产生危害。

2. 建筑材料的分类

建筑材料的分类，见表 1-1。

表 1-1　建筑材料分类

<table>
<tr><td rowspan="6">建筑材料的分类</td><td rowspan="3">按建筑材料的化学组成</td><td>无机材料</td></tr>
<tr><td>有机材料</td></tr>
<tr><td>复合材料</td></tr>
<tr><td rowspan="3">按建筑材料的使用功能</td><td>建筑结构材料</td></tr>
<tr><td>墙体材料</td></tr>
<tr><td>建筑功能材料</td></tr>
</table>

① 无机材料，包括金属材料和非金属材料。

a. 金属材料：有钢、铁、铝、铜及其合金等。

b. 非金属材料：包括天然石材、烧土制品、胶凝材料及制品、玻璃、无机纤维材料。

② 有机材料，包括植物材料、沥青材料及合成高分子塑料。

③ 复合材料，包括有机与无机非金属材料、金属与无机非金属复合材料、金属与有机复合材料。

④ 建筑结构材料，主要是指构成建筑物受力构件和结构所用的材料，如梁、板、柱、基础、框架及其受力构件和结构等所用的材料。对这类材料主要技术性能的要求是强度和耐久性。

目前所用的主要结构材料有砖、石、水泥混凝土及两者的复合物——钢筋混凝土和预应力钢筋混凝土。随着工业的发展，轻钢结构和铝合金结构所占的比例将会逐渐加大。

⑤ 墙体材料，主要指建筑物内、外及分隔墙体所用的材料，有承重和非承重两类。目前我国大量采用的墙体材料为粉煤灰砌块、混凝土及加气混凝土砌块等。此外，还有混凝土墙板、石板、金属板材和复合墙板等。

⑥ 建筑功能材料，主要指负担某些建筑功能的非承重用材料。如防水材料、绝热材料、吸声和隔热材料、采光材料、装饰材料等。

一般来说，建筑物的可靠度与安全度，主要决定于由建筑结构材料组成的构件和结构体系，而建筑物的使用功能与建筑品质，主要决定于建筑功能材料。对某一种具体材料来说，它可能兼有多种功能。

3. 建筑材料在建筑工程中的地位

建筑材料和建筑设计、建筑结构、建筑经济及建筑施工等一样，是建筑工程学科的一部分，而且是极为重要的部分。因为建筑材料是建筑工程的物质基础。一个优秀的建筑师总是把建筑艺术和以最佳方式选用的建筑材料融合在一起。结构工程师只有很好地了解建筑材料的性能后，才能根据力学计算，准确地确定建筑构件的尺寸和创造出先进的结构形式。建筑经济学家为了降低造价，节省投资，在基本建设中，首先要考虑的是节约和合理地使用建筑材料。而建筑施工和安装的全过程，实质上是按设计要求把建筑材料逐步变成建筑物的过程。它涉及到材料的选用、运输、储存以及加工等诸方面。总之，从事建筑工程的技术人员都必须了解和掌握建筑材料有关技术知识，而且应使所用的材料都能最大限度地发挥其效能，并合理、经济地满足建筑工程上的各种要求。

建筑、材料、结构、施工四者是密切相关的。从根本上说，材料是基础，材料决定了建筑和施工方法。新材料的出现，可以促使建筑形式的变化、结构设计和施工技术的革新。

4. 建筑材料的发展趋势

① 高性能材料的研制。

② 充分利用地方原料、固体废弃物、各种工业废渣等。

③ 节能材料开发。

④ 具有良好经济效益的材料。

5. 建筑材料的技术标准

各级标准都有各自的部门代号，例如：GB——国家标准；GB/T—推荐性国家标准；JGJ——建工行业建设标准；JC——建材行业标准；YB——冶金行业标准；ZB——国家级专业标准等。

标准的表示方法，系由标准名称、部门代号、编号和批准年份等组成，例如：

① 国家标准《通用硅酸盐水泥》（GB 175—2007）。标准的部门代号为GB，编号为175，批准年份为：2007年。

② 行业标准《普通混凝土配合比设计规程》（JGJ 55—2011）。标准的部门代号为JGJ，编号为55，批准年份为2011年。

知识点二　检测工作的基础

1. 材料性能检测技术的分类

（1）宏观检测技术

宏观检测技术是指利用各种仪器设备对材料的物理或物理化学性能进行检测、研究，包括材料的力学性能、物理性能、化学性能、热工性能、光学性能、装饰性能等。

（2）微观检测技术

微观检测技术是指采用现代检测技术研究材料原子、分子、晶体、非晶体等与物质性质的关系。微观检测技术的对象一般指空间线度在10nm以内的结构，由微观结构到目视范围内的亚微观结构也包括在内。例如用X射线衍射仪研究晶体、非晶体形态；用电子显微镜观察原子结构；利用差热分析仪观察材料在热变化时的热反应；利用压泵仪对材料的孔结构进行分析等现代测试技术。

2. 材料性能的检测方法和指标

（1）按材料品种分

不同种类的材料性能存在共性，因此在检测时，不同品种材料检测的主要指标存在差异。

如无机非金属材料具有较高的抗拉强度。也具有较高的抗压强度，作为受拉材料更为有效，而用作受压件时，若为细长杆件，则容易失稳，为此需增加杆件截面积，但材料的强度值未能充分得到应用，所以常用拉伸试验对金属材料进行检测。大多数无机非金属材料都具有较大的脆性，例如混凝土、砂浆、砖瓦、石材等制品，其抗拉强度与抗压强度相比很低，因此无机非金属材料主要检测其抗压强度，并以此划分等级。

建筑工程中应用的有机高分子材料有沥青、塑料、木材以及涂料等。沥青以黏性、塑性、耐热性等作为其主要性能指标，涂料以黏度、遮盖力、耐老化等作为其性能指标。

（2）按材料性能分

按照材料性能的不同，主要检测以下指标。

① 物理性能：材料的密度、表观密度、孔隙率等。

② 化学性能：材料的耐酸性、耐碱性、抗腐蚀性。

③ 物理化学性能：吸水性、防水性、电化学腐蚀性、收缩与膨胀性等。

④ 力学性能：拉伸、压缩、剪切和弯曲强度，弹性塑性、脆性、韧性、冲击强度等。

⑤ 热学性能：绝热性、热膨胀性、传热性等。

⑥ 光学性能：光泽度、白度、色度等。

⑦ 声学性能：吸声性、隔声性等。

（3）按材料破损状况分

按检测后试件破损或无破损试验与非破损试验两大类。破损试验是常用的检测方法，是指用各种试验机施加荷载，直到试件破坏为止。非破损试验如超声波、表面硬度法、电磁法等，测试后试件不破坏，仍有使用价值。

3. 常用材料的基本性质、代号和单位

常用材料的基本性质、代号和单位见表1-2。

表1-2 常用建材的基本性质、代号和单位

名称	代号	公式	常用单位	说明
密度	ρ	$\rho=m/V$	kg/m^3，g/m^3	m：材料在干燥状态下的质量 V：材料在绝对密实状态下的体积
表观密度	ρ_0	$\rho_0=m/V_0$	kg/m^3，g/m^3	m：材料在干燥状态下的质量 V_0：材料在自然状态下的体积
堆积密度	ρ_L	$\rho_L=m/V_L$	kg/m^3，g/m^3	m：材料在干燥状态下的质量 V_L：粉状或粒状材料在堆积状态下的体积
强度	f	$f=F/A$	$1Pa=1N/m^2$ $1MPa=10^6Pa$	F：材料破坏时的荷载 A：受力面积
含水率	w_{wc}	$w_{wc}=m_{水}/m$	%	$m_{水}$：材料中所含水的质量 m：材料在干燥状态下的质量
饱和面干含水率	w_{wa}	$w_{wa}=\frac{G_1-G}{G}$	%	G_1：材料在饱和面干状态下的质量 G：材料在干燥状态下的质量
导热系数	λ	—	W/(m·K)	1kcal/(m·h·℃)=1.163W/(m²·K)

4. 材料的耐久性与破坏因素

建筑工程材料在使用环境中，长期在各种破坏因素的作用下，不破坏、不变质，这种保持原有性质的能力称为材料的耐久性。耐久性是材料的一项综合性质。材料的耐久性与破坏因素的关系见表1-3。

表1-3 建筑材料主要耐久性与破坏因素的关系

名称	破坏因素分类	破坏因素	评定指标
抗渗性	物理	压力水、静水	渗透系数、抗渗等级
抗冻性	物理、化学	水、冻融作用	抗冻等级、耐久系数
钢筋锈蚀	物理、化学	H_2O、O_2	电位锈蚀率
碱集料反应	物理、化学	R_2O、O_2	膨胀率

任务1 建筑材料的基本性质

1. 材料的密度、表观密度、堆积密度和紧密密度

（1）材料的密度

密度是指材料在绝对密实状态下，单位体积的质量。按下式计算：

$$\rho=\frac{m}{V} \tag{1-1}$$

式中　ρ——材料密度，g/cm^3或kg/m^3；

m——材料质量，g或kg；

V——材料绝对密实状态下的体积，cm^3或m^3。

（2）表观密度

材料（指含孔材料）在自然状态下，单位表观体积的质量，称为表观密度。按下式计算：

$$\rho_0 = \frac{m}{V_0} \tag{1-2}$$

式中　ρ_0——表观密度，kg/m^3；

m——材料质量，kg；

V_0——材料表观体积，m^3；包括封闭孔在内的体积$V_0 = V + V_{闭}$。

（3）堆积密度

堆积密度是指散粒材料（如砂、石）在规定装填条件下，单位体积的质量，按下式计算：

$$\rho'_0 = \frac{m'}{V'_0} \tag{1-3}$$

式中　ρ'_0——堆积密度，kg/m^3；

m'——材料质量，kg；

V'_0——材料堆积体积，m^3。

V'_0 =颗粒自然体积+空隙体积$= V + V_{闭} + V_{开} + V_{空隙}$

（4）紧密密度

紧密密度是指散粒材料（如砂、石）按规定方法颠实后，单位体积的质量，按下式计算：

$$\rho'_{0实} = \frac{m}{V'_{0实}} \tag{1-4}$$

式中　$\rho'_{0实}$——紧密密度，kg/m^3；

m——材料质量，kg；

$V'_{0实}$——颠实后材料体积，m^3。

2. 材料的密实度、孔隙率和空隙率

（1）密实度

材料体积内被固体物质充实的程度，即材料密实体积与总体积比，称为材料密实度。按下式计算：

$$D = \frac{V}{V_0} = \frac{\rho_0}{\rho} \tag{1-5}$$

式中　D——密实度，常以%表示。

（2）孔隙率

材料体积内，孔隙（开口的和封闭的）体积所占的比例，称为材料孔隙率。按下式计算：

$$P=\frac{V_{孔}}{V_0}=\frac{V_0-V}{V_0}=1-\frac{\rho_0}{\rho}=1-D \tag{1-6}$$

式中　P——材料孔隙率，常以%表示。

（3）空隙率

散粒材料的堆积体积内，颗粒与颗粒之间的空隙体积所占的百分率称为空隙率。按下式计算：

$$P'=\frac{V'_0-V_0}{V'_0}=1-\frac{\rho'_0}{\rho_0} \tag{1-7}$$

式中　P'——材料空隙率，常用%表示。

3. 材料与水有关的性质

（1）吸水性

材料在水中能够吸收水分的性质称为吸水性。材料的吸水性用吸水率表示。吸水率有质量吸水率和体积吸水率之分。

质量吸水率是指材料吸收水分的质量占材料干燥状态下质量的百分数。按下式计算：

$$w_{质}=\frac{m_{湿}-m_{干}}{m_{干}}\times 100\% \tag{1-8}$$

式中　$w_{质}$——材料的质量吸水率，常用%表示；

$m_{湿}$——材料吸水饱和时的质量，g 或 kg；

$m_{干}$——材料干燥状态下质量，g 或 kg。

体积吸水率是指材料吸收水分的体积占材料干燥状态下体积的百分数。按下式计算：

$$w_{体}=\frac{m_{湿}-m_{干}}{\rho_{水}V_0}\times 100\% \tag{1-9}$$

式中　$w_{体}$——材料的体积吸水率，常用%表示；

$\rho_{水}$——水的密度，常温下取 $1g/cm^3$；

V_0——材料干燥状态下体积，cm^3 或 m^3。

（2）吸湿性

材料在潮湿空气中吸收空气中水分的性质称为吸湿性。吸湿性用含水率表示。含水率是指材料含水的质量与材料干燥质量之比的百分数。按下式计算：

$$w_{含}=\frac{m_{含}-m_{干}}{m_{干}}\times 100\% \tag{1-10}$$

式中　$w_{含}$——材料的含水率，常用%表示；

$m_{含}$——材料含水的质量，g 或 kg。

4. 材料的导热性

导热性为材料本身具有的传导热量的性质，即当材料两面有温差时，热量能从温度高的一侧向温度低的一侧传导的性质。导热性用热导率 λ 表示。单位为 W/(m·K)。按下式计算：

$$\lambda=\frac{Qd}{(T_1-T_2)At} \tag{1-11}$$

式中　λ——热导率，W/（m·K）；

Q——总传热量，J；

d——材料的厚度，m；

$T_1 - T_2$——材料两侧热力学温度之差，K；

A——传热面积，m^2；

t——传热时间，s。

5. 材料的强度

材料在外力（荷载）作用下抵抗破坏的能力称为强度。材料强度的大小通常以材料单位面积（m^2）上所承受的力（N）来表示，单位为 Pa 或 MPa。

根据外力作用方式的不同，强度主要可分为抗压强度、抗拉强度、抗弯强度（抗折强度）和抗剪强度四种。

① 抗压强度、抗拉强度和抗剪强度按下式计算：

$$f = \frac{F}{A} \tag{1-12}$$

式中 f——材料的强度，N/m^2 或 MPa；

F——破坏时的最大荷载，N；

A——受力面积，mm^2。

② 抗弯强度（抗折强度）与材料受力情况、截面形状及支撑条件等有关，对梁板在两端支撑、中间作用集中荷载的情况下，抗弯强度按下式计算：

$$f = \frac{3FL}{2bh^2} \tag{1-13}$$

式中 f——抗弯强度，N/m^2 或 MPa；

F——破坏时的最大荷载，N；

L——两支点间距离，mm；

b、h——截面的宽度、高度，mm。

6. 弹性和塑性

（1）弹性

弹性是指材料在外力作用下所产生的变形，当外力去除后能完全恢复原来形状的性质。

（2）塑性

塑性是指材料在外力作用下产生的变形，在外力去除后仍保持变形后的形状和尺寸，并且不产生裂缝的性质。不能恢复的变形称塑性变形。

任务 2 实验数据统计分析及处理

1. 误差的种类及表示方法

观测值与真值之差称为误差，根据观测误差性质，可将其分为系统误差、偶然误差和过失误差三类。

（1）系统误差

系统误差是指测定中未被发觉或未被确定的因素所引起的误差，引起系统误差的原因一般认为是由于仪器不良，如刻度不准，砝码未校正；试验条件的变化，如温度、压力、湿度的变化；操作人员的习惯，如习惯从侧面读数等。可以用校正仪器，控制环境和改正不良习惯来消除系统误差。

（2）偶然误差

偶然误差是指在已消除系统误差的条件下，所测定的数据仍在末一位或末两位数字上有差别，则这种误差为偶然误差。偶然误差的特点是时大时小、时正时负，方向不一定；偶然误差产生的原因不清楚，因此无法控制。但如用同一精度的仪器，在同一条件下，对同一物理量做多次测量，若测量的次数足够多，则可发现偶然误差完全服从统计规律，偶然误差的算术平均值将逐渐接近于零，偶然误差可以用误差理论进行处理。

（3）过失误差

过失误差又称粗差，是完全由认为因素造成，如粗枝大叶、过度疲劳或操作不正确等因素。消除方法是提高工作人员的责任感，健全工作制度，加强对数据的审核。应该从数据的试验、采集上进行检查、剔除存在错误的数据。

2. 统计分析的方法

1）平均值

（1）算术平均值

$$\overline{X}=\frac{X_1+X_2+\cdots+X_n}{n}=\frac{\sum_{i=1}^{n}X_i}{n} \tag{1-14}$$

式中 $\overline{X}$——算术平均值；

n——试验数据的个数；

$X_1,X_2,\cdots,X_n$——各试验数据值；

ΣX——各试验数据的总和。

（2）均方根平均值

均方根平均值反映数据跳动的敏感性。

$$S=\sqrt{\frac{x_1^2+x_2^2+\cdots+x_n^2}{n}}=\sqrt{\frac{\sum_{i=1}^{n}x_i^2}{n}} \tag{1-15}$$

式中 S——均方根平均值；

$x_1,x_2,\cdots,x_n$——各试验数据值；

Σx_i^2——各试验数据的平方和；

n——试验数据的个数。

（3）加权平均值

各个试验数据和它对应数的算术平均值。

$$m=\frac{X_1g_1+X_2g_2+\cdots+X_ng_n}{g_1+g_2+\cdots+g_n}=\frac{\sum_{i=1}^{n}X_ig_i}{\sum_{i=1}^{n}g_i} \tag{1-16}$$

式中 m——加权平均值；

$X_1,X_2,\cdots,X_n$——各试验数据值；

$\sum_{i=1}^{n}X_ig_i$——各试验数据值和它对应数乘积的总和；

$\sum_{i=1}^{n}g_i$——各对应数据总和。

2）误差计算

（1）范围误差

范围误差又称为极差，是试验数据最大值和最小值之差。

（2）算术平均误差

$$\delta=\frac{|X_1-\overline{X}|+|X_2-\overline{X}|+\cdots+|X_n-\overline{X}|}{n}=\frac{\sum_{i=1}^{n}|X_i-\overline{X}|}{n} \tag{1-17}$$

式中　δ——算术平均误差；

$X_1,X_2,\cdots,X_n$——各试验数据值；

$\overline{X}$——算术平均值；

n——试验数据的个数。

（3）标准差

标准差（均方根差）是衡量波动性即离散性大小的指标。

$$S=\sqrt{\frac{(X_1-\overline{X})^2+(X_2-\overline{X})^2+\cdots+(X_n-\overline{X})^2}{n-1}}=\sqrt{\frac{\sum_{i=1}^{n}(X_i-\overline{X})^2}{n-1}} \tag{1-18}$$

式中　S——标准差；

$X_1,X_2,\cdots,X_n$——各试验数据值；

$\overline{X}$——算术平均值；

n——试验数据的个数。

3）变异系数

标准差是表示绝对波动大小的指标，当测量较大量值时，绝对误差一般较大；当测量较小量值时，绝对误差一般较小。因此要考虑相对波动的大小，即用平均值的百分率来表示标准差，即变异系数。

$$C_v=\frac{S}{\overline{X}}\times 100\% \tag{1-19}$$

式中　C_v——变异系数；

S——标准差；

$\overline{X}$——算术平均值。

变异系数越大，则标准偏差的波动越大，说明数据偏离平均值的程度越大。变异系数能反映出标准偏差所表示不出来的数据波动情况。

4）极差

极差是指一组测量值中最大值（X_{max}）与最小值（X_{min}）之差，表示误差的范围。

$$R=X_{max}-X_{min} \tag{1-20}$$

3. 有效数字的定义

测量的结果因所用单位不同而不同，但在某一单位（量具）下，表示该测量值的数值位数不应随意取位，而是要用有确定意义的表示法。

如用毫米尺测量一段工件长度，当介于 13mm 和 14mm 之间，其右端点超过 13mm 刻度线处，估计为 6/10 格，即工件的长度为 13.6mm。从获得结果看，前两位 13 是直接读出，称为可靠数字，而最末一位 0.6mm 则是从尺上最小刻度间估计出来的，称为可疑数字，尽管可疑，但还是有一定根据，是有意义的。

1）有效数字的定义

由几位可靠数字加上一位可疑数字在内的读数，称为有效数字。

如上读数 13.6mm 共有三位有效数字，这里的第三位数“6”已是估计出来的，因此，用这种规格的尺子不可能测量到以毫米为单位小数点后第二位。

2）有效位数的确定

① 末位“0”和数字中间的“0”均为有效数字。如：16.10mm、10.7cm 有效位数分别为四位、三位。

② 小数点前面出现的“0”和它之后紧接着的“0”都不是有效数字。如：0.55mm、0.045kg 中的“0”都不是有效数字，它们都是两位有效数字。

③ 科学计数法：计量单位的不同选择可改变量值的数值，但绝不应改变数值的有效位。因此，在变换单位时，为了正确表达出有效位数，实验中常用科学计数法（10 的幂次方）。如：$1.30cm=1.30\times10^{-2}m=1.30\times10^{4}\mu m=1.30\times10^{-5}km$。

3）数字修约原则

数据修约规则规定：四舍六入五考虑，五后非零则进一，五后皆零视奇偶，五前为偶应舍去，五前为奇则进一。所有拟舍去的数字，若为两位以上的数字，不得连续进行多次（包括二次）修约，应根据保留后边第一个数字的大小，按上述规定一次修约出结果。

【例 1-1】 将下列数据修约到只保留一位小数。

44.542	3.37398	7.8502	11.8500	55.7500

按照上述修约规则，修约后分别为：

44.5	3.4	87.9	11.8	55.8

【例 1-2】 将 21.4546 修约成整数。

修约后为 21；

错误的修约为：

一次修约	二次修约	三次修约	四次修约
21.455	21.46	21.5	22

【例 1-3】 将下列数值修约到四位有效数字。

0.425645	10.735000	26.09503	4221.48	15075000

修约后为：

0.42	10.74	26.10	4221	150.8

4）0.5 单位修约

0.5 单位修约规则：将拟修约数值乘以 2，然后按上述规则修约至指定位数，再将所得数值除以 2。

【例 1-4】 将下列数值修约至个位数的 0.5 单位。

30.25　30.50　30.75

30.25→60.5→60→30.0

30.50→61.0→61→30.5

30.75→61.5→62→31.0

5）数据处理

数据处理是指从实验中获得的数据得出结果的整个过程，包括记录、整理、计算、分析等处理方法。正确处理实验数据是实验能力的基本训练之一。根据不同的实验内容，不同的要求，可采用不同的数据处理方法。

（1）列表法

采集数据后的第一项工作就是记录，为避免混乱及丢失数据，较容易地从排列的数据中发现个别有错误的数据。列表法是最好的方法。制作一份适当的表格，把实验数据一一对应地排列在表中，就是列表法。

（2）作图法

作图法能够形象、直观、简便地显示出数据间相互关系以及函数的极值、拐点、突变或周期性等特征。在报告实验结果时，一条正确的曲线往往胜过百个文字的描述，它能使实验数据间的关系一目了然，所以只要有可能，实验结果就要用曲线表达出来。

（3）逐差法

当两物理量呈线性关系时，常用逐差法来计算因变量变化的平均值；当函数关系为多项式形式时，也可用逐差法来求多项式的系数。充分利用测量数据，更好地发挥了多次测量取平均值的效果。逐差法也称为环差法。

（4）最小二乘法和一元线性回归

从测量数据中寻求经验方程或提取参数称为回归问题，是实验数据处理的重要内容。用作图法获得直线的斜率和截距就是回归问题的一种处理方法，但连线带有相当大的主观成分，结果会因人而异；用逐差法求多项式的系数也是一种回归方法，但它又受到自变量必须等间距变化的限制。

任务 3　见证取样及送检的范围和程序

1. 见证取样及送检的范围

建设工程质量的常规检查一般都采用抽样检查。正确的抽样方法应保证抽样的代表性和随机性。抽样的代表性是保证抽取的子样应代表母体的质量状况，抽样的随机性是保证抽取的子样应由随机因素决定而并非人为因素决定。样品的真实性和代表性直接影响到检测数据的准确和公正。如何保证抽样的代表性和随机性，有关的技术规范标准中都做出了明确的规定。

样品抽取后应将样品从施工现场送至有检测资格的工程质量检测单位进行检验，从抽取样品到送至检测单位检测的过程是工程质量检测管理工作中的第一步。为强化这个过程的监督管理，杜绝因试件弄虚作假而出现试件合格而工程实体质量不合格的现象，原建设部颁发的《建设工程质量检测管理办法》（建质【2005】141 号）中也作了明确规定。在建设工程中实行见证取样和送样就是指建设单位或工程监理单位人员的见证下，由施工单位的相关人员对工程中涉及结构安全的试块、试件和材料在施工现场取样并送至具有相应资质的检测机构进行检测。实践证明，对建设工程质量检测工作实行见证取样与送检制度是保证试件、试样具有真实性和代表性的重要途径。

下列试块、试件和材料必须实施见证取样和送检：

① 用于承重结构的混凝土试块。

② 用于承重墙体的砌筑砂浆砌块。

③ 用于承重结构的钢筋及连接接头试件。

④ 用于承重墙的砖和混凝土小型砌块。

⑤ 用于拌制混凝土和砌筑砂浆的水泥。

⑥ 用于承重结构的混凝土中使用的掺加剂。

⑦ 地下、屋面、厕浴间使用的防水材料。

⑧ 国家规定必须实行见证取样和送检的其他试块、试件和材料。

2. 见证取样与送检程序

① 建设单位应向工程监督单位和检测单位递交“见证取样与送检人授权书”，授权书上应写明本工程现场委托的见证单位、取样单位、见证人姓名、取样人姓名及“见证员证”和“取样员证”编号，以便工程质量监督单位和工程质量检测单位核查核对（见证取样和送检人授权书）。

② 见证员、取样员应持证上岗。

③ 施工单位取样人员在现场对涉及结构安全的试块、试件和材料进行现场取样时，见证人员必须在旁见证。

④ 见证人员应采取有效的措施对试样进行监护，应和施工企业取样人员一起将试样送至检测单位或采取有效的封样措施送样。

⑤ 检测单位在接受检测任务时，应由送检单位填写送检委托单，委托单上应有该工程见证人员和取样人员签字，否则，检测单位有权拒收。

⑥ 检测单位应检查委托单及试样上的标识和封志，确认无误后方可进行检测。

⑦ 检测单位应严格按照有关管理规定和技术标准进行检测，出具公证、真实、准确的检测报告，见证取样送检的检测报告必须加盖见证取样检测的专用章。

⑧ 检测单位发现试样检测结果不合格时，应立即通知该工程的质量监督单位和见证单位，同时还应通知施工单位。

3. 检测工作流程

检测工作流程如图 1-1 所示。抽样方法按我国现行的国家标准实行，如对检测结果有异议，可在规定日期内对预留样品进行复测。

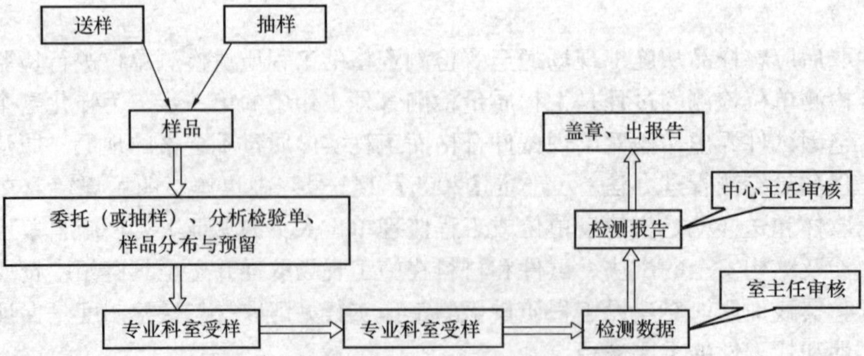

图 1-1　检测工作流程示意图

任务 4　技术标准及法定计量单位

1. 建筑材料标准

我国绝大多数的建筑材料都有制定的产品技术标准，其主要内容包括产品规格、分类、技术要求、检测方法、验收规则、包装与标志、运输和储存及抽样方法等。

建筑材料的技术标准分为国家标准、行业标准、地方标准和企业标准，分别由相应的标准化管理部门批准并颁布，中国国家质量技术监督局是国家标准化管理的最高机关。国家标准和行业标准都是全国通用的标准，是国家指令性技术文件，各级生产、设计、施工等部门均必须严格遵照执行。在世界范围内统一执行的标准为国际标准，其代号为“ISO”。各级标准有各自的部门代号（表 1-4），其表示方法由标准名称、标准代号、发布顺序号和发布年号四部分组成。

例如：《通用硅酸盐水泥》(GB 175—2007)

标准名称：通用硅酸盐水泥

标准代号：GB

发布顺序号：175

发布年号：2007 年

表 1-4　各级标准的相应代号

标准级别	标准代号及名称
国际标准	ISO——国际标准
国家标准	GB——国家标准 GB/T——国家推荐标准
行业标准	JGJ——建工行业建设标准 JC——建材行业标准 JC/T——建材行业推荐标准
地方标准	DB——地方标准
企业标准	QB——企业标准

2. 法定计量单位

国际单位制是在国际公制和米千克秒制基础上发展起来的。在国际单位制中，规定了 7 个基本单位和 2 个辅助单位，其他单位均由这些基本单位和辅助单位导出。

（1）国际单位制的基本单位（表 1-5）

表 1-5　国际单位制的基本单位

量的名称	单位名称	单位符号	定　义
长度	米	m	米是光在真空中 1/299792458s 时间间隔内所经路程的长度
质量	千克	kg	千克是 6.02×10^{26}u。而把碳原子质量的十二分之一作为质量单位 u
时间	秒	s	秒是铯-133 原子基态的两个超精细能级之间跃迁所对应的辐射的 9192631770 个周期所持续的时间

续表

量的名称	单位名称	单位符号	定　义
电流	安（培）	A	在真空中截面积可忽略的两根相距 1m 的无限长平行圆直导线内通以等量恒定电流时，若导线间相互作用力在每米长度上为 2×10^{-7}N，则每根导线中的电流为 1A
热力学温度	开（尔文）	K	开尔文是水三相点热力学温度的 1/273.16
物质的量	摩（尔）	mol	摩尔是一系统的物质的量，该系统中所包含的基本单元数与 0.012kg 碳 12 的原子数目相等，基本单元式原子、分子、离子、电子及其他粒子，或是这些粒子的特定组合
发光强度	坎（德拉）	cd	坎德拉是光源发出频率为 540×10^{12} Hz 的单色辐射，且在此方向上的辐射强度为 1/683 瓦特每球面度

（2）国际单位制的辅助单位（表 1-6）

表 1-6　国际单位制的辅助单位

量的名称	单位名称	单位符号	定　义
[平面] 角	弧度	rad	圆内两条半径在圆周上截取的弧长等于半径时所夹圆心角为 1rad
立体角	球面度	sr	顶点在球心的立体角在球面上截取的面积等于以球半径为边长的正方形面积时为 1sr

（3）国际单位制中具有专门名称的导出单位（表 1-7）

表 1-7　国际单位制中具有专门名称的导出单位

量	单位名称	单位符号	用 SI 基本单位表示的表达式	
频率	赫	Hz	s^{-1}	
力	牛	N	$m\cdot kg\cdot s^{-2}$	
压强	帕	Pa	$m^{-1}\cdot kg\cdot s^{-2}$	
能、功	焦	J	$m^{2}\cdot kg\cdot s^{-2}$	
功率	瓦	W	$m^{2}\cdot kg\cdot s^{-3}$	
电荷量	库	C	$s\cdot A$	
电压	伏	V	$m^{2}\cdot kg\cdot s^{-3}\cdot A^{-1}$	
电容	法	F	$m^{-2}\cdot kg^{-1}\cdot s^{4}\cdot A^{2}$	
电阻	欧	Ω	$m^{2}\cdot kg\cdot s^{-3}\cdot A^{-2}$	
电导	西 [门子]	S	$m^{-2}\cdot kg^{-1}\cdot s^{3}\cdot A^{2}$	
磁通量	韦	Wb	$m^{2}\cdot kg\cdot s^{-2}\cdot A^{-1}$	$V\cdot s$
磁感应强度	特	T	$kg\cdot s^{-2}\cdot A^{-1}$	Wb/m^{2}
电感	亨	H	$m^{2}\cdot kg\cdot s^{-2}\cdot A^{-2}$	Wb/A
摄氏温度	摄氏度	℃	K	
光通量	流 [明]	lm	$cd\cdot sr$	
光照度	勒 [克斯]	lx	$m^{-2}\cdot cd\cdot sr$	
放射性活度	贝可 [勒尔]	Bq	s^{-1}	
吸收剂量	戈 [瑞]	Gy	$m^{2}\cdot s^{-2}$	J/kg
剂量当量	希 [沃特]	Sv	$m^{2}\cdot s^{-2}$	J/kg

（4）国际单位制的十进倍数和分数单位的词冠（表 1-8）

表 1-8　国际单位制的十进倍数和分数单位的词冠

所表示因数	名　称	词冠符号	所表示因数	名　称	词冠符号
10^{18}	exa（艾）	E	10^{-1}	deci（分）	d
10^{15}	peta（拍）	P	10^{-2}	centi（厘）	c
10^{12}	tera（太）	T	10^{-3}	milli（毫）	m
10^{9}	giga（吉）	G	10^{-6}	micro（微）	μ
10^{6}	mega（兆）	M	10^{-9}	nano（纳）	n
10^{3}	kilo（千）	k	10^{-12}	pico（皮）	p
10^{2}	hecto（百）	h	10^{-15}	femto（飞）	f
10^{1}	deca（十）	da	10^{-18}	atto（阿）	a

注：10^4 称为万，10^8 称为万亿，这类数词的使用不受词冠名称的影响，但不应与词冠混淆。

小　　结

材料的基本性质包括物理性质和力学性质，物理性质介绍与质量有关的性质、与水有关的性质及与热有关的性质，力学性质介绍强度、弹性和塑性。

误差的种类有系统误差、偶然误差和过失误差；有效数字及修约方法，采用四舍六入五考虑的修约方法；见证取样及送检的范围和程序；建筑材料检测相关标准，国际单位制的基本单位和导出单位。

自测练习

1. 建筑材料按化学成分不同，可以把材料分为：________、________和复合材料。

2. 材料的抗冻等级 F100 代表________。

3. 一般而言，孔隙率较小，且连通孔较少的材料，其吸水率________（较大/较小），抗冻性和抗渗性 ________（较好/较差）。

4. 材料的表观密度是指材料在________状态下单位体积的质量。

5. 比强度是按单位________计算的材料强度，其值等于材料强度与其________密度之比。

6. 随含水率增加，多孔材料的密度________，导热系数________。

7. 有一块湿砖重 2625g，含水率为 5%，烘干至恒重，该砖重为________。

8. 某工地所占用卵石材料的密度为 2.65g/cm³、表观密度为 2.61g/cm³、堆积密度为 1680kg/m³，计算此石子的孔隙率与空隙率？

9. 有一块烧结普通砖，在吸水饱和状态下重 2900g，其绝干质量为 2550g。砖的尺寸为 240mm×115mm×53mm，经干燥并磨成细粉后取 50g，用排水法测得绝对密实体积为 18.62cm³。试计算该砖的吸水率、密度、孔隙率。

项目 2　水泥性能检测

学习目标

1. 了解水泥的品种。
2. 掌握水泥的细度、标准稠度用水量、凝结时间、安定性、强度等主要技术性能。
3. 掌握水泥各种主要技术性能指标的检测。

能力目标

1. 能够根据水泥的性质合理地选择和使用水泥。
2. 能够正确运用检测仪器完成水泥性能检测的全过程。
3. 能够按规范要求对检测数据进行处理，并评定检测结果。

相关理论知识

知识点一　水泥概述

水泥起源于胶凝材料，是在胶凝材料的发展过程中逐渐演变和发明的。是最重要的建筑材料之一，广泛应用于工业与民用建筑、道路、水利、隧道、地下工程中。据相关资料，2013 年，我国水泥产量为 24.2 亿 t，2014 年为 24.76 亿 t。

凡磨细成粉末状，加入适量水以后成为塑性浆体，既能在空气中硬化，又能在水中继续硬化，并能将砂、石等散粒或纤维材料牢固地胶结在一起的水硬性胶凝材料通称为水泥。

水泥按用途和性能分为通用水泥、专用水泥和特性水泥；按水泥的组成成分分为硅酸盐水泥、铝酸盐水泥、磷酸盐水泥、氟铝酸盐水泥、硫铝酸盐水泥、铁铝酸盐水泥以及无熟料水泥等。通用的硅酸盐系列水泥是使用量最大、生产最普遍的水泥。

硅酸盐系列水泥如图 2-1 所示。

知识点二　通用硅酸盐水泥

1. 通用硅酸盐水泥概述

硅酸盐水泥在国外被称为波特兰水泥(Portland Cement)。我国的通用硅酸盐水泥包括硅酸盐水泥(P・I、P・Ⅱ)、普通硅酸盐水泥(P・O)、矿渣硅酸盐水泥(P・S・A、P・S・B)、火山灰质硅酸盐水泥(P・P)、粉煤灰硅酸盐水泥(P・F)和复合硅酸盐水泥(P・C)六种，执行的标准是《通用硅酸盐水泥》(GB 175—2007)。

1）通用硅酸盐水泥的强度等级

水泥强度等级按规定龄期来划分，各强度等级水泥的各龄期强度应大于表 2-1 的要求。

2）通用硅酸盐水泥的生产

通用硅酸盐水泥的生产过程通常可分为生料制备、熟料煅烧和水泥制成三个阶段，主要生产过程：

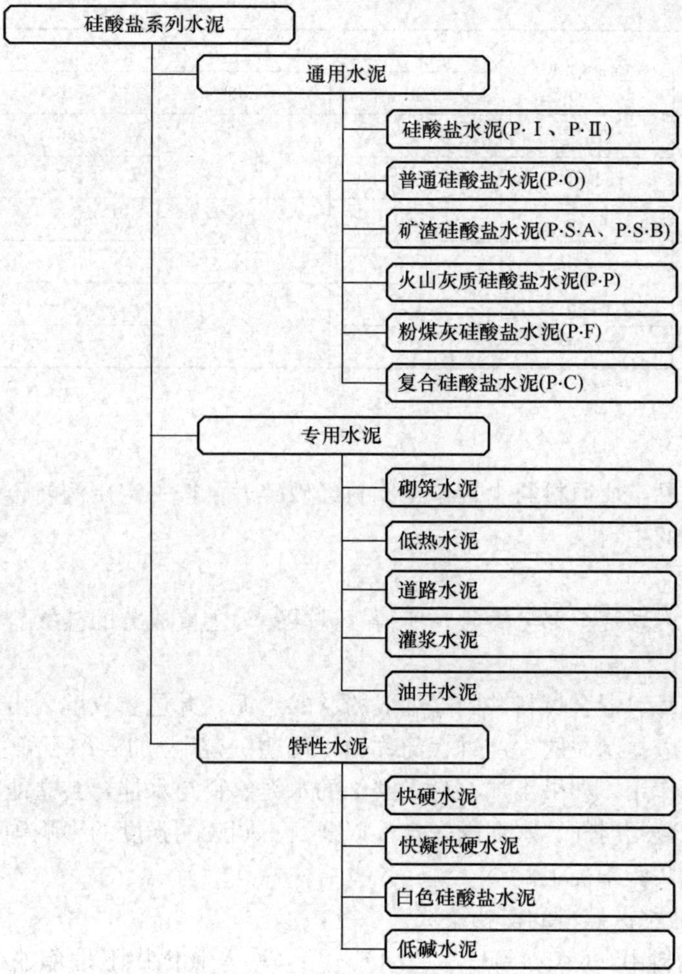

图 2-1　硅酸盐系列水泥

表 2-1　通用硅酸盐水泥的强度等级　MPa

品　种	强度等级	抗压强度		抗折强度	
		3d	28d	3d	28d
硅酸盐水泥	42.5	17.0	42.5	3.5	6.5
	42.5R	22.0		4.0	6.5
	52.5	23.0	52.5	4.0	7.0
	52.5R	27.0		5.0	7.0
	62.5	28.0	62.5	5.0	8.0
	62.5R	32.0		5.5	8.0
普通硅酸盐水泥	42.5	17.0	42.5	3.5	6.5
	42.5R	22.0		4.0	6.5
	52.5	23.0	52.5	4.0	7.0
	52.5R	27.0		5.0	7.0

续表

品　种	强度等级	抗压强度		抗折强度	
		3d	28d	3d	28d
矿渣硅酸盐水泥 火山灰硅酸盐水泥 粉煤灰硅酸盐水泥 复合硅酸盐水泥	32.5	10.0	32.5	2.5	5.5
	32.5R	15.0		3.5	5.5
	42.5	15.0	42.5	3.5	6.5
	42.5R	19.0		4.0	6.5
	52.5	21.0	52.5	4.0	7.0
	52.5R	23.0		4.5	7.0

注：R为早强型。

（1）生料制备

石灰石原料、黏土质原料与少量校正原料经破碎后，按一定比例配合、磨细并调配为成分合适、质量均匀的生料。

（2）熟料煅烧

生料在水泥窑内煅烧至部分熔融，所得以硅酸钙为主要成分的硅酸盐水泥熟料。

（3）水泥制成

熟料加适量石膏、混合材料共同磨细成粉状的水泥，并包装或散装出厂。

因此，通用硅酸盐水泥的生产过程简称为“两磨一烧”。加入的石膏主要是调节水泥的凝结时间，起缓凝作用。如果不加石膏，磨细的水泥熟料与水拌合会立即凝结。确定石膏的最佳掺量需要考虑凝结时间、水泥的安定性以及对不同龄期强度的影响等。最佳石膏掺加量以强度和有关性能实验来确定。

3）通用硅酸盐水泥熟料的矿物组成

硅酸盐水泥熟料中，CaO、SiO_2、Al_2O_3、Fe_2O_3 等氧化物不是单独存在的，而是以两种或两种以上的氧化物反应组合成各种不同的氧化物集合体存在的。硅酸盐水泥熟料是一种多矿物组成的、结晶细小的人造岩石。

硅酸盐水泥熟料的主要矿物组成见表2-2。

表2-2　硅酸盐水泥熟料的主要矿物组成

矿物名称	硅酸三钙	硅酸二钙	铝酸三钙	铁铝酸四钙
矿物组成	$3CaO \cdot SiO_2$	$2CaO \cdot SiO_2$	$3CaO \cdot Al_2O_3$	$4CaO \cdot Al_2O_3 \cdot Fe_2O_3$
简写式	C_3S	C_2S	C_3A	C_4AF
矿物含量	37%～60%	15%～37%	7%～15%	10%～18%

硅酸三钙和硅酸二钙合称硅酸盐矿物，约占75%，是熟料的主要成分。硅酸三钙和铁铝酸四钙合称熔剂矿物，约占22%。因硅酸三钙和硅酸二钙都是硅酸盐矿物，硅酸盐水泥熟料的名称由此而来，由硅酸盐水泥熟料制成的水泥也就称为硅酸盐水泥。硅酸盐水泥除上述主要熟料组成以外，还存在少量的游离氧化钙（f-CaO）、方镁石（即结晶氧化镁）、含碱矿物、玻璃体和杂质等。

硅酸盐水泥熟料与水作用后的特性见表2-3。

表 2-3　硅酸盐水泥熟料与水作用后的特性

矿物名称		硅酸三钙	硅酸二钙	铝酸三钙	铁铝酸四钙
矿物特性	凝结时间	正常	正常	极短	介于之间
	硬化速度	快	慢	最快	快
	早期强度	高	低	低	中
	后期强度	高	高	低	低
	水化热	高	低	最高	中
	耐腐蚀性	差	好	最差	中
	干缩性	中	小	大	小

改变水泥中各熟料的含量就能得到相应特性的水泥。

4）硅酸盐水泥的水化产物

水泥加水拌合，会发生剧烈的化学反应，称为水化反应。水化反应过程中，水泥浆逐渐由稀变稠，直至完全变硬成为固体。水泥水化后的主要产物有凝胶和晶体两种：

① 凝胶：水化硅酸钙($3CaO \cdot 2SiO_2 \cdot 3H_2O$)、水化铁酸钙($CaO \cdot Fe_2O_3 \cdot H_2O$)。

② 晶体：氢氧化钙[$Ca(OH)_2$]、水化铝酸钙($3CaO \cdot Al_2O_3 \cdot 6H_2O$)、水化硫铝酸钙($3CaO \cdot Al_2O_3 \cdot 3CaSO_4 \cdot 31H_2O$，亦称钙矾石)。

水泥水化反应中的水化硅酸盐和水化铁酸钙为凝胶体，氢氧化钙、水化铝酸钙和水化硫铝酸钙为晶体。在水化产物中凝胶体占大部分，约占 70%，其次为晶体中的氢氧化钙，约 20%，其余为晶体的其他产物。水化的作用是从水泥颗粒的表面开始的，逐步向颗粒内部渗透，因此水泥颗粒的粒径与水化速度有关，水泥颗粒细，水化反应的速度快，反之，水化反应的速度则慢。

水泥的水化反应式如下：

$$2(3CaO \cdot SiO_2)+6H_2O \longrightarrow 3CaO \cdot 2SiO_2 \cdot 3H_2O+3Ca(OH)_2$$

$$2(2CaO \cdot SiO_2)+4H_2O \longrightarrow 3CaO \cdot 2SiO_2 \cdot 3H_2O+Ca(OH)_2$$

$$3CaO \cdot Al_2O_3+6H_2O \longrightarrow 3CaO \cdot Al_2O_3 \cdot 6H_2O$$

$$4CaO \cdot Al_2O_3 \cdot Fe_2O_3+7H_2O \longrightarrow 3CaO \cdot Al_2O_3 \cdot 6H_2O+CaO \cdot Fe_2O_3 \cdot H_2O$$

$$3CaO \cdot Al_2O_3 \cdot 6H_2O+3(CaSO_4 \cdot 2H_2O)+19H_2O \longrightarrow 3CaO \cdot Al_2O_3 \cdot 3CaSO_4 \cdot 31H_2O$$

水泥的水化反应是放热反应，放出的热量称为水化热。硅酸盐水泥的水化热大，但大部分（约一半以上）在 3d 内放出。水化放热的大小和速度与水泥的品种、水灰比、细度、养护温度等因素有关。

不同的硅酸盐水泥熟料矿物具有不同的水化活性及水化产物，表现出不同的特征，对水泥的性能有不同的影响。

水泥的水化，最初的 3d 水化速度快，强度增长快，约 28d 基本完成水化过程，之后，水化作用越来越慢。但是，在合适的温度和湿度条件下，未水化的水泥颗粒仍能继续水化。水泥水化是个漫长的过程，水泥石的强度随着水化作用也会缓慢增长，这个过程可以是几年或者几十年。

5）硅酸盐水泥的凝结与硬化

水泥和水接触后，会产生一系列化学反应，水泥浆体在水化反应生成胶体和晶体的过程中，处于自由状态的水逐渐减少，浆体中反应生成的固态物质逐渐增多，水泥浆体逐渐变稠，慢慢失去可塑性，这一过程就是水泥的凝结。随着水化产物数量的不断增加以及自由水相对含量的不断减少，具有可塑性的水泥浆体逐渐失去可塑性，向固态物质转化，并最终形成固体形态，这一过程即是水泥的硬化。在凝结与硬化的过程中，水泥开始失去塑性时，称之为初凝；待水泥浆完全失去塑性时，称之为终凝。水泥凝结与硬化的过程如图 2-2 所示。

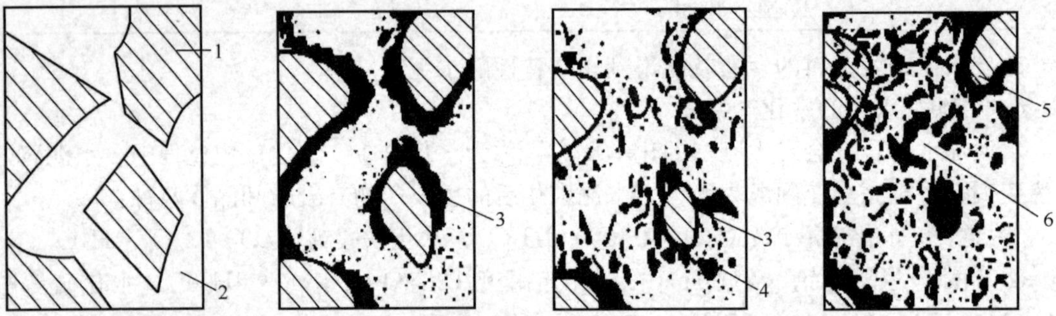

(a)　(b)　(c)　(d)

图 2-2　水泥凝结与硬化的过程示意图

1—水泥颗粒；2—水分；3—凝胶；4—晶体；5—水泥颗粒的未水化内核；6—毛细孔

（a）分散在水中未水化的水泥颗粒；（b）在水泥颗粒表面形成水化物膜层；

（c）膜层长大并互相连接（凝结）；（d）水化物进一步发展，填充毛细孔（硬化）

水泥浆的凝结与硬化过程既是化学变化的过程，也是物理和力学性能变化的过程。随着水泥浆的凝结硬化，最终导致力学强度的形成。

水泥的水化是水泥凝结、硬化的必要条件，凝结、硬化是水泥水化的必然结果，水泥的水化过程也就是水泥浆的凝结、硬化过程，硬化后的水泥浆称为水泥石。水泥石内部结构包括水化产物、毛细孔以及未水化水泥颗粒。

6）通用硅酸盐水泥的组分

通用硅酸盐水泥的组分应符合表 2-4 的规定（GB 175—2007）。

表 2-4　通用硅酸盐水泥的组分　%

品种	代号	组分（质量分数）				
		熟料＋石膏	粒化高炉矿渣	火山灰质混合材料	粉煤灰	石灰石
硅酸盐水泥	P·Ⅰ	100	—	—	—	—
	P·Ⅱ	≥95	≤5	—	—	—
		≥95	—	—	—	≤5
普通硅酸盐水泥	P·O	≥80 且<95	>5 且≤20①			—
矿渣硅酸盐水泥	P·S·A	≥50 且<80	>20 且≤50②	—	—	—
	P·S·B	≥30 且<50	>50 且≤70②	—	—	—

续表

品种	代号	组分（质量分数）				
		熟料＋石膏	粒化高炉矿渣	火山灰质混合材料	粉煤灰	石灰石
火山灰质硅酸盐水泥	P·P	≥60 且<80	—	>20 且≤40③	—	—
粉煤灰硅酸盐水泥	P·F	≥60 且<80	—	—	>20 且≤40④	—
复合硅酸盐水泥	P·C	≥50 且<80	>20 且≤50⑤			

① 本组分材料为符合本标准 5.2.3 的活性混合材料，其中允许用不超过水泥质量 8%且符合本标准 5.2.4 的非活性混合材料或不超过水泥质量 5%且符合本标准 5.2.5 的窑灰代替。

② 本组分材料为符合 GB/T 203 或 GB/T 18046 的活性混合材料，其中允许用不超过水泥质量 8%且符合本标准第 5.2.3 条的活性混合材料或符合本标准第 5.2.4 条的非活性混合材料或符合本标准第 5.2.5 条的窑灰中的任一种材料代替。

③ 本组分材料为符合 GB/T 2847 的活性混合材料。

④ 本组分材料为符合 GB/T 1596 的活性混合材料。

⑤ 本组分材料为由两种（含）以上符合本标准第 5.2.3 条的活性混合材料或（和）符合本标准第 5.2.4 条的非活性混合材料组成，其中允许用不超过水泥质量 8%且符合本标准第 5.2.5 条的窑灰代替。掺矿渣时混合材料掺量不得与矿渣硅酸盐水泥重复。

2. 通用硅酸盐水泥的指标要求

《通用硅酸盐水泥》（GB 175—2007）规定了水泥的化学指标和物理指标。合格的水泥要满足规范规定的指标要求。

1）化学指标

水泥的化学指标应符合表 2-5 的要求。

表 2-5　通用硅酸盐水泥化学指标　%

<table>
<tr><th>名　称</th><th>代　号</th><th>不溶物（质量分数）</th><th>烧失量（质量分数）</th><th>三氧化硫（质量分数）</th><th>氧化镁（质量分数）</th><th>氯离子（质量分数）</th></tr>
<tr><td rowspan="2">硅酸盐水泥</td><td>P·Ⅰ</td><td>≤0.75</td><td>≤3.0</td><td rowspan="3">≤3.5</td><td rowspan="3">≤5.0①</td><td rowspan="8">≤0.06③</td></tr>
<tr><td>P·Ⅱ</td><td>≤1.50</td><td>≤3.5</td></tr>
<tr><td>普通硅酸盐水泥</td><td>P·O</td><td>—</td><td>≤5.0</td></tr>
<tr><td rowspan="2">矿渣硅酸盐水泥</td><td>P·S·A</td><td>—</td><td>—</td><td rowspan="2">≤4.0</td><td>≤6.0②</td></tr>
<tr><td>P·S·B</td><td>—</td><td>—</td><td>—</td></tr>
<tr><td>火山灰硅酸盐水泥</td><td>P·P</td><td>—</td><td>—</td><td rowspan="3">≤3.5</td><td rowspan="3">≤6.0②</td></tr>
<tr><td>粉煤灰硅酸盐水泥</td><td>P·F</td><td>—</td><td>—</td></tr>
<tr><td>复合硅酸盐水泥</td><td>P·C</td><td>—</td><td>—</td></tr>
</table>

① 如果水泥压蒸试验合格，则水泥中氧化镁的含量（质量分数）允许放宽至 6.0%。

② 水泥中氧化镁的含量（质量分数）大于 6.0%时，需进行水泥压蒸安定性试验并合格。

③ 当有更低要求时，该指标由买卖双方协商确定。

水泥的碱含量指标为选择性指标，按 $Na_2O+0.658K_2O$ 计算值表示。如果使用活性集料，要求提供低碱水泥时，水泥中的含碱量应不大于 0.60%或由供需双方协商确定。

2）物理指标

（1）凝结时间

硅酸盐水泥初凝不小于45min，终凝不大于390min；普通硅酸盐水泥、矿渣硅酸盐水泥、火山灰质硅酸盐水泥、粉煤灰硅酸盐水泥、复合硅酸盐水泥初凝不小于45min，终凝不大于600min。

（2）安定性

沸煮法合格。

（3）强度

不同品种不同强度等级的通用硅酸盐水泥，其不同龄期的强度应符合表2-1的规定。

（4）细度（选择性指标）

硅酸盐水泥、普通硅酸盐水泥以比表面积表示，不小于300m^2/kg；矿渣硅酸盐水泥、火山灰质硅酸盐水泥、粉煤灰硅酸盐水泥、复合硅酸盐水泥以筛余表示，80μm方孔筛筛余不大于10%，或45μm方孔筛筛余不大于30%。

3. 通用硅酸盐水泥的合格判定

水泥的不溶物、烧失量、三氧化硫、氧化镁、氯离子、凝结时间、安全性、强度指标均应达到《通用硅酸盐水泥》（GB 175—2007）规定的要求。其中的任何一项不合格，应判定该批水泥不合格。

水泥的检验报告应包括出厂检验项目、细度、混合材料品种和掺加量、石膏和助磨剂的品种和掺加量，属旋窑或立窑生产及合同约定的其他技术要求。当用户有需要时，生产者应在水泥发出之日起7d内寄发除28d强度以外的各项检验结果，并在32d内补报28d强度的检验结果。

4. 通用硅酸盐水泥的性能及应用

（1）通用硅酸盐水泥的性能

① 硅酸盐水泥具有强度高、水化热高、抗冻性好、抗碳化能力强、干缩性小、耐磨性好、耐腐蚀性差、耐热性差和湿热养护效果差的特点。

② 普通硅酸盐水泥因含有少量的混合料（5%～20%），其特点与硅酸盐水泥相近。与硅酸盐水泥比较，其硬化速度稍慢，3d强度略低，抗冻性、耐磨性以及抗碳化性稍差，但是耐腐蚀性稍好，水化热有所降低。其他技术性能与硅酸盐水泥基本相同。

③ 矿渣硅酸盐水泥、火山灰质硅酸盐水泥、粉煤灰硅酸盐水泥、复合硅酸盐水泥则表现为凝结硬化慢、早期强度低（后期强度增长快）、水化热低、抗冻性差、抗碳化能力低、干缩性大、耐磨性差、耐腐蚀性好、耐热性较好和湿热养护效果好等特点。这四种水泥中，矿渣硅酸盐水泥保水性差，易泌水，干缩性大，但是耐热性好；火山灰质硅酸盐水泥需水量较多，不易泌水，抗渗性好，但是干缩性差，易产生干缩开裂，抗硫酸盐能力较差；粉煤灰硅酸盐水泥需水量较小，干缩性小，抗裂性较好。复合水泥的性能以其主要混合材料的性能为主，如以矿渣为主要混合材料时则与矿渣硅酸盐水泥的性能相接近。

（2）通用硅酸盐水泥的应用

通用硅酸盐水泥的应用见表2-6。

表 2-6　通用硅酸盐水泥的应用

项目	名　称	硅酸盐水泥	普通硅酸盐水泥	矿渣硅酸盐水泥	火山灰质硅酸盐水泥	粉煤灰硅酸水泥	复合硅酸盐水泥
工程特点	大体积混凝土	不宜选用	可以选用	优先选用	优先选用	优先选用	优先选用
	早强快硬、高强度混凝土	优先选用	可以选用	不宜选用	不宜选用	不宜选用	不宜选用
	抗渗混凝土	优先选用	优先选用	不宜选用	可以选用	优先选用	可以选用
	耐磨要求	优先选用	优先选用	可以选用	不宜选用	不宜选用	可以选用
环境特点	普通气候环境	可以选用	优先选用	可以选用	可以选用	可以选用	可以选用
	干燥环境	优先选用	可以选用	不宜选用	不宜选用	不宜选用	不宜选用
	高温或长期处于水中的混凝土	不宜选用	可以选用	优先选用	优先选用	优先选用	优先选用
	严寒地区露天混凝土	优先选用	优先选用	不宜选用	不宜选用	不宜选用	不宜选用
	严寒地区处于水位升降范围混凝土	可以选用	优先选用	不宜选用	不宜选用	不宜选用	不宜选用
	受侵蚀介质作用混凝土	不宜选用	可以选用	优先选用	优先选用	优先选用	优先选用

注：在实际工程中选择水泥品种时，应根据工程具体环境条件和施工要求，综合考虑水泥的技术性能特点，必要时应通过试验验证确定。

知识点三　水泥石的腐蚀与防止措施

硅酸盐水泥硬化后，在通常的使用条件下具有较好的耐久性；但在某些环境条件下，受到腐蚀介质的侵蚀会逐渐受到损害，严重的时候可能引起结构的破坏。

1. 水泥石的腐蚀类型

1）软水破坏（溶出性侵蚀）

不含或仅含少量钙、镁等可溶性盐的水是软水。雨水、雪水、工厂的蒸馏水以及含碳酸盐很少的河水与湖水等都是软水。软水需要在一定浓度的氢氧化钙溶液中才能保持稳定。硬化水泥石遇到软水，会使水泥石水化产物的氢氧化钙溶解，从而造成硬化水泥石的破坏。

如果水中含有重碳酸钙，重碳酸钙可与水泥石中的氢氧化钙发生反应，生成几乎不溶于水的碳酸钙，化学反应式如下：

$$Ca(OH)_2 + Ca(HCO_3)_2 \longrightarrow 2CaCO_3 + 2H_2O$$

生成的碳酸钙积聚在硬化水泥石孔隙内起到密实作用，可阻止外界水的继续侵入及内部氢氧化钙的向外扩散。对与软水接触的混凝土，可预先在空气中存放一定时间，使其经碳化作用形成碳酸钙外壳后，再与软水接触，可在一定程度上阻止软水的破坏。

2）盐类腐蚀

（1）硫酸盐的腐蚀

在海水、湖水、沼泽水、地下水、某些工业污水中，常含有钠、钾、氨的硫酸盐，它们与水泥石中的氢氧化钙产生转换反应生成硫酸钙。生成的硫酸钙又与硬化水泥石中的水化铝酸钙反应生成高硫型硫铝酸钙，化学反应式如下：

$$3(CaSO_4 \cdot 2H_2O) + 3Ca \cdot Al_2O_3 \cdot 6H_2O + 19H_2O \longrightarrow 3CaO \cdot Al_2O_3 \cdot 3CaSO_4 \cdot 31H_2O$$

该反应生成高硫型硫铝酸钙含有大量结晶水，比原体积增大 1.5 倍以上，极易产生内部膨胀应力，对硬化水泥石有极大的破坏作用。这种高硫型硫铝酸钙呈针状晶体，为此称其为“水泥杆菌”。

水中的硫酸盐浓度较高时，所生成的硫酸钙还会在孔隙中直接结晶成二水石膏，也会产生明显的体积膨胀造成硬化水泥石的开裂破坏。

（2）镁盐的腐蚀

海水和地下水中，常含有大量的镁，主要是硫酸镁和氯化镁。它们与硬化水泥石中的氢氧化钙发生置换反应，化学反应式如下：

$$MgSO_4 + Ca(OH)_2 + 2H_2O \longrightarrow CaSO_4 \cdot 2H_2O + Mg(OH)_2$$

$$MgCl_2 + Ca(OH)_2 \longrightarrow CaCl_2 + Mg(OH)_2$$

反应的生成物氢氧化镁无胶结能力，氯化钙会溶于水引起溶出性腐蚀，二水石膏又引起硫酸盐的破坏作用。因此，镁盐对硬化水泥石起硫酸盐和镁盐的双重侵蚀，破坏作用更严重。

3）酸类侵蚀

这主要指碳酸的侵蚀。工业污水、地下水中存在溶解其中的二氧化碳，这些水溶液对硬化水泥石腐蚀通过二次反应造成破坏。二氧化碳先与硬化水泥石中的氢氧化钙反应生成碳酸钙，化学反应式如下：

$$Ca(OH)_2 + CO_2 + H_2O \longrightarrow CaCO_3 + 2H_2O$$

生成的碳酸钙再与含碳酸的水反应生成碳酸氢钙，化学反应式如下：

$$CaCO_3 + CO_2 + H_2O \longrightarrow Ca(HCO_3)_2$$

此反应是可逆的。生成的碳酸氢钙易溶于水，当水中含有较高浓度碳酸时，上式反应向右进行，导致硬化水泥石中的氢氧化钙通过转变为易溶的碳酸氢钙而消失，产生溶出性腐蚀。氢氧化钙浓度的降低会导致硬化水泥石中其他水化产物的分解，使腐蚀进一步加重。

4）强碱类腐蚀

低浓度或碱性不强的碱类溶液对硬化水泥石一般无害，若长期处于高浓度的强碱溶液环境下，也能产生缓慢腐蚀，化学反应式如下：

$$3CaO \cdot Al_2O_3 + 6NaOH \longrightarrow 3Na_2O \cdot Al_2O_3 + 3Ca(OH)_2$$

生成的铝酸钠易溶于水。当硬化水泥石被氢氧化钠侵蚀后在空气中干燥时，溶于水的铝酸钠会与空气中的二氧化碳生成碳酸钙，碳酸钙在水泥石中结晶膨胀造成水泥石破坏。

2. 水泥石腐蚀的原因

硬化水泥石的腐蚀是复杂的物理化学变化过程。硬化水泥石遭受腐蚀时，很少仅仅是单一的腐蚀作用，往往都是几种腐蚀的综合作用。从硬化水泥石结构讲，造成腐蚀的原因首先是硬化水泥石中有被腐蚀的成分（如氢氧化钙、水化铝酸钙等）；其次是硬化水泥石不密实，存在很多毛细通道，使侵蚀介质能够进入硬化水泥石内部。

干燥的固体化合物通常不会对硬化水泥石结构产生侵蚀作用，对水泥石产生腐蚀作用的介质多为溶液，而且还需要达到一定的浓度才可能造成严重危害。较高的环境温度、较快的介质流速和频繁交替的干湿环境条件也是化学腐蚀的重要因素。

水泥石腐蚀的主要原因：

① 硬化水泥石存在引起腐蚀的组分（氢氧化钙和水化铝酸钙）。

② 硬化水泥石本身不密实。

③ 硬化水泥石外部存在侵蚀介质。

3. 防止水泥石腐蚀的措施

针对硬化水泥石腐蚀产生的主要原因，可相应地采取措施降低腐蚀作用：

① 根据侵蚀环境的特点，选择合理的水泥品种，提高水泥的抗腐蚀能力。可以采取改变水泥熟料的矿物组成或掺加混合料，使其水化产生的氢氧化钙和水化铝酸钙产物含量少。

② 通过提高硬化水泥石的密实度来提高水泥石的抗腐蚀能力。可以采用低水灰比的配合比，选用合理级配的集料，掺加外加剂，选择合理的施工技术措施等提高水泥石的密实度。

③ 采取措施隔离侵蚀介质与水泥石中相应成分的接触。可以采取对水泥石表面进行碳化处理从而生成难溶的碳酸钙来获得抗腐蚀效果；可以设置保护层物理隔离侵蚀介质，防止其侵入水泥石内部。

知识点四 其他品种水泥简介

我国是水泥生产大国，生产的水泥 95%以上是通用硅酸盐系列水泥，但这类水泥并不能适用于所有工程，如水利水电工程、油气井固井工程、耐高温工程、冶金工程以及国防工程等。离开了油井水泥，就不能开采石油。我国的三峡大坝使用的是特种水泥——中热硅酸盐水泥。其他品种水泥尽管使用总量少，但也不可缺少。

1. 石灰石水泥

石灰石水泥是由硅酸盐水泥熟料、石灰石、适量石膏磨细制成的水硬性胶凝材料。适用于一般建筑工程，尤其适用于兴修农田水利、水中及地下潮湿工程，但不宜配制钢筋混凝土结构工程，亦不适用于干燥环境工程。

2. 快硬高强水泥

快硬高强水泥一般分为两类，一类是快硬水泥，具有正常的凝结时间和较高的早期强度；另一类是快凝快硬水泥（简称“双快”水泥），具有凝结时间快、早期强度高的特点。它适用于快速施工、紧急抢修工程以及国防工程等。品种有快硬硅酸盐水泥、无收缩快硬硅酸盐水泥、快凝快硬硅酸盐水泥、铝酸盐水泥、快硬高强铝酸盐水泥等。

3. 膨胀水泥

普通硅酸盐水泥在硬化过程中有收缩性，一般收缩率为 0.02%～0.035%，膨胀水泥不仅不发生收缩，在硬化过程中会微膨胀。膨胀水泥分为补偿收缩作用的膨胀水泥和自应力水泥。膨胀水泥适用于地下工程、防水工程、管道工程、水利工程、海水工程以及抢修工程中。膨胀水泥品种有硅酸盐膨胀水泥、明矾石膨胀水泥、铝酸盐膨胀水泥、硫铝酸盐膨胀水泥等。自应力水泥品种有自应力硅酸盐水泥、明矾石自应力水泥、自应力铝酸盐水泥、自应力硫铝酸盐水泥等。

4. 水工水泥

水工水泥是专门用于大坝工程、海水工程以及常年与侵蚀介质尤其是硫酸盐介质接触的地下或水下工程等的水泥。品种有中热硅酸盐水泥、低热硅酸盐水泥、低热矿渣硅酸盐水泥、低热微膨胀水泥等。

5. 油井水泥

油井水泥是以适当矿物组成的硅酸盐熟料和适量的二水石膏共同磨细而制成的胶凝材

料，适用于胶结油、气井的井壁和套管，将油、气、水等各地层彼此填充隔离。品种有API通用油井水泥、特种油井水泥等。

6. 装饰水泥

装饰水泥是对水泥产品颜色有特定要求的水泥，主要用于装饰工程中。品种有白色水泥、彩色水泥、无熟料装饰水泥等。

7. 砌筑水泥

砌筑水泥是由活性混合材料或具有水硬性的工业废渣为主要原料，加入少量硅酸盐水泥熟料和石膏经磨细制成的水硬性胶凝材料，是一种用于砌筑砂浆和抹面砂浆的低强度等级水泥。《砌筑水泥》(GB/T 3183—2003) 将砌筑水泥分为12.5和22.5两个强度等级。

8. 低碱度水泥

低碱度水泥是以硫铝酸盐水泥熟料和硬石膏按一定比例配料经粉磨而成的水泥。低碱度水泥是生产GRC（玻璃纤维增强水泥复合材料）的优质原材料。

9. 道路硅酸盐水泥

道路硅酸盐水泥是用于道路路面的专用水泥，具有抗折强度高、早期强度增长快、耐磨性好、干缩性小、抗折弹性模量低、水化热低、抗硫酸盐侵蚀性强、抗冻性好等优点，特别适用于高等级、重要交通公路路面工程、飞机场路面工程等。

知识点五　取样

1. 取样依据

取样依据是《水泥取样方法》(GB/T 12573—2008)。

2. 验收批、取样方法和取样数量

① 散装水泥：对同一水泥厂生产的同期出厂的同品种、同强度等级的水泥，以一次运进的同一出厂编号的水泥为一批，但一批的总量不超过500t。随机地从不少3个车罐中各取等量水泥，经拌合均匀后，再从中称取不少于12kg的水泥作为检验试样。

② 袋装水泥：对同一水泥厂生产的同期出厂的同品种、同强度等级的水泥，以一次运进的同一出厂编号的水泥为一批，但一批的总量不超过200t。随机地从不少于20袋中各取等量水泥，经拌合均匀后，再从中称取不少于12kg水泥作为检验试样。

③ 对来源固定，质量稳定，且又掌握其性能的水泥，视运进水泥的情况，可不定期地采集试样进行强度检验。如有异常情况应作相应项目的检验。

④ 对已运进的每批水泥，视存放情况应重新采集试样复检其强度和安定性。存放期超过3个月的水泥，使用前必须复检，并参照结果使用。

⑤ 取得的水泥试样首先应充分拌匀，然后通过0.9mm方孔筛，记录筛余物情况，但要防止过筛时混进其他水泥。

3. 检测条件的一般规定

检测室温度应为(20±2)℃，相对湿度应大于50%。养护箱温度应为(20±1)℃，相对湿度应大于90%。

水泥试样应充分拌匀，实验用水必须是洁净的淡水，水泥试样、标准砂、拌合用水等温度应与实验室温度相同。

任务 1　水泥细度检测

学习目标

1. 掌握检验水泥细度的基本理论知识。
2. 掌握仪器的主要参数及使用、检验方法、检验结果的计算及处理。

知识要点

1. 概念及表示方法

水泥细度就是水泥的分散度，也就是水泥的颗粒的粗细程度。水泥一般是由几微米到几十微米的不同大小颗粒组成的。

水泥细度的表示方法有筛余百分数、比表面积、颗粒平均直径和颗粒级配等。国内通常采用筛余百分数和比表面积两种。随着 ISO 水泥强度检验的实施，水泥颗粒级配对水泥的强度和强度的增进率影响较明显，因此水泥颗粒级配将逐渐被应用于指导水泥生产。

筛余百分数是水泥在一定孔径的筛子上的筛余量占水泥总质量的百分数。筛余百分数越小，水泥越细。反之，则水泥越粗。在国标中，水泥细度用 45μm 方孔筛和 80μm 方孔筛的筛余百分数表示。

比表面积简称比面积，是指单位质量水泥颗粒所具有的表面积之和。单位 cm^2/g 或 m^2/kg。水泥越细，水泥的比表面积越大。反之，则越小。

颗粒级配也称为颗粒组成，它表示水泥中不同粒径颗粒的质量分数。能反映水泥的真实细度。

2. 筛析法检验有关技术问题

①《水泥细度检验方法　筛析法》（GB/T 1345—2005）中规定：当负压筛析法、水筛法、手工干筛法三者检验结果发生争议时，以负压筛析法为准。

三种检验方法都采用 45μm 方孔筛和 80μm 方孔筛作为试验用筛，原理是用筛网上所得筛余物的质量百分数来表示水泥样品细度。试验用的筛的清洗、保养、修正方法是一致。

水筛法试验过程较长，效率低，人为因素多，准确度相对低。负压筛析法是干筛法的一种，试验过程较短，效率高，人为因素少，准确度相对高。

②《水泥细度检验方法　筛析法》（GB/T 1345—2005）提出用修正系数法来修正筛网孔不均匀造成的筛余值的变动。试验筛筛网是金属丝编织而成，筛网孔的尺寸不可能完全一样，要求试验筛上的筛孔完全一致是很困难，因此，同一水泥试样用相同规格的试验筛所得的筛析结果很难一致。为了提高筛析结果的可比性，需增加试验用筛的修正系数。

主要仪器

筛析法（负压筛法、水筛法、干筛法）实验用的主要仪器及参数见表 2-7。

表 2-7 细度实验的主要仪器及参数

序号	仪器名称		主要参数	备 注
1	水筛法	筛子如图 2-3 所示	采用边长为 0.08mm 铜丝网筛	筛孔必须畅通
		筛座	转速 50r/min	符合实验要求
		喷头	直径 55mm，面上均匀分布 90 个孔，孔径 0.5～0.7mm，安装高度以 50mm 为宜	面上 90 个孔必须畅通
2	负压筛法	负压筛子如图 2-4 所示	采用边长为 80μm 铜丝网筛布，带筛盖	筛孔必须畅通
		负压筛筛析仪如图 2-5、图 2-6 所示	由筛座、负压筛、负压源及收尘器组成。其中筛座转速（30±2）r/min，负压调节范围 4000～6000Pa，喷气嘴上口平面与嘴网之间的距离 2～8mm	符合实验要求
3		天平	最大称量为 100g，分度值不大于 0.01g	符合实验要求

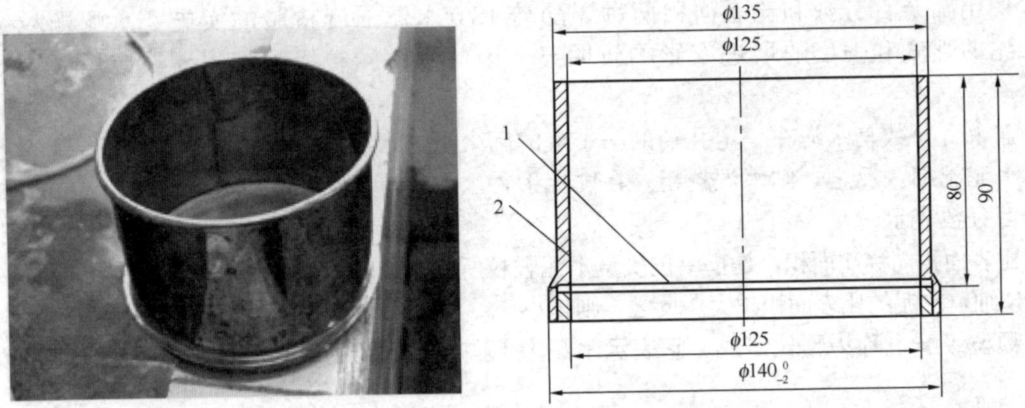

图 2-3 水筛

1—筛网；2—筛框

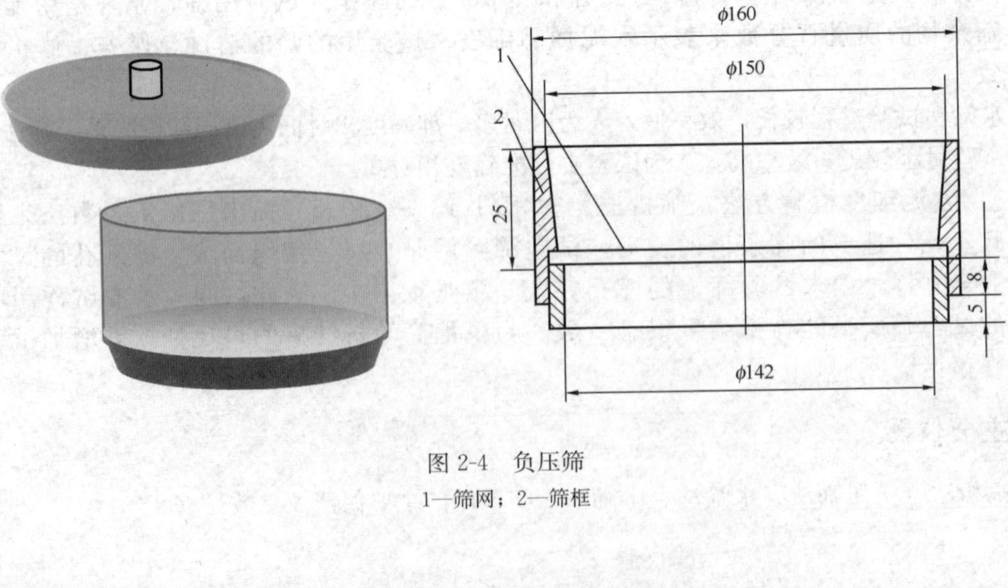

图 2-4 负压筛

1—筛网；2—筛框

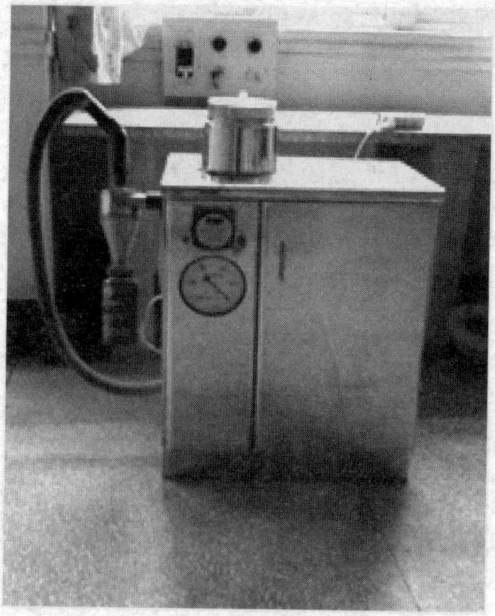

图 2-5　负压筛筛析仪图

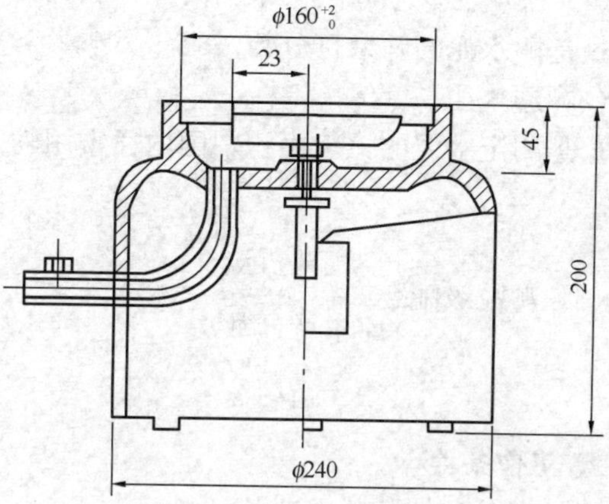

图 2-6　负压筛筛座

任务要求

1. 采用负压筛析法来检验水泥细度，完成水泥细度实验报告，见表 2-8。
2. 采用水筛析法来检验水泥细度，完成水泥细度实验报告，见表 2-8。
3. 得出结论。

表 2-8　水泥细度实验

实验日期：__________ 温度/室温：__________ 湿度：__________

（1）实验仪器：__________

（2）实验记录

水泥细度实验记录表

实验方法	实验次数	试样质量（g）	筛余量（g）	筛余百分数（%）	细度平均值	结果评定
水筛法	1					
	2					
	3					
负压法	1					
	2					
	3					

（3）结论

____

检测步骤

1. 水泥细度的测定方法

(1) 筛析法（水筛法、干筛法）

这是测水泥的筛余百分数。

(2) 透气法

这是测定水泥的比表面积，国内通常用勃氏透气阀测定水泥的比表面积。

(3) 颗粒级配：
- 沉降法
- 空气离析法
- 库尔特计数法
- 激光衍射法

2. 工作条件

(1) 实验条件及试样制备

① 实验温度（20±2)℃，相对湿度大于50%，水的温度（20±1)℃。

② 试样通过0.9mm方孔筛，负压法的水泥试样在（110±5)℃ 下烘干1小时，冷却至室温。

(2) 试样的制备

将用标准取样方法取出的水泥试样，取出约200g通过0.9mm方孔筛，盛在搪瓷盘中待用。

3. 水泥细度　筛析法（水筛法、负压法）

(1) 水筛法工作过程（图2-7）

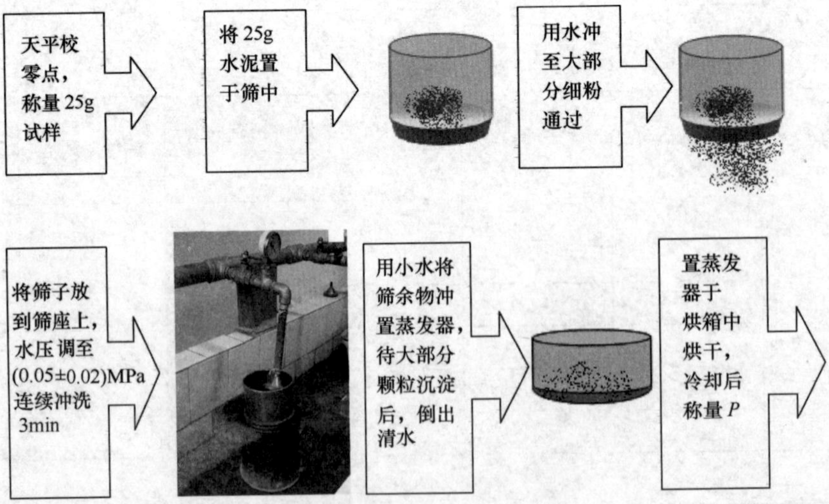

图2-7　水筛法工作过程图

(2) 负压筛析法工作过程（图2-8）

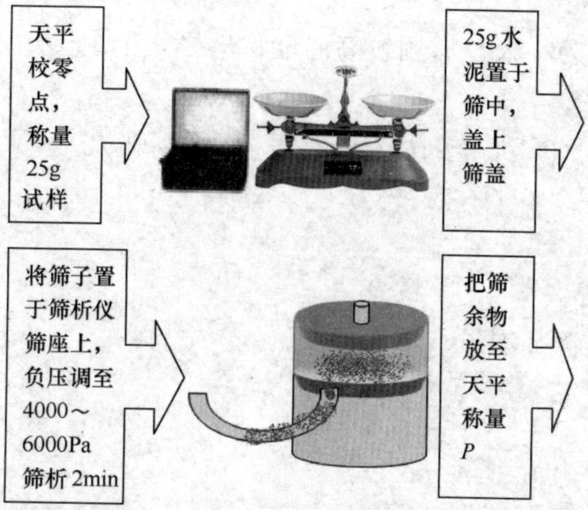

图 2-8　负压筛析法工作过程图

4. 结果计算

$$F=\frac{R_t}{W}\times 100 \tag{2-1}$$

式中　F——水泥试样的筛余百分数，%；

R_t——水泥筛余物的质量，g；

W——水泥试样的质量，g。

计算结果至 0.1%。

修正系数计算：

$$C=\frac{F_s}{F_t} \tag{2-2}$$

式中　C——试验筛修正系数；

F_s——标准样品的筛余标准值，%；

F_t——标准样品在试验筛上的筛余值，%。

计算结果至 0.01。

结果的判断：当 C 值在 0.80～1.20 范围时，试验筛可继续使用，C 可作为结果修正系数；当 C 值超出 0.80～1.20 范围时，试验筛应予淘汰。

注意事项

1. 称量必须准确。

2. 水筛法检验细度时水压必须调至在（0.05±0.02）MPa，水压大小及稳定性对检验结果有很大影响。如果水压低于规定值，水压小，使部分应该通过筛孔的颗粒未通过，筛余结果偏高，水泥细度偏高。相反，水压大于规定值时，筛中的试样可能会溅出筛框，筛余结果偏低，水泥细度偏低。因此，为了保证试验结果的稳定性和可比性，水压必须控制。负压法调节在 4000～6000Pa，以（5000±250）Pa 宜。

3. 筛子定期用标准粉校正。

4. 标准筛使用一段时间后，必须用 0.3～0.5mol/L 的乙酸清洗。

5. 试样烘干时先用温度较低的小火，后用较高温度将试样烘干。

任务 2　水泥标准稠度用水量测定

学习目标

1. 掌握水泥标准稠度的概念及标准用水量的概念。
2. 学会标准稠度用水量的测定方法。

知识要点

1. 水泥标准稠度用水量含义

标准稠度：是按规定的方法拌制的水泥净浆，用维卡仪测定试杆沉入净浆并距底板(6±1)mm时的水泥净浆的稠度。或在水泥标准稠度测定仪上，试锥下沉(28±2)mm 时的稠度。

水泥标准稠度用水量：指水泥净浆达到标准稠度时所需要的水。硅酸盐水泥的标准稠度用水量一般在 21%～28%之间。

标准稠度用水量主要取决于熟料矿物组成及水泥细度。标准稠度用水量大的水泥，拌制同样稠度的混凝土用水量也较大，因此混凝土硬化时的收缩较大，强度和密实性较差。所以在其他条件相同的情况下，标准稠度用水量越小越好。

2. 检测水泥标准稠度用水量的意义

水泥标准稠度净浆对试杆(或试锥)沉入有一定的阻力。通过实验不同含水量水泥净浆的穿透性，以确定水泥标准稠度净浆中所需加入的水量。而水泥的凝结时间和安定性都和用水量有关，因此实验可消除实验条件的差异，有利于比较，同时为水泥的凝结时间和安定性实验做好准备。

水泥的凝结时间、安定性及水泥胶砂强度是水泥国家标准中的三个重要品质指标。这三个指标都和用水量有密切的关系。用水量多了，安定性可以得到改善，但凝结时间延长，且强度下降；反之，用水量少了，凝结时间缩短，水泥强度偏高，但安定性会受到影响。通过对水泥标准稠度用水量的检验，确定检验水泥凝结时间、安定性及水泥胶砂强度时的最佳加水量，从而使水泥凝结时间、安定性及水泥胶砂强度的检验结果具有准确的可比性。

主要仪器

1. 水泥净浆搅拌机

符合 JC/T 729—2005 的要求。该搅拌机采用公转与自转相结合的行星轨迹运动，叶片公转与自转皆用高速与低速两种速度，控制系统具有按程序自动控制与手动控制两种功能。搅拌机拌合一次的控制程序为：慢转（120±3）s，停 15s，快转（120±3）s。搅拌时搅拌机叶片与锅底、锅壁的最小间隙为（2±1）mm，实验前要开机空转，检查搅拌机叶片是否碰锅及自动控制时工作程序是否符合要求。

2. 水泥标准稠度及凝结时间测定仪（图 2-9）

测定标准稠度用水量时，金属棒下装上标准稠度试杆（标准法），如图 2-10 所示，或装上金属空心试锥（代用法），如图 2-11 所示。测定凝结时间时，取下试杆或试锥，换上试针，如图 2-12 所示。金属棒装上试杆（试锥）或试针后总质量均为（300±1）g。

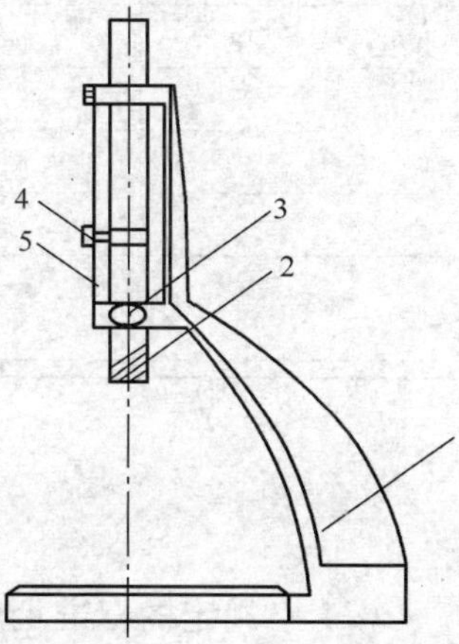

图 2-9　标准稠度测定仪

1—铁座；2—金属圆棒；3—松紧螺丝；4—指针；5—标尺

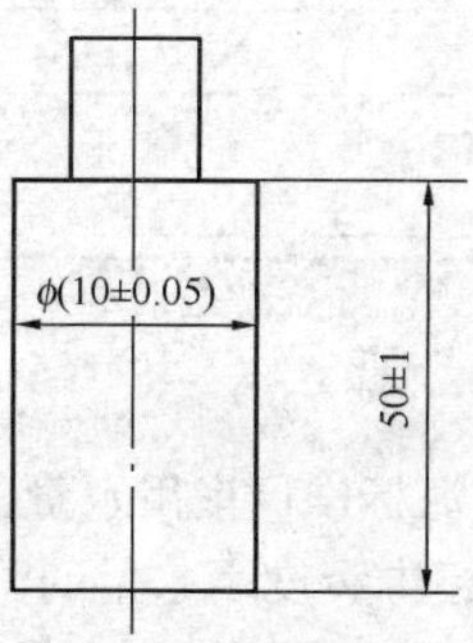

图 2-10　标准稠度试杆

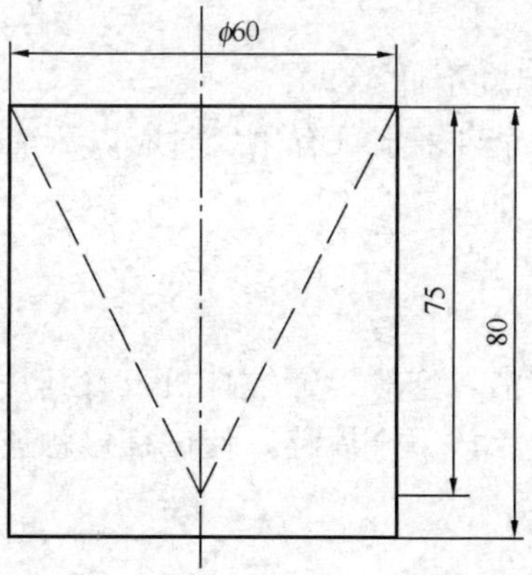

图 2-11　锥模

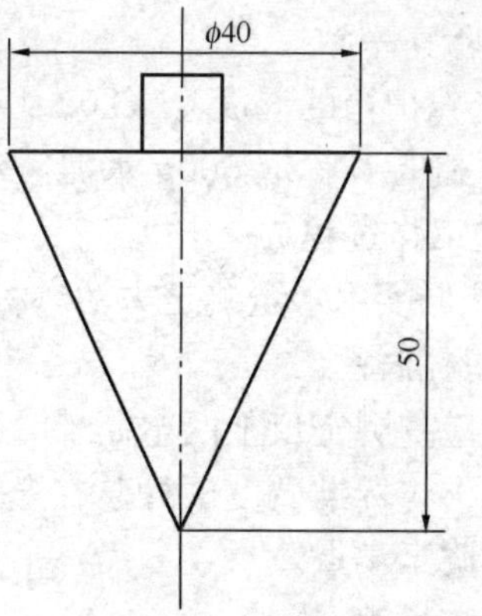

图 2-12　试针

3. 天平

精确至 1g，实验前调好零点。

4. 量水器及餐刀

量水器最小刻度为 0.1mL，精度 1%。

任务要求

根据实验确定出水泥达到标准稠度的用水量，填写实验报告，见表 2-9，得出结论。

表 2-9　标准稠度用水量实验

实验日期：________________温度/室温：________________湿度：________________

（1）实验仪器：________________

（2）实验记录

标准稠度用水量实验记录

序号	标准稠度用水量（mL）	试杆下沉距离底板深度 S（mm）	标准稠度 P（%）
1			
2			
3			

（3）结论

____

检测步骤

1. 水泥标准稠度用水量的检验方法

水泥标准稠度用水量的测定可用 GB/T 1346—2011 中规定的标准稠度用水量测定方法（标准法）和标准稠度用水量测定方法（代用法）进行测量。采用代用法测定水泥标准稠度用水量可用调整水量和不变水量两种方法的任一种测定。采用调整水量方法时拌合水量按经验找水，采用不变水量方法时拌合水量用 142.5mL。

2. 工作条件

① 实验室条件在（20±2)℃，相对湿度大于 50%。水泥试样、拌合水、仪器和用具的温度应与实验室一致。

② 湿气养护箱的湿度为（20±1)℃，相对湿度不低于 90%。

③ 试样制备：称取 500g 水泥，水可采用洁净自来水（有争议时应以蒸馏水为准）。

3. 测定工作过程

1）标准稠度用水量测定方法（标准法）

（1）实验准备

实验前检查测定仪上的金属棒是否能自由下滑，空载运行搅拌机，看其是否运行正常。

调零点：将标准稠度试杆装在金属棒下，然后放下金属棒，使试杆接触玻璃板时将测定仪上的指针调至零点。

（2）实验过程

用湿抹布将搅拌机叶片和搅拌锅擦一遍，根据水泥的品种、混合材掺量、细度等量好水泥试样达到标准稠度时大致所需的水量。将量好的水量倒入搅拌锅，然后称取 500 g 水泥试样，在 5～10s 内小心地将水泥加入水中。然后将锅放在搅拌机的锅座上，升至搅拌位置，启动搅拌机，低速搅拌 120s，停 15s，高速搅拌 120s 后停止搅拌。在停止搅拌 15s 后，将叶片和锅壁上的水泥浆刮入锅中。拌合完毕，立即将净浆装入已置于玻璃板上的试模中，用宽约 25mm 的直边刀轻轻拍打超出试模部分的浆体 5 次，以排除浆体中的孔隙，然后在试模上表面约 1/3 处，略倾斜于试模分别向外轻轻锯掉多余净浆，再从试模边沿轻抹顶部一次，使净浆表面光滑。在锯掉多余净浆和抹平的操作过程中，注意不要压实净浆；抹平后迅速将试模和底板移到维卡仪上，并将其中心定在试杆下，降低试杆直至与水泥净浆表面接触，拧紧螺丝 1～2s 后，突然放松，使试杆垂直自由地沉入水泥净浆中。在试杆停止沉入或释放试杆 30s 时记录试杆至底板之间的距离，升起试杆后立即擦净。整个操作应在搅拌后 90s 内完成。以试杆沉入净浆后距底板（6±1）mm 的水泥净浆为标准稠度净浆；其拌合水量为该水泥的标准稠度用水量（P），按水泥质量的百分比计。

2）标准稠度用水量测定方法（代用法）

采用代用法测定水泥标准稠度用水量时，可用调整水量和不变水量两种方法的任一种测定。若采用调整用水量法，其拌合水量是按经验估计；若采用不变水量法，其拌合水为 142.5mL。P（%）＝33.4－0.185S（此公式适应不变水量法）。测定过程：

（1）实验准备

将试锥装在金属棒下，在试锥接触锥模顶面时将指针调至零点。

（2）实验过程

量取所需拌合的水量，称取 500g 水泥试样，然后按标准法制作水泥净浆。搅拌完毕，立即将拌好的净浆装入锥模内，用宽约 25mm 的直边刀在浆体表面轻轻插捣 5 次，再轻振 5 次，刮去多余的净浆；抹平后迅速放到试锥下面固定位置上，将试锥降至净浆表面，拧紧螺丝 1～2s，然后突然放松，让试锥自由沉入净浆中；到试锥停止下沉或释放试锥 30s 时记录试锥下沉深度；整个操作过程应在搅拌后 90s 内完成。调整水量法测定时，以试锥在净浆中的下沉深度为（30±1）mm 时的搅拌水量为该水泥净浆标准稠度用水量（P），以水泥质量的百分比计。若下沉深度超出范围，需另称试样，调整水量，重新实验，直至达到（30±1）mm 时为止。用不变水量法测定时，根据不变水量法公式（或仪器上对应标尺）计算标准稠度用水量（P），以百分比计。当试锥下沉深度小于 13mm 时，应改用调整水量法测定。

4. 结果计算

（1）标准法

① 以试杆沉入净浆并距底板（6±1）mm 的水泥净浆为标准稠度净浆。其拌合水量为该水泥的标准稠度用水量（P），按水泥质量的百分比计。

② 如试杆沉入净浆不在（6±1）mm 的范围内，应需另称水泥试样，重新调整水量，重新实验直到达到（6±1）mm 时为止。

（2）代用法（调整用水量法）

① 当试锥下沉深度为（30±1）mm 时，水泥净浆为标准稠度净浆，其拌合水量为该水泥的标准稠度用水量（P），按水泥质量的百分比计。

② 如下沉深度不在此范围，需另称试样，应增加或减少水量，重新拌制净浆，直到试锥下沉深度至（30±1）mm 时为止。

（3）代用法（不变水量法）

① 观察试锥下沉深度时，指针在标尺上的指示数 P(%)，即为该水泥试样的标准稠度用水量。也可根据下沉深度 S(mm)，按下式计算标准稠度用水量 P(%)，$P=33.4-0.185S$。

② 当试锥下沉深度小于 13mm 时，应该用调整水量测定。

注意事项

检查维卡仪仪器金属棒是否能够正常自由滑动仪器。

任务3　水泥凝结时间测定

学习目标

1. 掌握初凝、终凝时间的概念及在实际应用中的重要性。
2. 学会测定初凝、终凝时间的方法。

知识要点

水泥从加水开始到水泥浆体失去可塑且开始具有机械强度，成为比较致密的固体状态所需要的时间，称为水泥的凝结时间。

为了更好地反映水泥的凝结时间，有利于建筑施工，水泥的凝结时间又人为地分为初凝时间和终凝时间。水泥从加水开始到水泥浆开始失去流动性，也就是到水化产物开始凝聚成一定结构所需要的时间即为初凝时间；水泥从加水开始到发展为比较致密的固体状态，也就是到发展为具有一定的结构强度时所需要的时间即为终凝时间。

凝结时间是水泥的重要建筑性质之一，在建筑施工中具有重要意义。根据混凝土、砂浆的施工要求，水泥既不能初凝时间太短，也不能终凝时间太长。初凝时间太短，混凝土、砂浆来不及搅拌、运输、浇捣或砌筑，影响工程质量；终凝时间太长，则将延长脱模时间及养护时间，而影响施工进度。因此，必须检验和控制水泥的凝结时间，以适应施工的要求和保证工程的质量。

GB 175—2007 规定：硅酸盐水泥、普通硅酸盐水泥、矿渣硅酸盐水泥、粉煤灰硅酸盐水泥、火山灰硅酸盐水泥、复合硅酸盐水泥的初凝时间均不得早于45min；硅酸盐水泥的终凝时间不得迟于390min，普通硅酸盐水泥、矿渣硅酸盐水泥、粉煤灰硅酸盐水泥、火山灰硅酸盐水泥、复合硅酸盐水泥的终凝时间不得迟于600min。初凝时间、终凝时间符合规定的水泥为合格品，不符合规定的水泥为不合格品。

主要仪器

1. 水泥净浆搅拌机

如前所述，符合 JC/T 729—2005 的要求。

2. 水泥净浆标准稠度与凝结时间测定仪

如前所述，符合 JC/T 727—2005 的要求。

3. 湿气养护箱

应能使温度控制在（20±1)℃，湿度大于90%。

4. 天平

精确至1g，实验前调好零点。

5. 量水器或滴定管

精度±0.5mL。

6. 初凝试针

如图 2-13 所示。

7. 终凝试针

如图 2-14 所示。

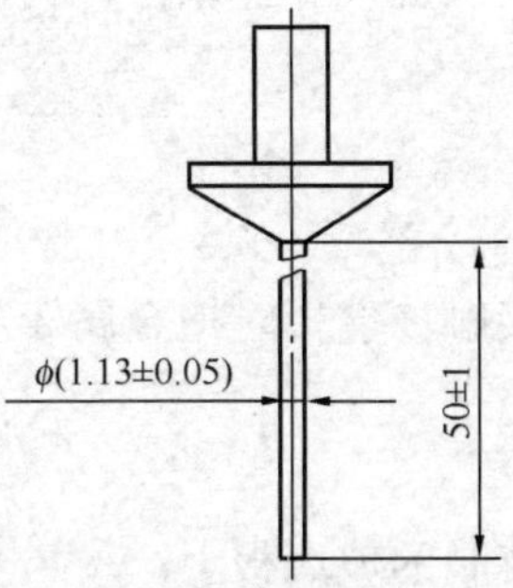

图 2-13　初凝试针

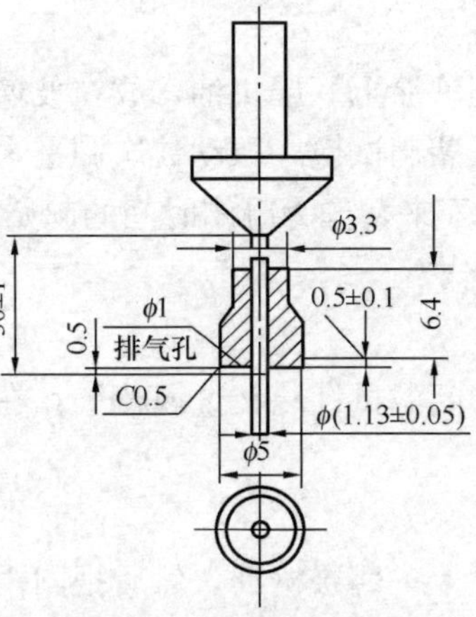

图 2-14　终凝试针

任务要求

检测水泥的初凝和终凝时间，填写实验报告，见表 2-10，得出结论。

表 2-10　水泥凝结时间实验

实验日期：____________温度/室温：____________湿度：____________

（1）实验仪器

（2）实验记录

水泥凝结时间实验记录表

标准稠度用水量 P（%）	加水时刻 t_1（时：分）	初凝时刻 t_2（时：分）	初凝时间（t_2-t_1）	终凝时刻 t_3（时：分）	终凝时间（t_3-t_1）

（3）结论

检测步骤

1. 测定方法

通过测定试针沉入标准稠度水泥净浆至一定深度所需的时间来表示水泥初凝和终凝时间。

凝结时间的测定可以用人工测定，也可用符合标准操作要求的自动凝结时间测定仪测定，一般以人工测定为准。

水泥凝结时间的测定依照 GB/T 1346—2011 中规定执行。

2. 工作条件

（1）实验室条件

① 实验室温度在（20.0±2)℃，相对湿度≥50%。

② 湿气养护箱的温度控制在（20.0±1)℃，相对湿度≥90%。

③ 检验用水泥和水的准备：与测定水泥净浆标准稠度用水量时相同，在此不再重述。

（2）试样制备

将圆模内侧稍许涂上一层机油，放在玻璃上，以标准稠度用水量制成标准稠度净浆，将标准稠度净浆一次装满试模，振动数次刮平，立即放入湿气养护箱中。将水泥全部加入水中的时刻（t_1）记录下来，作为凝结时间的起始时刻。

3. 测定工作过程

（1）调零点

将测定初凝时间的试针装在金属棒下，在试针接触玻璃板时把金属棒上的指针对准标尺零点。

（2）涂油

在圆模内壁涂上一薄层机油，然后把圆模放在特制的玻璃板上。

（3）净浆搅拌

搅拌方法与前面测定水泥净浆标准稠度用水量时相同，在此不再重述。记下水泥全部加入水中时的时间，这个时间就是凝结时间的起始时间。

（4）净浆装模

将制得的标准稠度净浆一次装模，手执圆模和玻璃板在台面上振动数次，并用餐刀捣插，刮去多余的净浆并抹平后放入湿气养护箱内养护。

（5）养护与测定

从凝结时间的起始时间开始计时，30min 后将试件从养护箱中取出进行第一次测量。测定时，将圆模放到试针下，拧紧测定仪上的松紧螺丝，使试针与净浆面接触，再拧紧松紧螺丝 1～2s 后突然放松，让试针自由沉入净浆，观察试针停止或下沉 30s 时测定仪上指针的读数。每次测量后立即将试模放回养护箱中进行养护，并将试针上的净浆擦干净。未达到初凝之前，每次测定时必须用手轻扶金属棒，控制试针在净浆中的下沉速度，防止试针下沉速度过快而被撞弯或撞断；每次测定时试针沉入点离圆模内壁距离至少应大于 10mm。初凝测出后立即将试模连同浆体以平移的方式从玻璃板上取下，翻转 180°，直径大端向上，小端向下，放在玻璃板上，再放入养护箱中继续养护，同时，将测定仪金属棒上测初凝时间的试针取下，换上测终凝时间用的试针。

（6）结果确定

① 临近初凝时，每隔 5min 测一次，当试针沉至距底板（4±1）mm 时即为水泥达到初凝状态，由水泥全部加入水中至达到初凝状态的时间为水泥的初凝时间，单位用“min”表示；

② 临近终凝时，每隔 15min 测一次，当试针沉入净浆 0.5mm，即环形附件开始不能在试体上留下痕迹时，即为水泥达到终凝状态，由水泥全部加入水中至终凝状态的时间为水泥的终凝时间，单位用“min”表示。

③ 测量时若发现到终凝时应立即在其他位置再测一次，只有两次结论相同才能定为到达终凝状态。

④ 若初凝时间或终凝时间未达到标准要求，则判定为不合格品。

注意事项

1. 测试前调整试件接触玻璃板时，指针对准零点。

2. 整个测试过程中试针以自由下落为准，且沉入位置至少距试模内壁10mm。

3. 每次测试不能让试针落入原针孔，每次测完须将试针擦净，并将试模放回湿气养护箱，整个测试过程防止试模受振。

4. 临近初凝，每隔5min测定一次；临近终凝，每隔15min测定一次。达到初凝时应立即重复测一次；到达终凝时，需要在试体另外两个不同点测试，当两次结论相同时，才能定为达到初凝状态或终凝状态。

任务4　水泥体积安定性检测

学习目标

1. 掌握水泥体积安定性的概念、体积安定性不良产生的原因以及对水泥性能的影响。

2. 学会水泥体积安定性的检测方法。

知识要点

水泥浆在凝结、硬化后是否因体积膨胀不均匀而变形的性质，成为水泥的体积安定性，简称水泥安定性。

水泥的安定性直接反映了水泥质量的好坏，是水泥品质指标中的一项重要指标。安定性合格是保证砂浆、混凝土工程等质量的必要条件；若安定性不合格，将使砂浆、混凝土工程等产生变形，出现弯曲、裂纹甚至崩溃，造成严重的质量事故。GB 175—2007规定：

① 硅酸盐水泥和普通水泥中氧化镁的含量不宜超过5.0％。如果水泥经压蒸安定性试验合格，则水泥中氧化镁的含量允许放宽到6.0％。

② 矿渣水泥P·S·A、火山灰硅酸盐水泥、粉煤灰硅酸盐水泥、复合硅酸盐水泥中氧化镁的含量大于6.0％，需进行水泥压蒸安定性试验并合格。

③ 沸煮法检验水泥安定性时必须合格。

主要仪器

1. 水泥净浆搅拌机

如前所述，符合JC/T 729—2005的要求。

2. 沸煮箱

有效容积约为410mm×240mm×310mm，篦板的结构应不影响实验结果，篦板与加热器之间的距离大于50mm，箱的内层由不易锈蚀的金属材料制成。实验前在箱内装好水，并调整好水位，以保证在整个沸煮过程中，雷氏夹试件不会暴露在水面上，同时又能在（30±5）min内将箱内的实验水用水由室温升至沸腾状态并保持3h以上，整个实验过程中不需补充水量。

3. 雷氏夹

由铜质材料制成，如图2-15所示。雷氏夹的弹性必须符合以下要求：静态时，雷氏夹两针尖间距为 10mm；当一根指针的根部先悬挂在一根金属丝或尼龙丝上，另一根指针的根部再挂上 300g 砝码时，两根指针的针尖距离应在（17.5±2.5）mm；当去掉砝码后两针尖的距离必须恢复至挂砝码前的状态。弹性要求不合格的雷氏夹不能使用。实验时先要对雷氏夹内壁涂上一薄层机油，便于测定完毕后脱模。每测定一个水泥样品的安定性，必须成型两个雷氏夹试件。

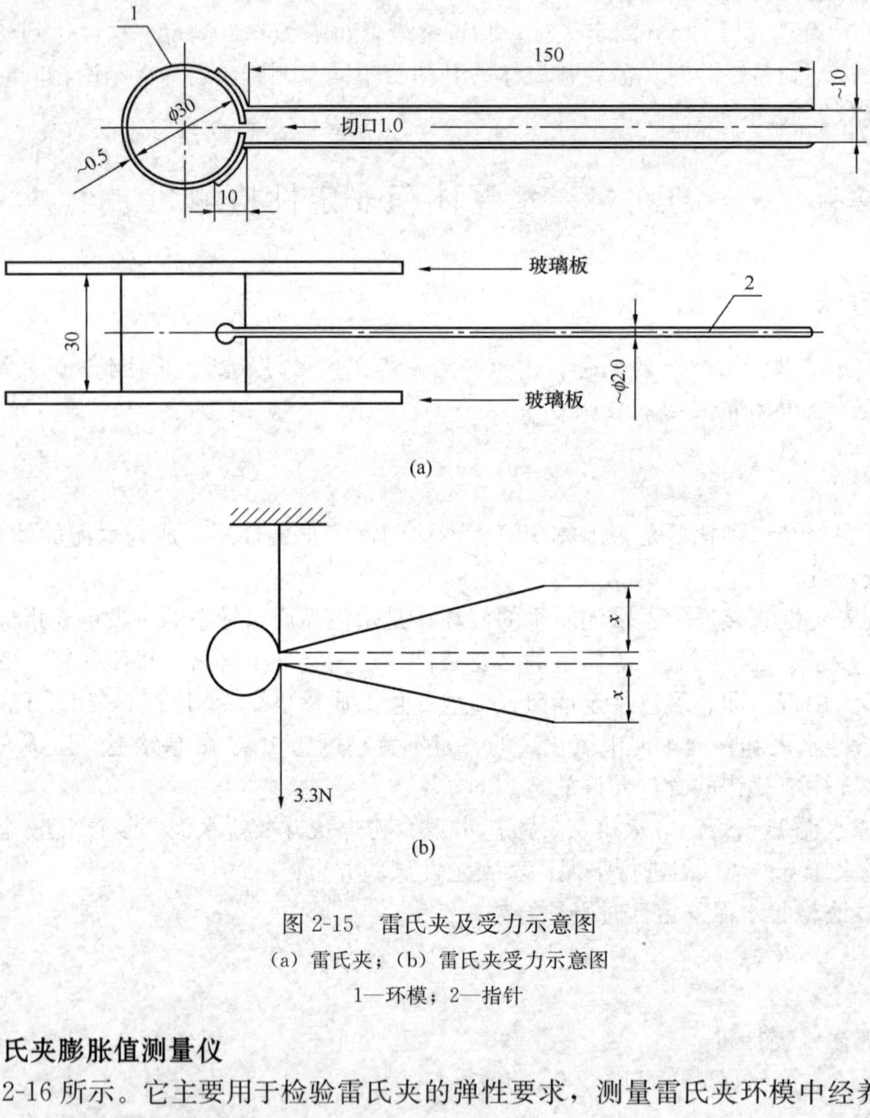

图 2-15　雷氏夹及受力示意图

（a）雷氏夹；（b）雷氏夹受力示意图

1—环模；2—指针

4. 雷氏夹膨胀值测量仪

如图 2-16 所示。它主要用于检验雷氏夹的弹性要求，测量雷氏夹环模中经养护及沸煮一定时间后的水泥净浆试件的膨胀值。

5. 天平

6. 量水器

量水器最小刻度为 0.1mL，精度 1%。

7. 餐刀及玻璃板

餐刀的刀面宽度为 10mm 左右，玻璃板的质量约 75～85g。实验时要准备四块符合要求的玻璃板，并事先在与水泥净浆接触的玻璃板表面涂上一层薄机油。

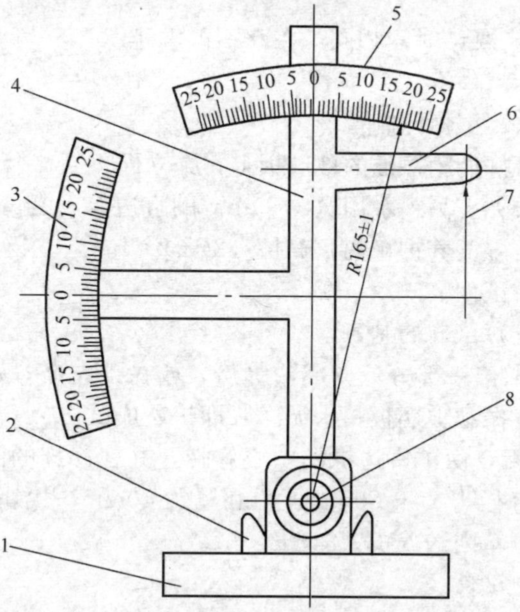

图 2-16　雷氏夹膨胀值测量仪

1—底座；2—模子座；3—测弹性标尺；4—立柱；
5—测膨胀值标尺；6—悬臂；7—悬丝；8—弹簧顶钮

任务要求

检测水泥的安定性，填写实验报告，见表 2-11，得出结论。

表 2-11　水泥安定性实验

实验日期：＿＿＿＿＿＿＿＿　温度/室温：＿＿＿＿＿＿＿＿　湿度：＿＿＿＿＿＿＿＿

（1）实验仪器

（2）实验记录

雷氏法实验结果记录

雷氏夹编号	沸煮前值 A（mm）	煮后值 C（mm）	增加距离 $C-A$（mm）	两个结果差值（mm）	平均值（mm）	判断结果
1						
2						

（3）结论

检测步骤

1. 测定方法

水泥安定性的测定方法有标准法（雷氏法）和代用法（试饼法）两种。

依据标准：《水泥标准稠度用水量、凝结时间、安定性检验方法》（GB/T 1346—2011）。

2. 工作条件

1）实验室条件与测定凝结时间相同，在此不再重述

2）试样制备

（1）标准法（雷氏法）试样的制备

将雷氏夹放在已准备好的稍擦油的玻璃板上，并立即将已拌合好的标准稠度净浆装满试模。装浆时一手扶持雷氏夹，另一手用宽约25mm的直边刀插捣3次左右，然后抹平，盖上玻璃板，立刻将试模移至湿气养护箱内，养护（24±2）h。

每个试样需成型两个试件。

（2）代用法（试饼法）试样的制备

① 从拌好的净浆中取出一部分，分成两等份，放在预先准备好的涂抹少许机油的玻璃板上，呈球形，然后轻轻振动玻璃板，水泥净浆即扩展成试饼。

② 用湿布擦过的小刀，由试饼边缘向中心修抹，并在修抹的同时将试饼略做转动，中间切忌添加净浆，做成直径为70～80mm、中心厚约10mm、边缘渐薄、表面光滑的试饼。接着将试饼放入湿气养护箱内，养护（24±2）h。

每个试样需成型两个试件。

3. 测定工作过程

1）沸煮法检验水泥安定性——雷氏夹法

检验原理：沸煮法检验水泥的安定性，是通过沸煮加速f-CaO的水化反应，使f-CaO需长时间才产生的危害在短时间内表现出来。根据雷氏夹试件沸煮前后体积的变化，即雷氏夹两针尖间距的变化来判断水泥安定性合格与否。

（1）净浆搅拌

搅拌方法与前面测定水泥净浆标准稠度用水量时相同，在此不再重述。若安定性的检验与凝结时间的测定同时进行，则可直接用凝结时间测定时所制得的净浆。

（2）净浆装模

将事先准备好的雷氏夹放在已涂油的玻璃板上，并立刻将标准稠度净浆一次装满雷氏夹。装模时一只手轻轻扶持雷氏夹，另一只手用宽约25mm的小刀插捣3次左右，然后刮平并抹平，盖上稍涂油的玻璃板。按此操作方法，每个试样共成型两个雷氏夹试件。

（3）养护箱中养护

将成型好的雷氏夹试件连同玻璃板一起放在养护箱内养护（24±2）h。

（4）沸煮

从养护箱中取出雷氏夹试件，取下玻璃板，将雷氏夹放在测定仪下进行测量，测出沸煮前雷氏夹两针尖间的距离（精确至0.5mm），记为A。接着将试件放在沸煮箱内的篦板上，雷氏夹针尖朝上，试件之间互不交叉。通电加热，使箱内水在（30±5）min内加热至沸，并恒沸（180±5）min。煮毕将箱内水放出，打开箱盖让试件冷却至室温。

（5）结果确定

① 将煮后的雷氏夹放在测定仪下测量，测出煮后雷氏夹两针尖间的距离（精确至0.5mm），记为C。

② 当两个试件煮后增加距离（$C-A$）的平均值不大于5.0mm时，即认为该水泥安定性合格。

③ 当两个试件煮后增加距离（$C-A$）值相差超过 5.0mm 时，应用同一样品立即重做一次实验。再如此，以复检结果为准。

2）沸煮法检验安定性——试饼法

检验原理：沸煮水泥净浆试饼检验水泥的安定性，是通过沸煮加速 f-CaO 的水化反应，使 f-CaO 需长时间产生的危害在短时间内表现出来。根据试饼沸煮后的外形变化来判断水泥安定性合格与否。

（1）净浆搅拌

搅拌方法与前面测定水泥净浆标准稠度用水量时相同。

（2）成型净浆试饼

将制好的标准稠度净浆取出一部分，分成两等份，使之成球形，放在预先准备好的玻璃板上，轻轻振动玻璃板并用湿布擦过的小刀由边缘向中间抹，做成直径 70～80mm、中心约厚 10mm、边缘渐薄、表面光滑的试饼。

（3）养护箱中的养护

将成型好的试饼放在养护箱内养护（24±2）h。养护箱内温度为（20±1)℃，相对湿度≥90％。

（4）沸煮

脱去玻璃板取下试饼，在试饼无缺陷的情况下将试饼放在沸煮水中篦板上，然后在(30±5)min 内加热至沸并恒沸(180±5)min。

（5）结果确定

取出试饼进行判别，目测试饼未发现裂缝，用钢直尺检查也没有弯曲（使钢直尺和试饼底部紧靠，以两者间不透光为不弯曲）的试饼为安定性合格，反之为不合格。

当两个试饼判别结果有矛盾时，该水泥的安定性为不合格。

注意事项

1. 每种方法需平行测试两个试件。
2. 凡与水泥净浆接触的玻璃板和雷氏夹层内表面要稍涂一层油。
3. 试饼应在无任何缺陷条件下方可沸煮。

任务 5　水泥强度检测

学习目标

1. 掌握水泥强度的含义和影响强度的因素。
2. 学会水泥强度试件制作和强度检测方法。

知识要点

1. 概念及表示方法

水泥胶砂硬化试体承受外力破坏的能力称为水泥强度。它是水泥重要的物理力学性能之一，也是混凝土强度的主要来源和水泥主要的品质指标。

根据外力作用形式分为抗折强度和抗压强度。抗折强度是指水泥胶砂硬化试体承受弯曲破坏时的最大外力，单位：兆帕（MPa）。抗压强度是指水泥胶砂硬化试体承受压缩破坏时的最大外力，单位：兆帕（MPa）。

水泥强度是表征水泥力学性能的重要指标。《水泥胶砂强度检验方法（ISO 法）》（GB/T 17671—1999）规定将水泥、标准砂和水按规定比例用规定方法制成的规格为 40mm×40mm×160mm 的标准试件，在标准养护条件下养护，测得其 3d、28d 的抗压强度和抗折强度，按照 3d、28d 的抗压强度和抗折强度分为：42.5、42.5R、52.5、52.5R、62.5、62.5R 六个强度等级（ISO 法），各龄期强度要求，见表 2-1。

2. 影响水泥强度的因素

影响水泥强度的因素较多，如熟料的矿物组成、煅烧程度、冷却速度、水泥细度、混合材掺入量、石膏的掺量、试体成型时的加水量、试验养护的温度、湿度，水泥储存的时间、条件等。

硅酸盐水泥熟料的矿物组成是决定水泥强度的主要因素。硅酸盐水泥熟料中，C_3S 水化快，早期强度高，强度增进率大，是水泥强度的主要来源；C_2S 凝结硬化慢，早期强度低，后期强度增进率大；熔剂矿物中 C_3A 是水化最快，3d 的强度基本发挥出来，3d 以后的强度不再增长，甚至倒缩；C_4AF 水化速度早期介于 C_3A 和 C_3S 之间，但后期发展不如 C_3S。

煅烧完全、冷却速度快的熟料制成的水泥强度高；相反，煅烧不完全、冷却速度慢的熟料制成的水泥强度低。

水泥细度对水泥强度和强度增长速度也有着十分重要的影响。水泥细，水泥水化快，水泥的早期强度高。但水泥太细，水泥需水量大，后期强度反而下降。

在生产水泥时，掺加适量的混合材，一方面可以降低水泥生产成本，改善水泥性能，另外还可以综合利于工业废渣，减少环境污染。一般混合材掺量增加，水泥强度下降。

在水泥中掺加适量石膏，主要是起调节凝结时间的作用，适量石膏有利于提高水泥强度，特别是早期强度，但石膏掺量过多时，使水泥安定性不良。

试体成型时的加水量不足时，水泥水化慢，水泥强度偏低。

试验养护的温度、湿度对水泥强度有明显影响。提高试验养护的温度、湿度可以提高水泥的早期强度，但温度、湿度过高，水泥的后期强度反而下降，尤其是抗折强度。

水泥储存的时间长，水泥的强度下降，一般在储存条件较好时，水泥储存三个月强度平均下降 10%，六个月降低约 30%。

主要仪器

1. 胶砂搅拌机（图 2-17）

行星式，应符合 JC/T 681—2005 要求。叶片与锅之间的间隙(3±1)mm，每月检查一次。搅拌程序：低速(30±1)s，再低速(30±1)s(同时加砂)，高速(30±1)s，停机(90±1)s（刮锅），再高速(60±1)s。

2. 振实台（图 2-18）

应符合 JC/T 682—2005 要求。振幅(15±0.3)mm。振动 60 次的时间(60±1)s。

3. 试模（图 2-19）

每个模槽尺寸均为 40mm×40mm×160mm，试模净重 6～6.5kg，组成见图。试模长

(160±0.8)mm；宽(40±0.2)mm；高(40.1±0.1)mm。制造尺寸和机制材质应符合 JC/T 726—2005。

图 2-17　胶砂搅拌机

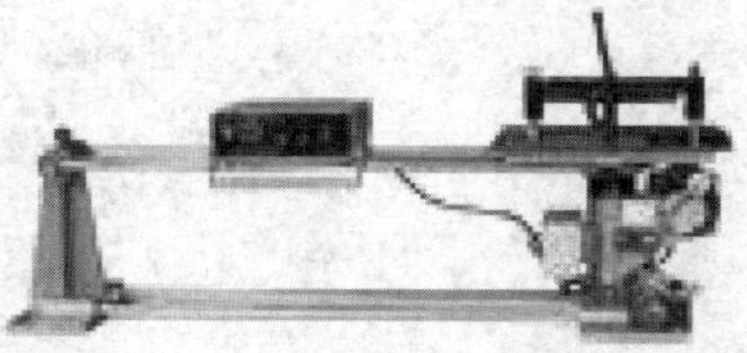

图 2-18　振实台

4. 量水器（图 2-20）

容积 225mL，其精确要达到±1mL，标定合格方可使用。

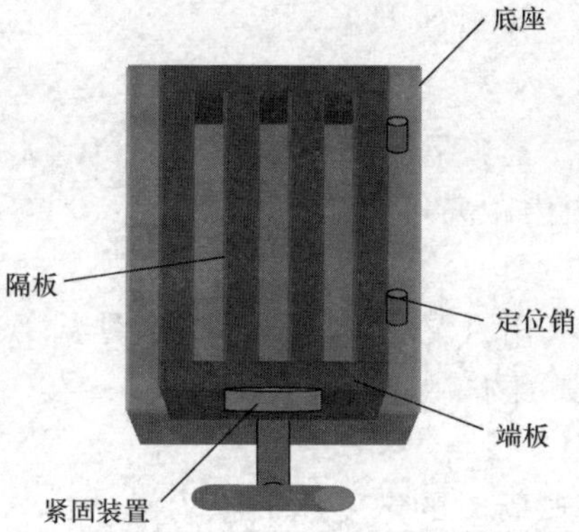

图 2-19　试模

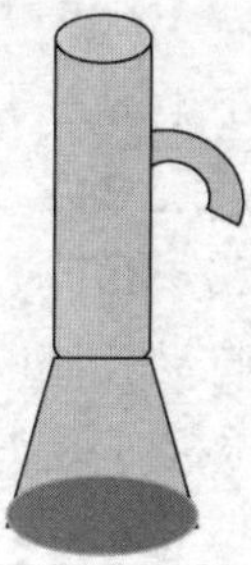

图 2-20　量水器

5. 播料器（图 2-21）

技术参数符合 GB/T 17671—1999 要求。

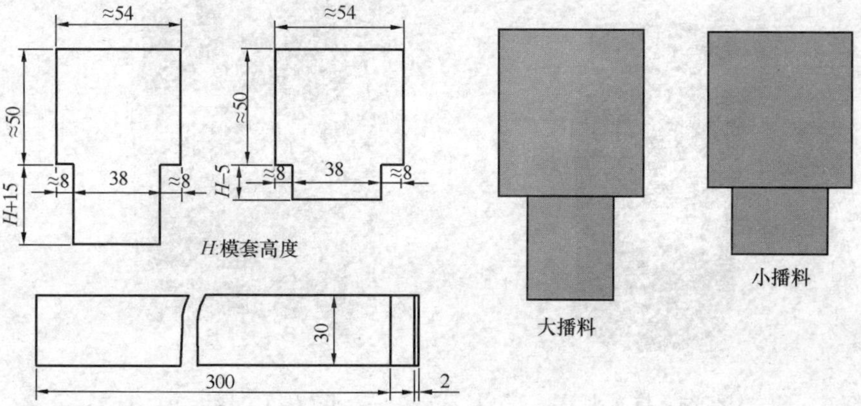

图 2-21　播料器

6. 金属刮平尺

符合 GB/T 17671—1999，其长 300mm，宽 30mm，厚 2mm，由不锈钢材料制成。

7. 电动抗折机（图 2-22）

最大试验力 5000N，加荷速率（50±5）N/s，示值精度±1%。

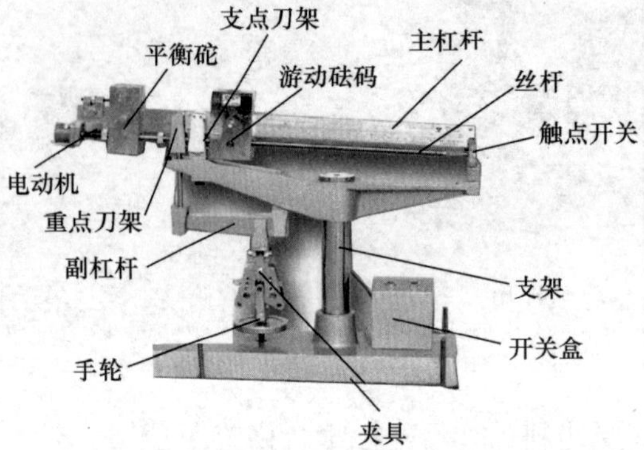

图 2-22　电动抗折机

8. 抗压夹具（图 2-23）

技术参数符合 JC/T 683—2005 的要求。上、下压板长度为（40±0.1）mm；宽度大于 40mm；厚度大于 10mm；上、下压板间自由距离 45～50mm。

9. 养护箱（图 2-24）

应保持在（20±1)℃、箱内温差≤1℃，相对湿度≥90%。工作时温度、湿度至少 4 小时记录一次，在自动控制的情况下记录次数可酌减一次或两次。

10. 自动抗压机（图 2-25）

GB/T 17671—1999 要求水泥胶砂强度试验时的定受压面积为 40 mm×40mm，其加荷速率控制在（2400±200）N/s。最大荷载 200～300kN，加荷速率精度±8%，示值精度±1%。工作时由一台计算机按程序自动控制加荷速率。

图 2-23　抗压夹具

图 2-24　养护箱

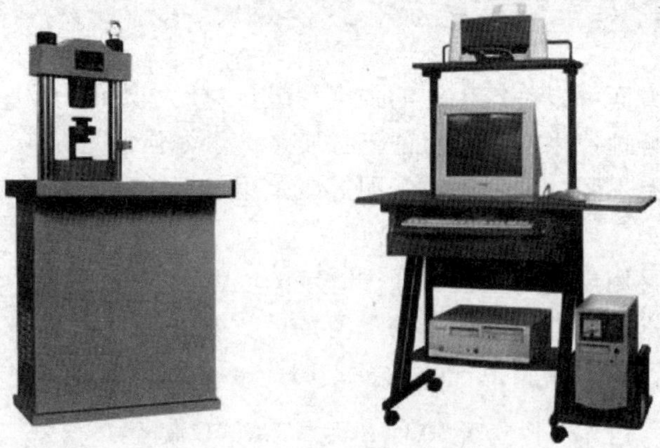

图 2-25　自动抗压机

11. 手自动抗压机（图 2-26）

主要技术参数与自动抗压机一样，工作时由人工操作送油阀来控制加荷速率。

12. 养护池（槽）（图 2-27）

养护池水的温度（20±1)℃，试体彼此之间保持一定的距离，试体的六个面充分与水接触。养护期间试体之间的间隔及试体上表面的水深不得小于 5 mm。每个养护池（槽）内只养护同类型的水泥试体。养护龄期：从水泥加水开始算起，不同龄期强度检验在下列时间里进行：

① 24h±15min；

② 48h±30min；

③ 72h±45min；

④（72±2）h；

⑤ ≥28d±8h。

图 2-26　手自动抗压机

图 2-27　养护池（槽）

任务要求

检验水泥强度一方面可以确定水泥的强度等级，对比水泥的好坏；另一方面可以根据水泥强度设计混凝土，合理使用水泥，保证工程质量。水泥强度是一个相对值，同样的水泥用不同的检验方法，会有不同的强度值。水泥等级是用水泥胶砂硬化试体一定龄期内的抗压强度值来表示的。

水泥强度的检验是用规定的仪器，通过一定的成型、脱模、破型等步骤来完成水泥强度的检验，根据试验数据计算得出该编号的水泥抗折、抗压强度。

检测水泥的强度，填写实验报告，见表 2-13，得出结论。

表 2-13　水泥强度实验报告

实验日期：________________ 温度/室温：________________ 湿度：________________

（1）实验仪器

____

（2）实验记录

水泥胶砂强度检验的实验记录

编号	水泥加水时间 T	脱模时间 T	养护箱的温度 （℃）	养护水箱的湿度 （%）	养护水的温度 （℃）

水泥抗折、抗压强度原始数据记录

编号	3d				28d			
	抗折		抗压		抗折		抗折	
	原始数据（MPa）	计算结果（MPa）	原始数据（MPa）	计算结果（MPa）	原始数据（MPa）	计算结果（MPa）	原始数据（MPa）	计算结果（MPa）
A								
平均值								

（3）结论

____

检测步骤

1. 实验原理及方法

通过测定以规定配合比制成的标准尺寸胶砂试件的抗压破坏荷载、抗折破坏荷载，确定水泥的抗压强度、抗折强度。

水泥强度检验采用 ISO 法（国际标准）。

2. 工作条件

① 实验温度（20±2)℃；相对湿度大于 50%，水的温度为（20±1)℃，养护箱的温度(20±1)℃；相对湿度大于 90 %。试样和砂的温度应与实验室的一致。

② 试样通过 0.9mm 方孔筛，充分搅拌均匀，并填写样品的编号。

③ 标准砂：按标准 ISO 679 进行质量控制。其主要指标：标准砂 SiO_2 含量不低于 98%的天然圆形硅质砂组成，颗粒分布范围在表 2-14 之内。湿含量在 105～110℃下用代表性砂样烘 2h 的质量损失来测定。以干基的质量分数表示，应小于 0.2 %。

表 2-14　ISO 标准砂颗粒分布

方孔边长（mm）	累计筛余（%）	方孔边长（mm）	累计筛余（%）
2.0	0	0.5	67±5
1.6	7±5	0.16	87±5
1.0	33±5	0.08	99±5

④ 实验标准：《水泥胶砂强度检验方法（ISO 法）》(GB/T 17671—1999)。

3. 测定工作过程

① 将试模擦干净，并且涂上油。

② 称量：一个试模需称水泥：(450±2)g；标准砂：一袋(1350±5)g；水：(225±1)mL。

③ 把水加入锅内，再加入水泥，把锅放在固定架上，上升至固定位置。

④ 立即开动机器，低速搅拌 30s 后，在第二个 30s 开始的同时，均匀地将砂子加入。把机器转至高速再拌 30s。

⑤ 停拌 90s 的时候前 15s 将叶片和锅壁上的胶砂刮入锅中间。在高速下继续搅拌 60s。

⑥ 胶砂搅拌的同时，将试模漏斗卡紧在振动台中心，将搅拌好的一半胶砂均匀地装入下料漏斗中，用大插料器垂直架在横套顶部沿整个模槽来回将料层插平。开动振动台，振动 60 次停车。再装入第二层胶砂，用小插料器插平，再振实 60 次。

⑦ 振动完毕，取下试模，用刮刀刮去高出试模的胶砂并抹平，接着在试件上编号，编号时应将试模中的三条试件分在两个龄期。

⑧ 将试模放入标准养护箱内养护，温度为（20±1)℃，相对湿度为大于 90%。

⑨ 试件脱模后，立即放入水槽中养护，水温为（20±1)℃，试件之间应留有空隙，水面至少高出试件 20mm，养护水每两周换一次。

⑩ 到龄期的试件，取出三条试件，先做抗折强度的测定，测定前需擦去试件表面水分，消除夹具上水分和砂粒以及夹具上圆柱黏着的杂物，将试件放入抗折夹具内，使试件侧面与圆柱接触。

⑪ 抗折实验后的 6 个断块，应立即进行抗压实验，抗压强度测定需用抗压夹具进行，以试件的侧面作为受压面，并使夹具对准压力机压板中心。

4. 结果计算及记录

（1）抗折强度计算

$$R_f = \frac{1.5F_f L}{b^3} \tag{2-3}$$

式中 R_f——抗折强度，MPa；

F_f——折断时施加于棱柱体中部的荷载，N；

L——支撑圆柱之间的距离，mm；

b——棱柱体正方形截面的边长，mm。

① 当采用电动抗折试验机时，直接从标尺上读出每条试体的抗折强度值，MPa。

② 抗折强度以一组棱柱体的抗折强度结果的平均值作为实验结果。当三个强度值中有超出平均值±10％时，应剔除后再取平均值作为抗折强度值。

③ 各试体的抗折强度记录至 0.1MPa，计算结果精确至 0.1MPa，对后面的数字用修约法则取舍。

（2）抗压强度计算

$$R_c = \frac{F_c}{A} \tag{2-4}$$

式中 R_c——抗压强度，MPa；

F_c——破坏荷载，N；

A——受压面积，mm^2。

① 抗压强度按 $R_c = F_c / A$（F_c破坏时的最大荷载），单位以牛顿（N）表示，A 为受压面积（40mm×40mm），以 mm^2 为单位，或者用表盘读数直接除以 1.6。

② 抗压强度以六个抗压强度测定值的算术平均值为实验结果，如六个测定值中有一个超过六个平均值的±10％，应剔除后以剩下五个测定值的算术平均值作为抗压强度值。如果五个测定值中有一个超过五个测定值的算术平均值的±10％，则此组结果作废。

③ 荷载读数精确至 0.1kN，每个半截棱柱试体的单个抗压强度计算结果精确至 0.1MPa，平均值计算结果精确至 0.1MPa，对后面的数字用修约法则取舍。

注意事项

养护环境和养护时间的保证。

小　结

工程中常用的六大水泥即硅酸盐水泥、普通硅酸盐水泥、矿渣硅酸盐水泥、火山灰质硅酸盐水泥、粉煤灰硅酸盐水泥和复合硅酸盐水泥。主要性能指标有细度、凝结时间、安定性、强度等。水泥实验结果评定为合格水泥和不合格水泥。水泥必检项目为强度、凝结时间、安定性。

自测练习

1. 水泥强度的定义是什么？测定水泥强度的意义？

2. 水泥的物理指标有哪些？

3. 水泥的腐蚀类型有哪些？

4. 什么是细度？表示方法有哪些？测定方法有几种？

5. 什么是水泥的标准稠度用水量、凝结时间和安定性？

6. 用水筛法测水泥细度时，第一组同学测得水泥细度为 3.1% ，第二组的测得水泥细度为 3.5% ，计算该水泥的细度？

7. 如何判断初凝时间和终凝时间的终点？

8. 如何判断水泥的安定性？

9. 国家标准《水泥胶砂强度检验方法（ISO 法）》（GB/T 17671—1999）规定，采用什么方法测定水泥强度等级？

10. 若 8：30 开始加水做试验，在 11：20 和 14：40 分别到达初凝和终凝时间，问该试样初凝和终凝时间分别是多少？

项目 3　普通混凝土性能检测

学习目标

1. 掌握混凝土的基本概念、分类和性能。

2. 掌握砂石料基本性能的检测方法，分析砂石性能对混凝土性能的影响。

3. 掌握混凝土和易性的基本概念，掌握和易性的检测方法，分析和易性对混凝土质量的影响。

4. 掌握混凝土配合比设计方法。

5. 掌握混凝土立方体抗压强度的检测方法。

6. 掌握混凝土常用外加剂性能。

7. 掌握混凝土耐久性能。

8. 掌握普通混凝土质量控制

能力目标

1. 能够检测砂石料颗粒组成，检测砂含水率。

2. 能够检测混凝土和易性。

3. 能够设计普通混凝土的配合比。

4. 能够对混凝土立方体抗压强度进行测定。

相关理论知识

知识点一　混凝土基本知识

1. 混凝土定义

混凝土，简称为“砼（tóng）”：是指由胶结料（有机的、无机的或有机无机复合的）、颗粒状集料、水以及需要加入的化学外加剂和矿物掺合料按适当比例拌制而成的混合料，经硬化后形成具有堆聚结构的复合材料。通常讲的混凝土一词是指用水泥作胶凝材料，砂、石作集料；与水（可含外加剂和掺合料）按一定比例配合，经搅拌而得的水泥混凝土，又称普通混凝土，它广泛应用于土木工程。

2. 混凝土分类

随着科学技术的进步和经济的不断发展，社会对混凝土的需求越来越大，性能要求越来越高，满足各种工程需要的混凝土品种也越来越多。因此，混凝土的分类方法也多种多样。

1）按胶凝材料分类

① 无机胶凝材料混凝土。无机胶凝材料混凝土包括石灰硅质胶凝材料混凝土（如硅酸盐混凝土）、硅酸盐水泥系混凝土（如硅酸盐水泥、普通水泥、矿渣水泥、粉煤灰水泥、火山灰质水泥，早强水泥混凝土等）、钙铝水泥系混凝土（如高铝水泥、纯铝酸盐水泥、喷射水泥，超速硬水泥混凝土等）、石膏混凝土、镁质水泥混凝土、水玻璃氟硅酸钠混凝土等。

② 有机胶凝材料混凝土。有机胶凝材料混凝土主要有沥青混凝土和聚合物水泥混凝土、树脂混凝土、聚合物浸渍混凝土等。

此外，无机与有机复合的胶凝材料混凝土，还可以分聚合物水泥混凝土和聚合物浸渍混凝土。

2）按表观密度分类

混凝土按照表观密度的大小可分为：重混凝土、普通混凝土、轻质混凝土。这三种混凝土不同之处就是集料的不同。

（1）重混凝土

重混凝土是表观密度大于2500kg/m^3，用特别密实和特别重的集料制成的。如重晶石混凝土、钢屑混凝土等，它们具有不透X射线和γ射线的性能，常由重晶石和铁矿石配制而成。

（2）普通混凝土

普通混凝土即我们在建筑中常用的混凝土，表观密度为1950～2500kg/m^3，主要以砂、石子为主要集料配制而成，是土木工程中最常用的混凝土品种。

（3）轻质混凝土

轻质混凝土是表观密度小于1950kg/m^3的混凝土。它可以分为三类：

① 轻集料混凝土，其表观密度在800～1950kg/m^3，轻集料包括浮石、火山渣、陶粒、膨胀珍珠岩、膨胀矿渣、矿渣等。

② 多孔混凝土（泡沫混凝土、加气混凝土），其表观密度是300～1000kg/m^3。泡沫混凝土是由水泥浆或水泥砂浆与稳定的泡沫制成的。加气混凝土是由水泥、水与发气剂制成的。

③ 大孔混凝土（普通大孔混凝土、轻集料大孔混凝土），组成中无细集料。普通大孔混凝土的表观密度范围为1500～1900kg/m^3，是用碎石、重矿渣等作集料配制的。轻集料大孔混凝土的表观密度为500～1500kg/m^3，是用陶粒、浮石、碎砖、矿渣等作为集料配制的。

3）按使用功能分类

混凝土按照使用功能的不同可分为：结构混凝土、保温混凝土、装饰混凝土、防水混凝土、耐火混凝土、水工混凝土、海工混凝土、道路混凝土、防辐射混凝土等。

4）按施工工艺分类

混凝土按照施工工艺可分为：离心混凝土、真空混凝土、灌浆混凝土、喷射混凝土、碾压混凝土、挤压混凝土、泵送混凝土等。

5）按配筋方式分类

混凝土按配筋方式分为：素（即无筋）混凝土、钢筋混凝土、钢丝网水泥混凝土、纤维混凝土、预应力混凝土等。

6）按拌合物流动性分类

混凝土按拌合物流动性不同分为：干硬性混凝土、半干硬性混凝土、塑性混凝土、流动性混凝土、高流动性混凝土、流态混凝土等。

7）按掺合料种类分类

混凝土按掺合料种类不同可分为：粉煤灰混凝土、硅灰混凝土、矿渣混凝土、纤维混凝土等。

另外，混凝土还可按抗压强度分为：低强度混凝土（抗压强度小于30MPa）、中强度混凝土（抗压强度30～60MPa）和高强度混凝土（抗压强度大于等于60MPa）；按每立方米水泥用量又可分为：贫水泥混凝土（水泥用量不超过170kg）和富水泥混凝土（水泥用量不小于230kg）等。

3. 混凝土的特点

普通混凝土在建筑工程中能得到广泛的应用，是因为与其他材料相比有许多优点。

① 原材料丰富，成本低，符合就地取材和经济原则。

② 强度高，耐久性好，适用性强。

③ 可塑性好，适应不同的结构要求；性能灵活，可根据不同需要配制不同强度、不同性能的混凝土。

④ 作为基材，混凝土与其他材料的复合能力强，如钢筋混凝土、纤维增强混凝土、聚合物混凝土等。

⑤ 混凝土的能源消耗较其他建筑材料要低。

⑥ 作为建筑材料，较之木材、塑料、钢材，混凝土具有良好的耐火性能。

⑦ 混凝土结构物一旦投入使用，维修工作量少，维修费用低。

⑧ 可充分利用工业废料作集料或掺合料，有利于环境保护。

混凝土也有其缺点，限制了它的使用范围，主要有如下几点：

① 脆性大，抗拉强度低，抗冲击性能差。

② 自重大，混凝土的密度一般在2350～2450kg/m^3，而普通黏土砖在1800kg/m^{3}左右。

③ 体积稳定性差，干燥收缩大，荷载作用下徐变大。

④ 作为墙体材料，热导率大。

虽然混凝土存在上述缺点，但其不足正在不断克服。如采用轻质集料可显著降低混凝土的自重，提高比强度；掺入纤维或聚合物，可提高抗拉强度，大大降低混凝土的脆性；掺入减水剂、早强剂等外加剂，可显著缩短硬化周期，改善力学性能。

知识点二　普通混凝土的原材料

1. 水泥

水泥与水形成水泥浆，水泥浆包裹在集料表面并填充集料间的空隙。在硬化前，水泥浆起润滑作用，赋予拌合物一定的和易性（workability），便于施工及振捣密实。水泥浆硬化后，则将集料胶结成一个坚实的整体。

1）水泥的凝结硬化

水泥的凝结硬化过程一般可概括为：当水泥与水接触后，水泥颗粒表面开始水化，生成的可溶性水化产物立即溶于水中，水泥颗粒内部未水化的水泥继续反应，直至溶液达到饱和。当溶液浓度达到较高的过饱和度时，水化产物沉淀为胶体颗粒，或由水化反应直接生成胶体析出。随水化产物逐渐沉淀凝聚，水泥浆体逐渐失去流动性和可塑性而凝结。以上生成的胶状体微晶并不稳定，能逐渐再结晶并发育长大，使水泥浆体逐渐硬化而形成具有一定机械强度的硬化水泥浆体。

硅酸盐水泥与水作用后，主要水化产物有水化硅酸钙和水化铁酸钙凝胶、氢氧化钙、水化铝酸钙和水化硫铝酸钙晶体。

硬化后的水泥石是由胶体粒子、晶体粒子、凝胶孔、毛细孔及未水化的水泥颗粒所组成。

2）水泥的选择

根据混凝土的使用要求，选用水泥时必须考虑以下的技术条件。

(1) 选择适宜强度等级的水泥

水泥强度等级应与混凝土的设计强度等级相适应。一般以水泥强度等级为混凝土 28d 强度的 1.5～2.0 倍为宜。

(2) 正确选用水泥品种

品种不同的水泥其技术性能不同，适用范围也不同，因此，在实际生产和施工中应根据具体情况选用所需要的水泥。

(3) 选用优质水泥

为了保证工程质量，在使用时首先要选择优质水泥。目前来看，优质水泥应具有如下特点：配制混凝土时需水量低、流动性好、与外加剂有较好的相容性；具有较高的胶砂强度，在配制混凝土时，能减少水泥用量，增大矿物掺合料的用量；水泥的颗粒分布合理，以获得更好的工作性和耐久性；严格限制水泥中的有害组分，如碱含量、氯离子含量等。

(4) 贮存和使用

防潮防水、分类储存，不同品种、不同强度等级的水泥应分别存放，不可混杂。水泥的贮存时间一般不应超过 3 个月。

2. 集料

集料是用于配制混凝土或砂浆的颗粒状松散材料，也称骨料。在混凝土中集料总体积一般占混凝土体积的 70%～80%，主要起骨架作用，对混凝土的性能和技术经济指标都有很大的影响。集料分为粗集料和细集料两种，按照《普通混凝土用砂、石质量及检验方法标准》(JGJ 52—2006) 规定，公称粒径大于 5mm 的岩石颗粒称为粗集料，小于 5mm 的岩石颗粒称为细集料。

1）细集料

混凝土的细集料主要采用天然砂和人工砂。按规定砂的表观密度一般应大于 2500kg/m^3，松散密度大于 1400kg/m^3，孔隙率小于 44%。天然砂主要有河砂、湖砂、山砂和淡化海砂，机制砂指经除土处理，由机械破碎、筛分制成的，粒径小于 4.75mm 的岩石、矿山尾矿或工业废渣颗粒，俗称人工砂。

按照《建设用砂》(GB/T 14684—2011) 的要求，砂按技术要求分为Ⅰ、Ⅱ、Ⅲ类。其中Ⅰ类宜用于强度等级大于 C60 的混凝土；Ⅱ类宜用于强度等级 C30～C60 及抗冻、抗渗或其他要求的混凝土；Ⅲ类宜用于强度等级小于 C30 的混凝土和建筑砂浆。

对砂的技术要求主要有以下几个方面：

(1) 含泥量、泥块含量及有害杂质含量（表 3-1）

含泥量是指天然砂中粒径小于 75μm 的颗粒含量；泥块含量是指砂中原粒径大于 1.18mm，经水浸洗、手捏后小于 600μm 的颗粒含量；石粉含量是指机制砂中粒径小于 75μm 的颗粒含量，且其矿物组成和化学成分与被加工母岩相同的颗粒含量。砂子要求清洁不含杂质，以保证混凝土的质量。因为有害杂质粘附在砂粒表面，影响水泥浆与砂子的粘结，降低混凝土强度，同时还增加混凝土的用水量，从而加大混凝土的收缩，降低抗冻性和抗渗性。有机物杂质、硫化物及硫酸盐，对水泥有腐蚀作用。

表 3-1　砂中含泥量、泥块含量、石粉含量和有害物质含量

项目		指标		
		Ⅰ	Ⅱ	Ⅲ
天然砂	含泥量，按质量计（%）	≤1.0	≤3.0	≤5.0
	泥块含量，按质量计（%）	0	≤1.0	≤2.0
机制砂	MB 值[①]≤1.4 或快速法试验合格	MB≤0.5	MB≤1.0	MB≤1.4 或合格
	石粉含量（按质量计）（%）[②]	≤10.0	≤10.0	≤10.0
	泥块含量（按质量计）（%）	0	≤1.0	≤2.0
	MB 值>1.4 或快速法试验合格			
	石粉含量（按质量计）（%）	≤1.0	≤3.0	≤5.0
	泥块含量（按质量计）（%）	0	≤1.0	≤2.0
有害物质含量	云母含量，按质量计（%）	≤1.0	≤2.0	≤2.0
	轻物质含量，按质量计（%）	≤1.0	≤1.0	≤1.0
	有机物含量	合格	合格	合格
	硫化物及硫酸盐（按 SO_3 质量计）（%）	≤0.5	≤0.5	≤0.5
	氯化物（以氯离子质量计）（%）	≤0.01	≤0.02	≤0.06
	贝壳（按质量计）（%）[③]	≤3.0	≤5.0	≤8.0

注：① MB 值——亚甲蓝（MB）值，用于判定机制砂中粒径小于 75μm 颗粒的吸附性能的指标；

② 此指标根据使用地区和用途，经试验验证，可由供需双方协商确定；

③ 该指标仅适用于海砂，其他砂种不做要求。

（2）砂的颗粒级配和细度模数（M_k）

砂的颗粒级配是指不同粒径的砂粒搭配比例。良好的级配指粗颗粒的空隙恰好由中颗粒填充，中颗粒的空隙恰好由细颗粒填充，如此逐级填充使砂形成最密致的堆积状态，空隙率达到最小值，堆积密度达最大值。这样可达到节约水泥，提高混凝土综合性能的目标。因此，砂颗粒级配反映空隙率大小。

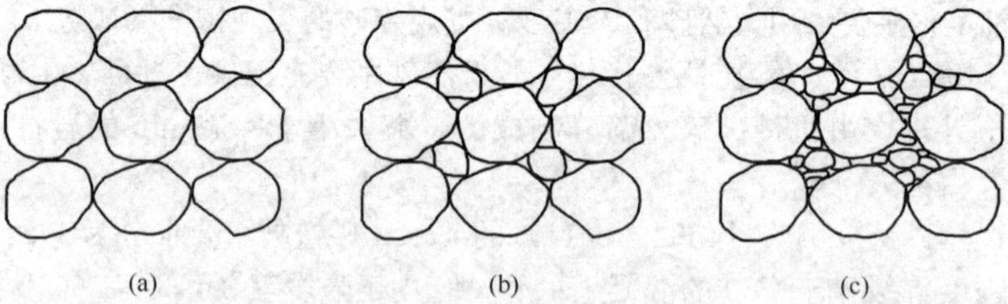

(a)　(b)　(c)

图 3-1　集料的颗粒级配示意图

（a）单一粒径；（b）两种粒径；（c）多种粒径

砂的粗细程度和颗粒级配（图 3-1），常用筛分析方法进行评定。称取 500g 干砂试样使其依次通过一套方孔孔径为 4.75mm、2.36mm、1.18mm、600μm、300μm、150μm 的标准筛，然后称量余留在各筛上的砂量，计算各筛的分计筛余百分率 a_1、a_2、a_3、a_4、a_5、a_6 及累计筛余百分率 A_1、A_2、A_3、A_4、A_5、A_6，分计筛余是各号筛中所余的砂质量占砂样总质量的百分数，累计筛余是指等于和大于某号筛筛孔的砂子质量之和占砂样总质量的百分数，其计算关系见表 3-2。

表 3-2　分计筛余和累计筛余计算表

筛孔尺寸	筛余量（g）	分计筛余百分率（%）	累计筛余百分率（%）
4.75mm	m_1	$a_1=(m_1/500)\times100\%$	$A_1=a_1$
2.36mm	m_2	$a_2=(m_2/500)\times100\%$	$A_2=a_1+a_2$
1.18mm	m_3	$a_3=(m_3/500)\times100\%$	$A_3=a_1+a_2+a_3$
600μm	m_4	$a_4=(m_4/500)\times100\%$	$A_4=a_1+a_2+a_3+a_4$
300μm	m_5	$a_5=(m_5/500)\times100\%$	$A_5=a_1+a_2+a_3+a_4+a_5$
150μm	m_6	$a_6=(m_6/500)\times100\%$	$A_6=a_1+a_2+a_3+a_4+a_5+a_6$

砂的粗细程度用细度模数 M_k 表示，其计算式如下：

$$M_k=\frac{(A_2+A_3+A_4+A_5+A_6)-5A_1}{100-A_1} \tag{3-1}$$

建筑用砂按细度模数分为粗、中、细三种规格，其细度模数分别为：粗砂 3.7～3.1，中砂 3.0～2.3，细砂 2.2～1.6。

砂的颗粒级配用级配区表示，以级配区或筛分曲线判断砂级配的合理性。普通混凝土用砂，按 600μm 筛的累计筛余率（A_4）大小划分为 1 区、2 区、3 区三个级配区，见表 3-3，为了更直观地反映砂的颗粒级配，以累计筛余为纵坐标，以筛孔尺寸为横坐标，根据表的数值可以画出砂的级配曲线，如图 3-2 所示。

表 3-3　砂的颗粒级配

砂的分类	天然砂			机制砂		
级配区	1 区	2 区	3 区	1 区	2 区	3 区
方筛孔	累计筛余（%）					
4.75mm	10～0	10～0	10～0	10～0	10～0	10～0
2.36mm	35～5	25～0	15～0	35～5	25～0	15～0
1.18mm	65～35	50～10	25～0	65～35	50～10	25～0
600μm	85～71	70～41	40～16	85～71	70～41	40～16
300μm	95～80	92～70	85～55	95～80	92～70	85～55
150μm	100～90	100～90	100～90	97～85	94～80	94～75

（3）砂的坚固性

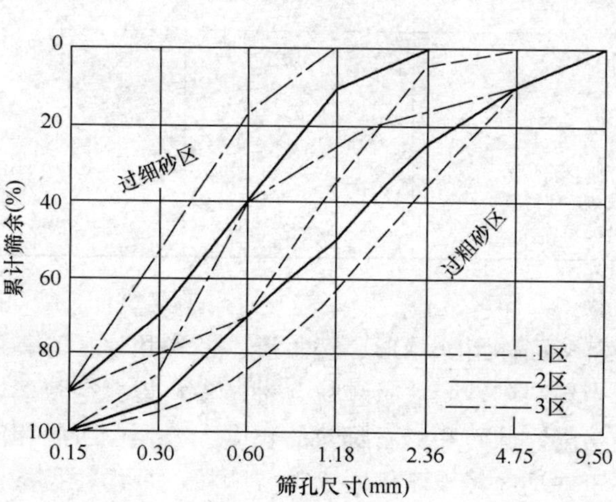

图 3-2　筛分曲线

砂的坚固性是指砂在自然风化和其他外界物理、化学因素的作用下，抵抗破裂的能力。

按标准规定，天然砂用硫酸钠溶液检验，砂样经5次循环后，测定其质量损失；机制砂采用压碎指标法进行实验，其相应的指标值均应符合表3-4中的规定。

表3-4 砂的坚固性指标

项目	指标		
	Ⅰ	Ⅱ	Ⅲ
天然砂的质量损失（%）≤	8	8	10
机制砂的单级最大压碎指标（%）≤	20	25	30

2）粗集料

普通混凝土常用的粗集料分为碎石和卵石两类。碎石大多是由天然岩石经破碎、筛分而成；卵石是由天然岩石经自然风化、崩裂、水流搬运而形成。

常用粗集料的表观密度为2600～2700kg/m^3，碎石的松散密度在1300～1400kg/m^{3}之间，空隙率为45%；卵石的松散密度在1400～1600kg/m^{3}之间，空隙率为35%～45%。碎石和卵石按技术要求分为Ⅰ类、Ⅱ类、Ⅲ类三种类别。Ⅰ类宜用于强度等级大于C60的混凝土；Ⅱ类用于强度等级为C30～C60及抗冻、抗渗或其他要求的混凝土；Ⅲ类宜用于强度等级小于C30的混凝土和建筑砂浆。

根据《建设用卵石、碎石》（GB/T 14685—2011），对碎石和卵石的质量及要求有以下几方面。

（1）碎石、卵石含泥量、泥块含量和有害杂质含量

碎石、卵石的含泥量指粒径小于75μm的颗粒含量；泥块含量是指卵石、碎石中原粒径大于4.75mm，经水洗、手捏后小于2.36mm的颗粒含量。碎石、卵石含泥量、泥块含量和有害杂质含量应符合表3-5的要求。

表3-5 碎石、卵石含泥量、泥块含量和有害物质限量

项目	指标		
	Ⅰ	Ⅱ	Ⅲ
含泥量（按质量计）（%）	≤0.5	≤1.0	≤1.5
泥块含量（按质量计）（%）	0	≤0.2	≤0.5
硫化物及硫酸盐（按SO_3质量计）（%）	≤0.5	≤1.0	≤1.0
有机物含量	合格	合格	合格

（2）集料的表面形状

集料颗粒形状一般有多面体形、球形、棱角形、针状和片状等。比较理想的集料是接近正多面体或球形颗粒。当集料中针、片状颗粒含量过多，集料空隙率增加，影响拌合物的拌合性能，危害混凝土的强度。碎石和卵石颗粒的长度大于颗粒所属相应粒级平均粒径2.4倍的为针状颗粒；厚度小于平均粒径0.4倍的为片状颗粒。平均粒径指该粒径上、下限粒径的平均值。碎石和卵石的针、片状颗粒含量应符合表3-6的规定。

表 3-6　碎石和卵石的针、片状颗粒含量

项　目	指　标		
	Ⅰ	Ⅱ	Ⅲ
针、片状颗粒（按质量计）（%）	＜5	＜10	＜15

粗集料的表面特征主要指表面的粗糙度和孔隙特征。它们将影响集料和水泥浆之间的粘结力，而影响到混凝土的强度，尤其是抗弯强度。而对于高强混凝土，这种影响更为显著。一般来说，表面粗糙多孔的集料，其与水泥浆的粘结力较强。反之，表面圆滑的集料，与水泥浆的粘结力较差。在水胶比较低的相同条件下，碎石混凝土较卵石混凝土强度高 10%左右。

（3）最大粒径与颗粒级配

粗集料的公称粒级的上限称为该粒级的最大粒径。石子的最大粒径增大，则相同质量石子的总表面积减小，混凝土中包裹石子所需水泥浆体积减少，即混凝土用水量和水泥用量都可减少。在一定的范围内，石子最大粒径增大，可因用水量的减少提高混凝土的强度。然而石子最大粒径（D_{max}）过大时，则由于集料与水泥砂浆粘结面积下降等原因造成混凝土的强度下降。同时，最大粒径的选用，要受结构上诸因素和施工条件等方面的限制。根据《混凝土结构工程施工规范》（GB 50666—2011）的规定，混凝土用粗集料的最大粒径不得大于结构截面最小尺寸的 1/4，同时不得大于钢筋最小净距的 3/4；对于混凝土实心板，粗集料最大粒径不宜超过板厚的 1/3，但最大粒径不得超过 40mm；对泵送混凝土，碎石最大粒径与输送管内径之比宜小于或等于 1/3，卵石宜小于或等于 2/5。

粗集料的级配原理和要求与细集料基本相同。级配试验采用筛分法测定，即用 2.36mm、4.75mm、9.5mm、16.0mm、19.0mm、26.5mm、31.5mm、37.5mm、53.0mm、63.0mm、75.0mm 和 90mm 等十二种孔径的筛子进行筛分。碎石和卵石的颗粒级配应符合国家标准《建设用卵石、碎石》（GB/T 14685—2011）的规定，见表 3-7。

表 3-7　普通混凝土用碎石和卵石的颗粒级配

级配情况	公称粒径（mm）	累计筛余（%）											
		方孔筛（mm）											
		2.36	4.75	9.5	16.0	19.0	26.5	31.5	37.5	53.0	63.0	75.0	90
连续级配	5～16	95～100	85～100	30～60	0～10	0							
	5～20	95～100	90～100	40～80	—	0～10	0						
	5～25	95～100	90～100	—	30～70	—	0～5	0					
	5～31.5	95～100	90～100	70～90	—	15～45	—	0～5	0				
	5～40	—	95～100	70～90	—	30～65	—	—	0～5	0			
单粒粒径	5～10	95～100	80～100	0～15	0								
	10～16	—	95～100	80～100	0～15								
	10～20	—	95～100	85～100	—	0～15	0						
	16～25	—	—	95～100	55～70	25～40	0～10						
	16～31.5	—	95～100	—	85～100	—	—	0～10	0				
	20～40	—	—	95～100	—	80～100	—	—	0～10	0			
	40～80	—	—	—		95～100	—	—	70～100	—	30～60	0～10	0

集料级配良好的标准是集料的空隙率和总表面积均较小。使用良好级配的集料，不仅所需水泥浆量较少，经济性好，而且还可提高混凝土的和易性、密实度和强度。粗集料的级配分为连续级配和间断级配两种。连续级配是石子粒级呈连续性，即颗粒由小到大，每级石子占一定比例。连续级配具有颗粒尺寸级差小，上下级粒径之比接近 2，颗粒之间的尺寸相差不大等特点。用连续级配的集料配制的混凝土混合料，和易性较好，不易发生离析等优点，连续级配是工程上最常用的级配。间断级配是指为了减小空隙率，人为地筛除某些中间粒级的颗粒，大颗粒之间的空隙，直接由粒径小很多的颗粒填充的级配。间断级配的颗粒相差大，上下粒径之比接近 6，空隙率大幅度降低，拌制混凝土时可节约水泥。但混凝土拌合物易产生离析现象，造成施工较困难。间断级配适用于配制采用机械拌合、振捣的低塑性及干硬性混凝土。

(4) 坚固性

坚固性是碎石和卵石在自然风化及其他外界物理、化学因素作用下抵抗破裂的能力。集料越密实、强度越高、吸水性越小时，其坚固性越高，而结构酥松、矿物成分越复杂、构造越不均匀，其坚固性越差。

坚固性的测定采用硫酸钠溶液法进行实验，碎石和卵石经 5 次循环后，其质量损失应符合表 3-8 的规定。

表 3-8　碎石、卵石的坚固性指标

项　目	指　标		
	Ⅰ	Ⅱ	Ⅲ
质量损失（%）	≤5	≤8	≤12

(5) 强度

碎石和卵石的强度，采用岩石立方体强度和压碎指标两种方法检验。

岩石立方强度试验，是用母岩制成 5mm×5mm×5mm 立方体，或直径与高度均为 5mm 的圆柱体试样，浸泡水中 48h，待吸水饱和后进行抗压实验。石子抗压强度与设计要求的混凝土强度等级之比，不应低于 1.5。按照规定，火成岩的抗压强度不应低于 80MPa；变质岩不应小于 60MPa；沉积岩不应小于 30MPa。

压碎指标检验，是将一定质量气干状态下的石子装入标准圆模内，放在压力机上均匀加荷至 200kN，卸载后称取试样质量 G_1，然后用孔径为 2.36mm 的筛筛除被压碎的细颗粒，称出余留在筛上的试样质量 G_2，按下式计算压碎指标值 Q_a：

$$Q_a = \frac{G_1 - G_2}{G_1} \tag{3-2}$$

压碎指标值越小，集料的强度越高。压碎指标值应符合表 3-9 的规定。

表 3-9　石子的压碎指标值

项　目	指　标		
	Ⅰ类	Ⅱ类	Ⅲ类
碎石压碎指标（%）	≤10	≤20	≤30
卵石压碎指标（%）	≤12	≤14	≤16

（6）集料的含水状态

集料的含水状态可分为全干状态、气干状态、饱和面干状态和湿润状态四种，如图 3-3 所示。集料中所含的水分以含水率和吸水率来表示。所谓含水率是指集料在自然堆积中，从大气吸附的水量与其烘干质量的比值。吸水率是指按规定方法测得的集料饱和面干状态下集料的含水量与其烘干质量的比值。集料的含水率与吸水率取决于集料的孔隙结构、孔隙大小和数量，并影响到混凝土的耐久性。

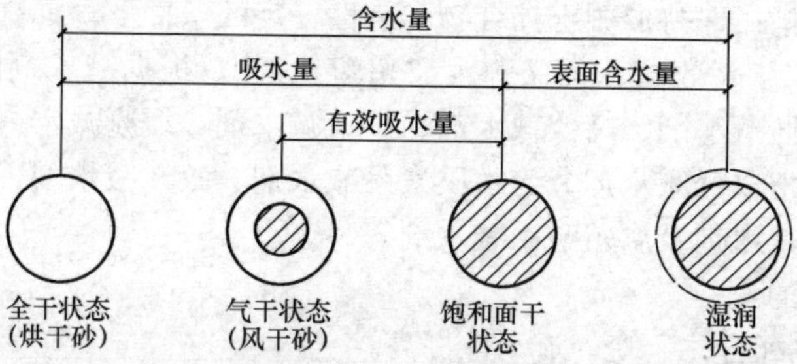

图 3-3　集料的含水状态

3. 混凝土拌合用水

混凝土拌合用水基本质量要求是：不得影响混凝土的和易性及凝结时间；不得有损于混凝土强度的发展；不得降低混凝土的耐久性，加快钢筋锈蚀及导致预应力钢筋脆断；不得污染混凝土表面。混凝土拌合及养护用水应符合《混凝土用水标准》（JGJ 63—2006）的规定（表 3-10）。混凝土用水可以使用地表水、地下水和再生水。未经处理的海水不得用于钢筋混凝土和预应力混凝土，无法取得水源时，海水可用于素混凝土。

表 3-10　混凝土拌合用水水质要求

项　目	预应力混凝土	钢筋混凝土	素混凝土
pH 值	≥5.0	≥4.5	≥4.5
不溶物（mg/L）	≤2000	≤2000	≤5000
可溶物（mg/L）	≤2000	≤5000	≤10000
Cl^-（mg/L）	≤500	≤1000	≤3500
SO_4^{2-}（mg/L）	≤600	≤2000	≤2700
碱含量（mg/L）	≤1500	≤1500	≤1500

注：碱含量按 $Na_2O+0.685K_2O$ 计算值来表示。采用非碱活性集料时，可不检验碱含量。

4. 混凝土外加剂

混凝土外加剂是在拌制混凝土过程中掺入，用以改善混凝土性能的物质。掺量不大于水泥质量的 5%（特殊情况除外）。混凝土外加剂在掺量较少的情况下，可以明显改善混凝土的性能，包括改善混凝土拌合物的和易性、调节凝结时间、提高混凝土强度及耐久性等。混凝土外加剂在工程中的应用越来越广泛，被誉为混凝土的第五种组成材料。

根据国家标准《混凝土外加剂》（GB 8076—2008）的规定，混凝土外加剂按照其主要功能分为四类。

① 改善混凝土拌合物流变性能的外加剂，包括各种减水剂、引气剂和泵送剂等。

② 调节混凝土凝结时间、硬化性能的外加剂，包括缓凝剂、早强剂和促凝剂等。

③ 改善混凝土耐久性的外加剂，包括防冻剂、防水剂和阻锈剂等。

④ 改善混凝土其他性能的外加剂，包括加气剂、膨胀剂、防冻剂、着色剂、防水剂、碱集料反应抑制剂、隔离剂、养护剂等。

常用外加剂包括以下几种。

（1）减水剂

混凝土减水剂是指在保持混凝土拌合物和易性一定的条件下，具有减水和增强作用的外加剂，又称“塑化剂”。高效减水剂又称为“超塑化剂”。根据减水剂的作用效果及功能不同，减水剂可分为普通减水剂、高效减水剂、早强减水剂、缓凝减水剂、引气减水剂和缓凝高效减水剂等。按化学成分减水剂分为木质素系减水剂、萘系减水剂、聚羧酸系减水剂、树脂系减水剂、糖蜜系减水剂及腐殖酸系减水剂等。

使用减水剂的目的：

① 使混凝土的原配合比不变，流动性提高。

② 使混凝土的流动性及水泥用量不变，降低用水量，使强度提高。

③ 保持混凝土拌合物的流动性，水胶比不变，使水泥用量降低。

水泥加水拌合后，由于水泥颗粒间分子引力的作用，产生许多絮状物而形成絮凝结构，使10%～30%的拌合水（游离水）被包裹在其中，从而降低了混凝土拌合物的流动性。减水剂多属于表面活性剂，它的分子结构是由亲水基团和憎水基团组成，当两种物质接触时（如水—水泥，水—油，水—气），表面活性剂的亲水基团指向水，憎水基团朝向水泥颗粒（油或气）。由于亲水基团的电离作用，使水泥颗粒表面带上电性相同的电荷，产生静电斥力，致使水泥颗粒相互分散，导致絮凝结构解体，释放出游离水，从而有效地增大了混凝土拌合物的流动性，其原理如图 3-4 所示。另一方面，表面活性剂的极性基与水分子产生缔合作用，使水泥颗粒表面形成一层溶剂化水膜，阻止了水泥颗粒之间直接接触，起到润滑作用，改善了拌合物的流动性。

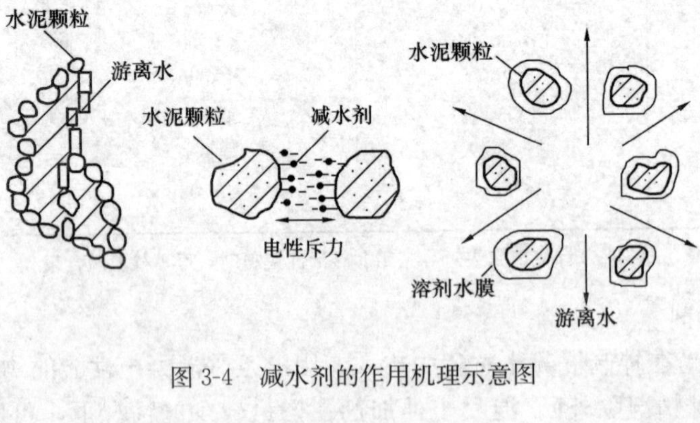

图 3-4 减水剂的作用机理示意图

（2）引气剂

引气剂是指在混凝土搅拌过程中能引入大量均匀分布、稳定而封闭的微小气泡的外加剂。引气剂也是表面活性剂，其憎水基团朝向气泡，亲水基团吸附一层水膜，由于引气剂离子对液膜的保护作用，使气泡不易破裂。引入的这些微小气泡（直径为 20～1000μm）在拌合物中均匀分布，明显地改善混合料的和易性，提高混凝土的耐久性（抗冻性和抗渗性），使混凝土的强度和弹性模量有所降低。

引气剂适用于港口、土工、地下防水混凝土等工程，常用的产品有松香热聚物、松香皂等，此外还有烷基磺酸钠及烷基苯磺酸钠等。

引气剂使用时应注意以下问题：

① 掺引气剂前，应该参照说明书及有关资料，结合工地现场所使用的材料及工程要求，进行实地试配实验，然后才能确定该种引气剂能否在本工程使用，以及在工程中使用的合适剂量。

② 引气剂使用时，其掺加量一般都比较小，所以计量要准确。为此，一般应首先将引气剂配成溶液，稀释到合适浓度后，在拌合混凝土时按所需掺量摇匀后加入。

③ 要求配制混凝土材料的性质、混凝土拌合物的配比，以及搅拌、装卸、浇筑等方面都尽可能保持稳定，使含气量的波动范围尽量小。

④ 掺引气剂的混凝土，由于其引气量的增加，将会导致混凝土体积的增加，因此在配合比设计时应加以考虑。

(3) 早强剂

能加速混凝土早期强度发展并对后期强度无显著影响的外加剂，称为早强剂。配制混凝土早强剂的要求是：早期强度提高显著，凝结不应太快；不得含有降低后期强度及破坏混凝土内部结构的有害物质；对钢筋无锈蚀危害；资源丰富，价格便宜；便于施工操作等。

由于我国国土面积大，东北、华北、西北地区常年冬季较长，需要掺加早强剂和早强减水剂来提高混凝土早期强度发展。华东、华南地区冬季气温降至10℃以下的施工中也常掺用早强剂和早强减水剂。混凝土构件生产中为尽早张拉钢筋、加快模板周转和台座利用率，早强型的外加剂更是普遍应用。据统计，目前我国每年使用的早强剂和早强减水剂总量逾20万t。

早强剂的种类繁多，按其化学成分可分为无机早强剂类（如氯化物系、硫酸盐系）、有机早强剂类（三乙醇胺、三异丙醇胺）、复合早强剂类。

① 氯盐类：氯盐类早强剂主要有氯化钙、氯化钠、氯化钾、氯化铝及三氯化铁等，其中以氯化钙应用最广。氯化钙的早强作用主要是因为它能与C_3A和$Ca(OH)_2$反应，生成不溶性复盐水化氯铝酸钙和氧氯酸钙，增加水泥浆体中固相比例，提高早期强度；同时液相中$Ca(OH)_2$浓度降低，也使C_3S、C_2S加速水化，使早期强度提高。氯化钙早强剂因其能产生氯离子，易促使钢筋产生锈蚀，故施工中必须严格控制掺量。

② 硫酸盐类（硫酸钠、硫酸钙、硫代硫酸钠）：硫酸盐的早强作用主要是与水泥的水化产物$Ca(OH)_2$反应，生成高分散性的化学石膏，它与C_3A的化学反应比外掺石膏的作用快得多，能迅速生成水化硫铝酸钙，增加固相体积，提高早期结构的密实度；同时也会加快水泥的水化速度，因而提高混凝土的早期强度。硫酸钠的适宜掺量为0.5%～2%，常以复合使用效果更佳。使用时应防止引起碱集料反应。

③ 有机胺类（三乙醇胺，三乙丙醇胺）：三乙醇胺是一种非离子型表面活性剂，它不改变水化生成物，但能在水泥的水化过程中起着“催化作用”，作为早强剂，它具有掺量少、副作用小、低温增强作用明显，而且有一定的后期增强作用的特点，与其他早强剂复合效果更好。

④ 复合早强剂类：复合早强剂往往比单组分早强剂具有更优良的早期效果，掺量也比单组分早强剂低。

(4) 缓凝剂

缓凝剂是一种能延迟水泥水化反应，从而延缓混凝土凝结的外加剂，大致可分为无机和有机两类。有机缓凝剂包括羟基羧酸及盐类、多元醇及其衍生物、糖类及碳水化合物等。无机缓凝剂包括磷酸盐、锌盐、硫酸铁、硫酸铜、硼酸盐、氟硅酸盐等。

缓凝减水剂是兼具有缓凝和减水功能的外加剂，主要品种有木质素磺酸盐类、糖蜜类及各种复合型缓凝剂。

① 无机缓凝剂：绝大多数无机缓凝剂都是电解质盐类，电解质能在水泥矿物颗粒表面构成双电层，并阻止粒子的相互结合。在无机缓凝剂中，磷酸盐类具有较强的缓凝作用。主要原因在于磷酸根离子与水泥水化产物发生反应，在水泥颗粒表面生成致密难溶的磷酸盐薄层，抑制了水分子的渗入，阻碍了水泥正常水化作用的进行，从而起到缓凝作用。

② 有机缓凝剂：

a. 羟基羧酸、氨基羧酸及其盐：这些物质均含有配合物形成基，与游离的 Ca^{2+} 生成不稳定的配合物，在水化初期控制了液相中的 Ca^{2+} 浓度，产生缓凝作用。其次，羟基、氨基、羧基均易与水分子通过氢键缔合，再加上水分子之间的氢键缔合，使水泥颗粒表面形成了一层稳定的溶剂化水膜，阻止了水泥颗粒间的直接接触，阻碍水化的进行。

b. 糖类、多元醇类及其衍生物：醇中的羟基吸附在水泥颗粒表面，与水化产物表面上的 O^{2-} 形成氢键，同时其他羟基又与水分子通过氢键缔合，同样使水泥颗粒表面形成了一层稳定的溶剂化水膜，从而抑制水泥的水化进程。在醇类的同系物中，随着羟基数目的增加，缓凝作用逐渐增强。

c. 木质素磺酸盐缓凝减水剂：木质素磺酸盐类表面活性剂是典型的阴离子表面活性剂。木质素磺酸盐中含有相当数量的糖。由于糖类是多羟基碳水化合物，亲水性强，吸附在矿物颗粒表面可以增厚溶剂化水膜层，起到缓凝的作用。另外，木质磺酸盐可以降低水的表面张力，具有一定的引气性，而且掺量增加后，引气和缓凝作用更强，所以应避免超量使用，否则会由于引气过多或过于缓凝，使混凝土强度降低甚至长期不凝结硬化，造成工程事故。

d. 糖蜜类缓凝减水剂：糖蜜中的主要成分是己糖二酸钙，具有较强的固-液表面活性，因此能吸附在水泥矿物颗粒表面形成溶剂化吸附层，阻碍颗粒的接触和凝结，从而破坏了水泥的絮凝结构，使水泥粒子分散，游离水增多，起到减水的作用。另外，糖钙含有多个羟基，对水泥的初期水化有较强的抑制作用，可以使游离水增多，增加了水泥浆的流动性。

缓凝剂在使用时，掺量应尽量准确，有些缓凝剂适量具有较好的缓凝效果，超量可能起促凝作用。

(5) 速凝剂

速凝剂是使混凝土迅速凝结硬化的外加剂，主要用于地下工程、隧道工程及喷射混凝土工程中，亦可用于需要速凝的其他混凝土工程中。速凝剂一般有三种类型：一是以硅酸钠 Na_2SiO_3 为主要成分；二是以铝酸钠 Na_2AlO_2 为主要成分；三是以铝酸钙 $12CaO \cdot 7Al_2O_3$ ($C_{12}A_7$)和氟铝酸钙 $11CaO \cdot 7Al_2O_3 \cdot CaF_2$($C_{11}A_7F$)为主要成分。

生产速凝剂常复合多种材料，组成也较复杂，速凝机理也就各不相同。一般来说，硅酸钠和铝酸钠系列的速凝剂都是与水泥浆中的石膏反应，生成不溶的 $CaCO_3$ 沉淀，从而破坏了石膏的缓凝作用，从而使 C_3A 迅速水化并析出铝酸钙水化物，加速水泥砂浆凝结硬化。铝酸钙系列的速凝剂则是与水泥同步发生水化反应，生成各种铝酸盐水化物和钙矾石，从而导致水泥浆迅速凝结硬化。

(6) 防冻剂

防冻剂是能使混凝土在负温下硬化，并在规定养护条件下达到预期性能的外加剂，适用于在负温下施工的混凝土工程。常用的防冻剂种类有：

① 氯盐类：此类防冻剂的优点是早强效果好，降低冻点能力强，且原材料来源广泛，价格便宜；缺点是易引起钢筋的锈蚀。

② 氯盐阻锈剂类（亚硝酸钠）：即氯盐与阻锈剂（亚硝酸钠、重铬酸钾、磷酸盐）复合的防冻剂，或以此为主与减水剂、引气剂、早强剂等复合。一般氯盐与亚硝酸钠的比例，当氯盐掺量小于1.5%（占水泥质量）时，其比例不小于1∶1.13；当氯盐含量不超过3%时，其比例不小于1∶1.3，否则阻锈效果不佳。

③ 无氯盐类：此类外加剂适用于钢筋混凝土，但对于钢筋与锌材、铝材接触的钢筋混凝土，要慎用含硝酸盐、亚硝酸盐、碳酸盐的外加剂，以免引起电化学腐蚀。

各类防冻剂具有不同的特性，因此防冻剂品种选择十分重要。氯盐类防冻剂适用于无筋混凝土。氯盐防锈类防冻剂可用于钢筋混凝土。无氯盐类防冻剂可用于钢筋混凝土和预应力钢筋混凝土，但硝酸盐、亚硝酸盐、碳酸盐类则不得用于预应力混凝土以及与镀锌钢材或与铝铁相接触部位的钢筋混凝土。含有六价铬盐、亚硝酸盐等有毒防冻剂严禁用于饮水工程及食品接触的部位。

5. 矿物掺合料

矿物掺合料在混凝土中使用得越来越频繁，几乎所有的预拌混凝土都掺加矿物掺合料。

(1) 粉煤灰

粉煤灰是从燃煤的电厂锅炉烟气中收集的细粉末，其颗粒多呈球形，表面光滑，色灰或淡灰。粉煤灰的主化学成分为 SiO_2（45%～60%），Al_2O_3（20%～30%），Fe_2O_3（5%～10%）。

粉煤灰的作用：① 增加水泥的体积，使混凝土具有较好的黏度。② 提高混凝土的抗化学侵蚀和抗渗性。③ 降低混凝土的水化热。④ 有利于降低混凝土的成本。

掺粉煤灰混凝土的缺点：掺粉煤灰混凝土的28d强度低于基准混凝土，90d以后才可与基准混凝土相等，所以掺粉煤灰混凝土验收强度以60d或90d强度为佳。

由于粉煤灰的火山活性，故可等量掺入混凝土中代替部分水泥，但其取代量不得过高，否则将可能降低混凝土的强度极限。

(2) 硅粉

硅粉又称硅灰，是冶炼硅钢和硅金属或半导体硅时，从烟尘中收集的一种粉末。硅粉主要被用来配制高强混凝土。硅粉的外观为灰色细粉末，颜色依其含碳的多少有深有浅。其主要成分是 SiO_2（85%～98%），且绝大部分为无定形态。

硅粉的掺入对混凝土性能的影响：① 减少混凝土内部的泌水；② 提高水泥浆与集料及钢筋的粘结；③ 提高混凝土强度，原因是硅粉的火山灰反应改变了混凝土内部的孔结构，大孔减少，小孔增多，孔径变细；④ 改善混凝土的抗渗性；⑤ 减少混凝土的碱集料反应；⑥ 提高混凝土的抗化学侵蚀能力。

由于硅粉在混凝土中不减水，而且憎水，其需水量比可达134%。当硅粉掺量超过15%时，则会导致新拌混凝土因变得干硬而无法操作。因此，在掺用硅粉的同时，应同时加入高效减水剂，以提高混凝土的和易性，减少需水量。

（3）磨细矿渣粉

矿渣是指熔融的高炉矿渣经水或空气急冷而成的细小颗粒状物料，将粒化高炉矿渣经干燥并与石膏助磨剂一起粉磨后得到的粉状物料称磨细矿渣，又称矿渣粉。

磨细矿渣对混凝土性能的影响：① 改善混凝土的工作性能和耐久性；② 提高混凝土的强度、抗渗性、抗冻性以及抗氯盐侵蚀的能力。

知识点三　混凝土拌合物的和易性

1. 和易性的概念

和易性是指混凝土拌合物易于施工操作（拌合、运输、浇灌、捣实）并能获得质量均匀、成型密实的性能。和易性是一项综合的技术性质，包括有流动性、粘聚性和保水性等三方面的含义。

流动性是指混凝土拌合物在自重或机械振捣作用下，能流动并均匀密实地填满模板的性能，它主要反映混凝土混合料的稠度。

粘聚性是指混凝土拌合物内组分之间具有一定的粘聚力，在运输和浇注过程中不致发生分层离析现象，使混凝土保持整体均匀的性能。

保水性是指混凝土拌合物具有一定的保持内部水分的能力，在施工过程中不致产生严重的泌水现象。

2. 和易性的测定方法

在工地和实验室，通常是测定拌合物的流动性，并辅以直观经验评定粘聚性和保水性。

（1）坍落筒法

坍落度实验用磨具为高 300mm，上口直径 100mm，下口直径 200mm 的圆锥筒。实验时将混凝土拌合物按规定方法装入标准圆锥筒中，逐层插捣并装满刮平后，垂直提起圆锥筒，混凝土拌合物由于自重将会向下坍落。测量坍落的高度（以 mm 计），即为坍落度（图 3-5）。坍落度越大，则混凝土拌合物的流动性越大。

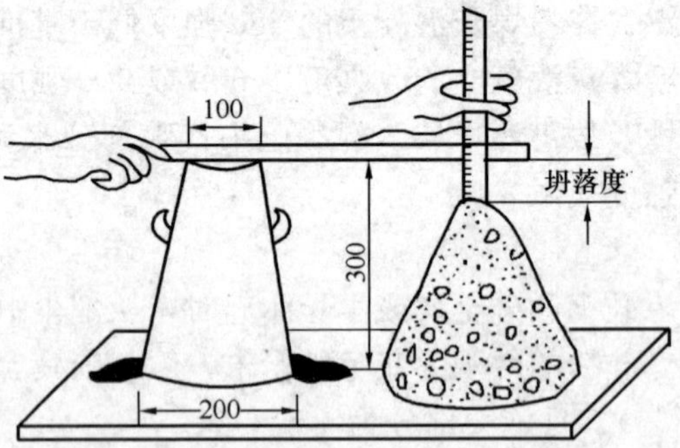

图 3-5　拌合物坍落度测定示意图

在做坍落度实验的同时，应观察混凝土拌合物的粘聚性、保水性及含砂等情况，以更全面地评定混凝土拌合物的和易性。坍落度法适用于集料最大粒径不大于 40mm，坍落度值不小于 10mm 的混凝土拌合物。

根据坍落度的不同，可将混凝土拌合物分为：大流动性混凝土（坍落度大于 160mm）、流动性混凝土（坍落度为 100～150mm）、塑性混凝土（坍落度为 50～90mm）、低塑性混凝土（坍落度为 10～40mm）。坍落度值小于 10mm 的拌合物为干硬性混凝土。

观察坍落后的混凝土拌合物试体的粘聚性与保水性：

① 粘聚性用捣棒在已坍落的混凝土拌合物试体侧面轻轻敲打，此时若试体逐渐下沉，则表示粘聚性良好；若倒塌、部分崩裂则表示粘聚性不好。

② 保水性以混凝土拌合物中水泥浆析出的程度来评定，若有较多水泥浆从底部析出，试体部分的混凝土拌合物也因失浆而集料外露，则表明保水性不好；若无水泥浆或仅有少量水泥浆自底部析出，则表明保水性能良好。

（2）维勃稠度法（VB 法）

对干硬性的混凝土（坍落度小于 10mm）拌合物通常采用维勃稠度仪测定其稠度。

维勃稠度测试方法是：在维勃稠度仪上的坍落度筒中按规定方法装满拌合物，垂直提起坍落度筒，在拌合物试体顶面放一透明圆盘，开启振动台，同时用秒表计时，在透明圆盘的底面完全为水泥浆所布满的瞬间，停止秒表，关闭振动台，此时可认为混凝土拌合物已密实，读出秒表的秒数，称为维勃稠度（图 3-6）。

图 3-6　维勃稠度仪

按维勃稠度的不同，可将混凝土分为半干硬性混凝土（维勃稠度为 10～5s）、干硬性混凝土（维勃稠度为 20～11s）、特干硬性混凝土（维勃稠度为 30～21s）和超干硬性混凝土（维勃稠度为≥31s）四级。

3. 影响混凝土拌合物和易性的因素

（1）水泥浆的用量与稠度

在水胶比不变的条件下，增加混凝土单位体积中的水泥浆数量，能使集料周围有足够的水泥浆包裹，改善集料之间的润滑性能，从而使混凝土拌合物的流动性提高。但水泥浆数量不宜过多，否则会出现流浆现象，粘聚性变差，浪费水泥，同时影响混凝土强度。

水泥浆的稠度主要取决于水胶比（1m^3混凝土中水与胶凝材料用量的比值）大小。水胶比过大，水泥浆太稀，产生严重离析及泌水现象；过小，因流动性差而难以施工。通常水胶比在 0.40～0.75 之间，并尽量选用小的水胶比。

（2）砂率

砂率是指混凝土内砂的质量占砂、石总量的百分比。选择砂率应该是在用水量及水泥用量一定的条件下，使混凝土拌合物获得最大的流动性，并保持良好的粘聚性和保水性；或在保证良好和易性的同时，水泥用量最少。此时的砂率值称为合理砂率。

在混合料中，砂是用来填充石子的空隙。在水泥浆一定的条件下，若砂率过大，则集料的总表面积及空隙率增大，混凝土拌合物就显得干稠，流动性小。如要保持一定的流动性，则要多加水泥浆，耗费水泥。若砂率过小，砂浆量不足，不能在粗集料的周围形成足够的砂浆层起润滑和填充作用，也会降低拌合物的流动性，同时会使粘聚性、保水性变差，使混凝土拌合物显得粗涩，粗集料离析，水泥浆流失，甚至出现溃散现象。因此，砂率既不能过大，也不能过小，应通过实验找出最佳（合理）砂率。

（3）配合比和水泥的性质

配合比要求的集料级配、集料含水率、集料密度及堆积密度、水泥的类型对混凝土工作性都有一定的影响。在决定混凝土工作性方面，水泥的性质不如集料的性质重要。然而在一定水胶比的条件下，增加早强型水泥的细度会降低混凝土的工作性，这是因为早强型水泥有高的比表面积，同时水化速度快使水泥有更高的用水需求。不同牌号的水泥对工作性的影响也不同，因为两种同样类型的水泥可能有不同的化合物成分。

（4）集料的品种、级配和粗细程度

采用级配合格的Ⅱ区的中砂，拌制混凝土时，因其空隙率较小且比表面积小，填充颗粒之间的空隙及包裹颗粒表面的水泥浆数量可减少；在水泥浆数量一定的条件下，相当于增加水泥浆数量，因此可提高拌合物的流动性，且粘聚性和保水性也相应提高。

天然卵石呈圆形或卵圆形，表面较光滑，颗粒之间的摩擦阻力较小；碎石形状不规则，表面粗糙多棱角，颗粒之间的摩擦阻力较大。在其他条件完全相同的情况下，采用卵石拌制的混凝土，比用碎石拌制的混凝土的流动性好。另外在允许的情况下，应尽可能选择最大粒径较大的石子，可降低粗集料的总表面积，使水泥浆的富余量加大，可提高拌合物的流动性。但砂、石子过粗，会使混凝土拌合物的粘聚性和保水性下降，同时也不易拌合均匀。

（5）时间和温度

混凝土拌合物的和易性还与时间、温度有关。拌合物拌制后，随时间延长，流动性减小；温度越高，水分丢失越快，坍落度损失越大。

（6）外加剂

在混凝土中掺入一定数量的外加剂，如减水剂、引气剂等，在组成材料用量一定的条件下，可以提高拌合物的流动性，同时也提高了粘聚性和保水性。

知识点四　混凝土硬化性能

1. 混凝土的强度

强度就是材料抵抗外力而不受破坏的能力。混凝土的强度是混凝土重要的力学性能。混凝土的强度包括抗压强度、抗拉强度、抗弯强度、抗剪强度及混凝土与钢筋的粘结强度等。其中混凝土的抗压强度最大，抗拉强度最小。因此，在进行混凝土结构设计时，一般应使混凝土承受压荷载，尽量避免承受拉荷载。当必须承受拉荷载时，结构须配钢筋。在钢筋混凝土中，拉应力和剪应力主要由钢筋承受。

1）抗压强度

（1）立方体抗压强度和强度等级

混凝土的抗压强度是指其标准试件在压力作用下直到破坏时，单位面积所能承受的最大压力。按照《普通混凝土力学性能试验方法标准》（GB/T 50081—2002）的制作方法制成边长为

150mm 的正立方体试件，在标准养护条件［温度（20±2)℃，相对湿度 95％以上］下，养护至 28d 龄期，按照标准的测定方法测定其抗压强度值，称为混凝土立方体抗压强度。

混凝土强度等级是根据混凝土立方体抗压强度标准值划分的。立方体抗压强度标准值是用标准方法测得的具有 95％强度保证率的立方体抗压强度，以 f_{cc}表示。

$$f_{cc}=\frac{F}{A} \tag{3-3}$$

式中　f_{cc}——混凝土立方体试件抗压强度，MPa；

F——试件破坏荷载，N；

A——试件承压面积，mm^2。

混凝土立方体抗压强度计算应精确至 0.1MPa。

测定混凝土立方体试件抗压强度，也可以按粗集料最大粒径的尺寸而选用不同的试件尺寸。但在计算其抗压强度时，应乘以换算系数，以得到相当于标准试件的实验结果。对于边长为 100mm 的立方体试件，换算系数为 0.95；边长为 200mm 的立方体试件，换算系数为 1.05。

混凝土的强度等级采用符号 C 与立方体抗压强度标准值（以 N/mm^2 或 MPa 计）表示，按照《混凝土质量控制标准》（GB 50164—2011）规定，混凝土强度等级按立方体抗压强度标准值（MPa）划分为 C10、C15、C20、C25、C30、C35、C40、C45、C50、C55、C60、C65、C70、C75、C80、C85、C90、C95 和 C100 共 19 个强度等级。

由于混凝土的抗压强度与混凝土其他性能有着紧密的相关性，能较好地反映混凝土的全面质量，因此工程中常以混凝土抗压强度作为重要的质量控制指标，并以此作为评定混凝土生产质量水平的依据。

（2）轴心抗压强度

混凝土的立方体抗压强度只是评定强度等级的一个标志，它不能直接用来作为结构设计的依据。为了符合工程实际，在结构设计中混凝土受压构件的计算采用混凝土的轴心抗压强度。

混凝土轴心抗压强度的标准试件是 150mm×150mm×300mm 的棱柱体，也可采用 100mm×100mm×300mm 或 200mm×200mm×400mm 的棱柱体非标准试件，特殊情况可采用 ϕ150mm×300mm 圆柱体标准试件或 ϕ100mm×200mm 和 ϕ200mm×400mm 的圆柱体非标准试件。实验证明，立方体抗压强度为 10～55MPa 的范围内时，混凝土轴心抗压强度约是立方体抗压强度的 0.70～0.80 倍。

2）混凝土的抗拉强度

混凝土的抗拉强度比较低，一般在普通钢筋混凝土结构设计中只考虑混凝土的抗压强度，但抗拉强度对混凝土的抗裂性起着重要作用，因此，对某些混凝土结构工程，如路面板、水槽、挡水坝等，除要求抗压强度外，混凝土的抗拉强度也是设计中要考虑的重要参数。混凝土的抗拉强度很小，只有抗压强度的 1/10～1/20，并且随着混凝土强度等级的提高，比值降低。混凝土是脆性材料，在工作时一般不依靠其抗拉强度。但抗拉强度对于抗开裂性有重要意义，在结构设计中抗拉强度是确定混凝土抗裂能力的重要指标。有时也用来间接衡量混凝土与钢筋的粘结强度等。

混凝土抗拉强度的测定方法，常采用轴向拉伸法和劈裂法两种。轴向拉伸实验使混凝土单纯受拉力，受力条件简单，但需要体积较大的试件和相应的拉力试验机。劈裂法实验方法简单，所需的试件较小，与抗压强度实验条件相似，除了简单的夹具和垫条外，无需增加其他设备。由劈裂法实验得出的混凝土抗拉强度称为混凝土的劈裂抗拉强度，以 f_{ts}表示。

$$f_{ts} = 0.637 \frac{F}{A} \tag{3-4}$$

式中 f_{ts}——混凝土劈裂抗拉强度，MPa；

F——试件破坏荷载，N；

A——试件承压面积，mm^2。

3）抗弯强度

道路路面或机场跑道用混凝土，是以抗弯强度（或称抗折强度）为主要设计指标。水泥混凝土的抗弯强度试验是以标准方法制备成 150mm×150mm×600mm（或 550mm）的梁形试件，在标准条件下养护 28d 后，按三分点加荷，测定其抗弯强度（图 3-7）。必要时也允许使用 100mm×100mm×400mm 的棱柱体试件，但应乘以尺寸换算系数 0.85。

$$R_w = \frac{PL}{bh^2} \tag{3-5}$$

式中 R_w——混凝土抗弯强度，MPa；

P——梁的最大荷载，N；

L——两支点间的距离，mm；

b——梁的平均宽度距离，mm；

h——梁的平均高度，mm。

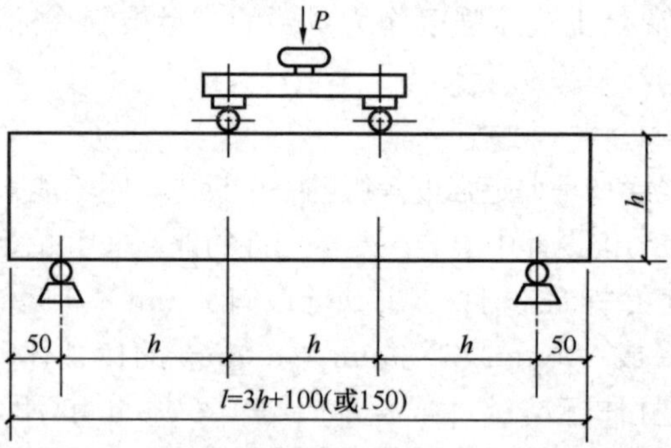

图 3-7　三等分加荷法抗弯强度试验

如为跨中单点加荷得到的抗折强度，按断裂力学推导应乘以折算系数 0.85。

4）粘结强度

混凝土与钢筋的粘结强度的主要来源包括混凝土与钢筋间的摩擦力、钢筋与水泥石间的粘结力、变形钢筋的表面机械咬合力。

影响混凝土与钢筋的粘结强度的因素包括混凝土质量（强度）、钢筋尺寸及种类、保护层厚度、横向配筋、加载类型、干湿变化和温度变化等。

混凝土抗压强度较低（20MPa 左右）时，粘结强度与抗压强度近似呈线性关系，随着混凝土抗压强度的提高，粘结强度的提高逐渐减小，当混凝土抗压强度达到 40MPa 以上时，粘结强度几乎不再提高。钢筋在混凝土中的位置对粘结强度也有影响，水平位置的钢筋由于混凝土内分层的原因，其粘结强度低于垂直位置的钢筋。

混凝土粘结强度通常采用拔出实验的方法测定。混凝土试件为边长 150mm 的立方体，

其中埋入 ϕ19mm 的标准变形钢筋，实验时以不超过 34MPa/min 的加荷速度对钢筋施加拉力，直到钢筋发生屈服，或混凝土开裂，或加荷端钢筋滑移超过 2.5mm，记录出现上述三种中任一种情况时的荷载 P，用下式计算混凝土与钢筋的粘结强度。

$$f_N = \frac{P}{\pi d l} \tag{3-6}$$

式中　f_N——混凝土粘结强度，MPa；

P——测定的荷载值，N；

d——钢筋直径，mm；

l——梁的平均高度，mm。

2. 混凝土的耐久性能

混凝土抵抗环境介质作用并长期保持其良好的使用性能的能力称为混凝土的耐久性。提高混凝土耐久性，对于延长结构寿命，减少修复工作量，提高经济效益具有重要的意义。耐久性包括抗冻性、抗渗性、抗腐蚀性、抗碳化及碱-集料反应等。

（1）普通混凝土的抗冻性

混凝土的抗冻性是指混凝土在水饱和状态下，能经受多次冻融循环作用而不破坏，同时也不严重降低强度的性能。在寒冷地区，特别是在严寒地区处于潮湿环境或干湿交替环境的混凝土，抗冻性是评定混凝土耐久性的重要指标。

混凝土抗冻性是衡量混凝土耐久性的一个重要指标。目前，《普通混凝土长期性能和耐久性能试验方法标准》（GB/T 50082—2009）中规定混凝土抗冻性能等级的确定方法，是采用慢冻法、快冻法和单面冻融法三种。其中慢冻法是将试件标准养护 28d，并规定在达到龄期前 4d 将冻融试件投入 20℃左右的水中浸泡。慢冻法一个循环为 8h，冻、融各半，强度损失率不超过 25％或失重率不超过 5％时的循环次数为抗冻性能等级。慢冻法混凝土抗冻性能等级分别有 D25、D50、D100、D150、D200、D250、D300 等，分别表示混凝土能承受冻融循环的最小次数不少于 25、50、100、150、200、250、300 次。混凝土的抗冻性主要决定于混凝土的孔隙率及孔隙特征、含水程度等因素。孔隙率较小且具有封闭孔隙的混凝土，其抗冻性较好。

（2）普通混凝土的抗渗性

混凝土的抗渗性是指混凝土抵抗有压介质渗透作用的能力。混凝土渗水的原因，是由于内部孔隙形成连通的渗水孔道。这些孔道主要来源于水泥浆中多余水分蒸发而留下的气孔、水泥浆泌水所产生的毛细管孔道、内部的微裂缝以及施工振捣不密实产生的蜂窝、孔洞，这些都会导致混凝土渗水。因此，提高混凝土的密实度，可以提高抗渗性。

混凝土的抗渗性用抗渗等级 P 表示。是以 28d 龄期的标准试件，按规定方法进行试验时所能承受的最大静水压力（MPa）来确定。可分为 P4、P6、P8、P10 和 P12 五个等级，分别表示混凝土能抵抗 0.4MPa、0.6MPa、0.8MPa、1.0MPa 和 1.2MPa 的静水压力而不发生渗透。

用混凝土的抗渗等级评价混凝土的抗渗能力时比较直观、简单，但对于长龄期、抗渗性高的混凝土则不适用。同时该指标没有考虑混凝土长期在持续压力的抗渗能力。如抗渗等级为 P8 的混凝土，并不意味着混凝土能抵抗 0.8MPa 的水压力而永不渗透。如果混凝土结构物的厚度不够大，则在较长时间的水压作用下，混凝土还是有透水的可能。因此，对于此类混凝土还可采用渗透系数来评价其抗渗性能。

混凝土的渗透系数可通过测定恒压下水在混凝土内的渗水高度，并根据下式计算确定。

$$K = \frac{wD_m^2}{2TH} \tag{3-7}$$

式中 K——渗透系数，m/h；

D_m——平均渗透高度，m；

H——水压力，以水柱高度表示，m；

T——恒压持续时间，h；

w——混凝土吸水率，一般小于10%。

渗透系数 K 反映了材料渗透能力的大小，K 值越大，表示抗渗性越差；K 值越小，则材料的抗渗性越强。渗水高度增大，混凝土的渗透系数将随之急剧增大，抗渗性变差。此法特别适用于抗渗性高的混凝土。

(3) 普通混凝土的抗蚀性

混凝土若长期处在酸、碱、盐、CO_2、海水、地下水、电流、腐蚀的作用，以及高温火灾的影响下，将会使混凝土遭受破坏性侵蚀，并最终导致混凝土内部结构受损、耐久性降低、强度下降直至结构的崩溃。所谓抗侵蚀性就是指混凝土抵抗环境侵蚀性介质侵蚀的能力，混凝土的抗侵蚀性主要取决于水泥的品种、混凝土密实度与孔隙特征等。

混凝土的抗侵蚀性与所用水泥的品种、混凝土的密实度、混凝土内部的孔结构等有关。密实度大及内部多为封闭的小微孔的混凝土，外部介质不易侵入，抗侵蚀能力高。因此，合理选择水泥品种，降低水胶比，提高混凝土的密实度，改善混凝土内部的孔结构是提高混凝土抗侵蚀性的主要措施。

(4) 普通混凝土的抗碳化性

在潮湿条件下，暴露在大气中的混凝土，其内部的水化产物与空气中的CO_2作用，生成碳酸盐，使混凝土的碱度降低。这种现象称为混凝土的碳酸盐化，简称碳化。

混凝土的碳化是由表及里进行的，且比较缓慢。但随着CO_2浓度的增加而加快，尤其是水胶比高的混凝土更是如此。碳化作用的速度与混凝土含水量及周围介质的相对湿度有关。相对湿度50%左右时碳化作用最大，湿度过高（100%）或过低（25%），碳化作用都最小。这是因为过高的湿度使混凝土空隙中充满水，CO_2不易扩散到水泥石中；也可能是从浆体中扩散出来的钙离子导致$CaCO_3$沉淀，而堵塞了表面空隙。相反，过低的湿度，则水泥石空隙中的水不足以使CO_2形成碳酸，故碳化不易进行。

影响混凝土抗碳化能力的主要因素是孔结构和碱度。混凝土越致密，水泥石和集料的孔隙率越低，CO_2和水就越难渗透到混凝土中，抗碳化能力就越强；碱度越高，混凝土的抗碳化能力越强。

(5) 普通混凝土的碱-集料反应

当水泥含碱量较高，混凝土中的集料又为活性集料时，水泥中的碱和集料中的活性物质在水的作用下就会发生化学反应，使混凝土发生不均匀膨胀，造成开裂的现象，称为碱-集料反应。

混凝土发生碱-集料反应必须具备如下三个条件：① 水泥中碱含量高；② 砂石集料中含有活性SiO_2成分；③ 有水的存在。发生碱-集料反应的集料有：蛋白石、鳞石英、方石英、酸性或中性玻璃体的隐晶质火成岩，其中蛋白石的SiO_2活性最大。

在实际工程中为防止碱-集料反应的发生，可采取如下几种措施：① 控制水泥中总的碱含量不超过0.6%，或降低混凝土中的单位水泥用量，以降低单位混凝土的含碱量；② 选用非活性集料；③ 在混凝土中掺入活性混合材，以减少膨胀值；④ 防止水的浸入；⑤ 使用化学外加剂。

知识点五　普通混凝土的配合比设计

1. 混凝土配合比设计的基本原则

混凝土配合比设计时，应遵循如下基本原则：

① 满足结构设计的强度等级要求。

② 满足混凝土施工所要求的和易性。

③ 满足工程所处环境对混凝土耐久性的要求。

④ 符合经济原则，即节约水泥以降低混凝土成本。

水胶比、单位用水量和砂率是混凝土配合比设计的三个基本参数。混凝土配合比设计中确定三个参数的原则是：在满足混凝土强度和耐久性的基础上，确定混凝土的水胶比；在满足混凝土施工要求的和易性基础上，根据粗集料的种类和规格确定单位用水量；砂率应以砂在集料中的数量填充石子空隙后略有富余的原则来确定。混凝土配合比设计以计算 1m^3 混凝土中各材料用量为基准，计算时集料以干燥状态为准。

2. 混凝土配合比设计的步骤

① 计算配制强度 $f_{cu,0}$ 并求出相应的水胶比。

② 选取每立方米混凝土的用水量，并计算出每立方米混凝土的水泥用量。

③ 选取砂率，计算粗集料和细集料的用量，并提出供试配用的计算配合比。

④ 试配、调整及确定。

1）计算要求的配制强度

根据《普通混凝土配合比设计规程》（JGJ 55—2011），当混凝土的设计强度等级小于 C60 时，配制强度按下式确定。

$$f_{cu,0} \geqslant f_{cu,k} + 1.645\sigma \tag{3-8}$$

式中　$f_{cu,0}$——混凝土的施工配制强度，MPa；

$f_{cu,k}$——设计的混凝土立方体抗压强度标准值，MPa；

σ——施工单位的混凝土强度标准差，MPa。

在正常情况下上式可采用等号。

遇有下列情况时应提高混凝土配制强度：

① 现场条件与试验条件有显著差异时；

② C30 级及其以上强度等级的混凝土，采用非统计方法评定时。

混凝土强度标准差宜根据施工单位近期同类混凝土统计资料计算确定，σ 可按下式求得：

$$\sigma = \sqrt{\frac{\sum_{i=1}^{n} f_{cu,i}^2 - n m_{f_{cu}}^2}{n-1}} \tag{3-9}$$

式中　σ——混凝土强度标准差；

$f_{cu,i}$——第 i 组的试件强度，MPa；

$m_{f_{cu}}$——n 组试件的强度平均值，MPa；

n——试件组数。

当无统计资料计算混凝土强度标准差时，其值按现行国家标准《混凝土结构工程施工质量验收规范》（GB 50204—2015）的规定取用（表 3-11）。

表 3-11 混凝土强度标准差 MPa

混凝土强度等级	<C20	C25～C45	C50～C55
标准差 σ	4.0	5.0	6.0

当设计强度大于 C60 时，配制强度按下式计算：

$$f_{cu,0} \geqslant 1.15 f_{cu,k} \tag{3-10}$$

2）确定混凝土水胶比 W/B

按混凝土强度要求计算水胶比 W/B，当混凝土强度等级小于 C60 级时，混凝土水胶比宜按下式计算：

$$\frac{W}{B} = \frac{\alpha_a \cdot f_b}{f_{cu,0} + \alpha_a \cdot \alpha_b \cdot f_b} \tag{3-11}$$

式中 $\frac{W}{B}$——混凝土水胶比；

α_a、α_b——回归系数，与集料品种、水泥品种有关，其数值可通过实验求得，当不具备实验统计资料时，碎石：$\alpha_a = 0.53$，$\alpha_b = 0.20$，卵石：$\alpha_a = 0.49$，$\alpha_b = 0.13$；

f_b——胶凝材料 28d 胶砂抗压强度，MPa。

3）确定单位用水量 m_{w0}

单位用水量影响混凝土水胶比，进而影响水泥用量。在水胶比和水泥用量一定的条件下，用水量过大，会降低混凝土的耐久性。用水量少，则影响润滑性能，用水量多，影响粘聚性，易泌水。大量的实验表明，当粗集料和细集料的种类和比例确定后，混凝土水胶比在 0.40～0.80 范围时，水泥混凝土的坍落度主要取决于单位体积用水量，而受其他因素的影响较小，这一规律称为固定加水量定则，它为水泥混凝土的配合比设计提供了极大的方便。混凝土配合比设计时的用水量选择可依据表 3-12 或表 3-13。

表 3-12 干硬性混凝土用水量 kg/m³

拌合物稠度		卵石最大粒径（mm）			碎石最大粒径（mm）		
项目	指标	10	20	40	16	20	40
维勃稠度（s）	16～20	175	160	145	180	170	155
	11～15	180	165	150	185	175	160
	5～10	185	170	155	190	180	165

表 3-13 塑性混凝土用水量 kg/m³

拌合物稠度		卵石最大粒径（mm）			碎石最大粒径（mm）		
项目	指标	10	20	31.5	16	20	31.5
坍落度（mm）	10～30	190	170	160	200	185	175
	35～50	200	180	170	210	195	185
	55～70	210	190	180	220	205	195
	75～90	215	195	185	230	215	205
	90～110	220	200	190	235	220	210
	110～130	225	205	195	240	225	215
	130～150	230	210	200	245	230	220
	150～180	235	215	205	250	235	225

注：① 本表用水量系采用中砂时的取值。采用细砂时，每立方米混凝土用水量可增加 5～10kg；采用粗砂时，则可减少 5～10kg；

② 掺用矿物掺合料和外加剂时，用水量应相应调整。

4）确定单位水泥用量

① 每立方米混凝土的胶凝材料用量（m_{b0}）应按下式计算，并应进行试拌调整，在拌合物性能满足要求的情况下，取经济合理的胶凝材料用量。

$$m_{b0} = \frac{m_{w0}}{W/B} \tag{3-12}$$

式中　m_{b0}——计算配合比每立方米混凝土中胶凝材料用量，kg/m^3；

m_{w0}——计算配合比每立方米混凝土的用水量，kg/m^3；

W/B——混凝土水胶比。

② 每立方米混凝土的矿物掺合料用量（m_{f0}）应按下式计算。

$$m_{f0} = m_{b0}\beta_f \tag{3-13}$$

式中　m_{f0}——计算配合比每立方米混凝土中矿物掺合料用量，kg/m^3；

β_f——矿物掺合料掺量，%。

③ 每立方米混凝土的水泥用量（m_{c0}）应按下式计算。

$$m_{c0} = m_{b0} - m_{f0} \tag{3-14}$$

式中　m_{c0}——计算配合比每立方米混凝土中水泥用量，kg/m^3。

如果计算所得的水泥用量小于表 3-14 的最小胶凝材料用量，则应取最小水泥用量，以保证混凝土的强度。

混凝土中的水泥用量也不宜过多，以免导致混凝土收缩大而发生裂缝。因此，对混凝土的水泥用量也要有上限限制。一般情况下，混凝土的最大水泥用量不宜大于 $550kg/m^3$。在配合比设计时，如果计算的水泥用量超过上限，宜用较高强度等级的水泥，或掺用一定数量的掺合料，如粉煤灰等。

表 3-14　混凝土最小胶凝材料用量表

最大水胶比	最小胶凝材料用量（kg/m^3）		
	素混凝土	钢筋混凝土	预应力混凝土
0.60	250	280	300
0.55	280	300	300
0.50	320		
≤0.45	330		

5）确定砂率

混凝土中砂率大小的变动会使集料的空隙率和总表面积产生显著变化，从而对混凝土拌合料的和易性有显著影响。砂率过大时，集料的空隙率和总表面积都会增大，在水泥浆含量不变的情况下，水泥浆相对显得少了，减弱水泥浆的润滑作用，而使混凝土拌合料的流动性减少。如砂率过小，又不能保证在粗集料之间有足够的砂浆层，也会降低混凝土拌合料的流动性，并会影响混凝土的粘聚性和保水性，容易产生离析、流浆现象。因此，砂率应当选择一个合理的数值，使其在用水量和水泥用量一定的情况下，能使混凝土拌合料获得最大的流动性，并且能够保持良好的粘聚性和保水性。

① 坍落度为 10～60mm 的混凝土砂率，可根据粗集料品种、粒径及水胶比按表 3-15 选取。

② 坍落度大于 60mm 的混凝土砂率，可经实验确定，也可在表 3-15 的基础上，按坍落度每增大 20mm，砂率增大 1%的幅度予以调整。

③ 坍落度小于 10mm 的混凝土，其砂率应经实验确定。

表 3-15　混凝土的砂率　　　　%

水胶比（m_w/m_c）	卵石最大粒径（mm）			碎石最大粒径（mm）		
	10	20	40	16	20	40
0.40	26～32	25～31	24～30	30～35	29～34	27～32
0.50	30～35	29～34	28～33	33～38	32～37	30～35
0.60	33～38	32～37	31～36	36～41	35～40	33～38
0.70	36～41	35～40	34～39	39～44	38～43	36～41

注：① 本表数值系中砂的选用砂率，对细砂或粗砂，可相应地减少或增大砂率；
② 采用人工砂配制混凝土时，砂率可适当增加；
③ 只用一个单粒级粗集料配制混凝土时，砂率应适当增加。

6）计算粗、细集料用量

在已知砂率的情况下，粗、细集料的用量计算有两种方法：质量法和体积法。

（1）质量法（假定表观密度法）

质量法计算配合比的依据是假定混凝土的总质量等于所投放材料的总质量，其表达式为：

$$m_{f0}+m_{c0}+m_{g0}+m_{s0}+m_{w0}=m_{cp} \tag{3-15}$$

$$\beta_s=\frac{m_{s0}}{m_{g0}+m_{s0}}\times 100\% \tag{3-16}$$

解联立方程即可求出 m_{g0}、m_{s0}。

式中　m_{g0}——计算配合比每立方米混凝土的粗集料用量，kg/m³；

m_{s0}——计算配合比每立方米混凝土的细集料用量，kg/m³；

β_s——砂率，%；

m_{cp}——每立方米混凝土拌合物的假定质量，kg，可取 2350～2450kg/m³。

（2）体积法（绝对体积法）

体积法是假定混凝土拌合物的体积等于可组成材料绝对体积和混凝土拌合物中所含空气体积的总和，用公式表示：

$$\frac{m_{f0}}{\rho_f}+\frac{m_{c0}}{\rho_c}+\frac{m_{g0}}{\rho_g}+\frac{m_{s0}}{\rho_s}+\frac{m_{w0}}{\rho_w}+0.01\alpha=1 \tag{3-17}$$

式中　ρ_c——水泥密度，kg/m³，可按现行国家标准测定，也可取 2900～3100kg/m³；

ρ_f——矿物掺合料密度，kg/m³，可按现行国家标准《水泥密度测定方法》（GB/T 208）测定；

ρ_g——粗集料的表观密度，kg/m³，应按现行行业标准《普通混凝土用砂、石质量及检验方法标准》（JGJ 52）测定；

ρ_s——细集料的表观密度，kg/m³，应按现行行业标准《普通混凝土用砂、石质量及检验方法标准》（JGJ 52）测定；

ρ_w——水的密度，kg/m³，可取 1000kg/m³；

α——混凝土的含气量百分数，在不使用引气剂或引气型外加剂时，α 可取 1。

3. 实验室配合比确定

1）试配

混凝土配合比设计计算完成后，应进行试配，通过试配，检验计算的配合比是否与设计的要求相符。如试配结果不符合设计要求时，应予以调整，确定出满足设计和施工要求并比较经济合理的混凝土配合比。

试配的要求是使用的材料应与工程中实际使用的材料相同。由于进行配合比设计的计算公式都是以干燥状态的砂、石（砂的含水率小于 0.5%及石子的含水率小于 2%）为基准的，因此试配时所用的砂、石都要取干燥状态称量。如不用干料配制，称料时应在用水量中扣除砂、石中超过的含水量值，砂、石称量也应相应增加。但在以后试配调整时，配合比仍应取原计算值，不计该项增减数值。

使用的混凝土搅拌设备与搅拌工艺，应尽量与生产时的条件相同。试配时，每盘混凝土的最小搅拌量应符合表 3-16 的规定。

表 3-16　混凝土试配的最小搅拌量

粗集料最大公称粒径（mm）	拌合物数量（L）
31.5 及以下	20
40	25

采用机械搅拌时，拌合量不小于搅拌机额定搅拌量的 1/4。如需进行抗冻、抗渗或其他项目的实验，则应根据实验项目的实际需要计算用量。

2）调整

按计算的配合比进行试配时，首先应进行试拌，以检查拌合物的性能。试配的结果如与设计要求有差别时，应对计算的混凝土配合比进行调整。

（1）和易性不符的调整

如试拌得出的混凝土拌合料坍落度或维勃稠度不能满足要求，或粘聚性和保水性能不好时，应在保证水胶比不变的前提下进行调整。

① 若混凝土较稀引起坍落度过大，则保持水胶比不变，减少水和水泥。

② 若混凝土较稠引起坍落度过小，则保持水胶比不变，增加水和水泥。

③ 若砂浆过多引起坍落度过大，则降低砂率。

④ 若砂浆不足以包裹石子，引起离析，则加大砂率。

调整时，增减材料用量或砂率，每次幅度以 1%～2%为宜，直至符合要求为止。然后提出供混凝土强度试验用的基准配合比。

（2）强度不符的调整

混凝土强度实验时，至少应采用三个不同的配合比。一个按基准配合比，另两个配合比的水胶比值，分别比基准配合比增加或减少 0.05，其用水量与基准配合比相同，砂率可分别增加和减少 1%。

进行混凝土强度实验时，每种配合比至少应制作一组（三块）试块，分别检测其坍落度或维勃稠度、粘聚性、保水性后，标准养护 28d 试压。有条件时，可以每种配合比多制作几组试块，供快速检验或较早龄期试压，以便提前定出混凝土配合比供施工使用。但应以标准养护 28d 的检验强度为准，调整配合比。

混凝土强度通过实验校核，如三组试件中有符合设计要求，则选用符合设计要求的一组配合比。如强度不能满足设计要求，则降低水胶比再进行试配，对于坍落度已符合要求的，则用水量不变，增加水泥用量。如强度超过设计要求过高，则提高水胶比后再进行试配，对于坍落度已符合要求的，则用水量不变，减少水泥用量。调整水胶比的幅度应在 0.01～0.03 之间，砂率也可以降低或提高 1%～2%。通过试配调整，即可得到能满足强度要求的混凝土配合比，计算出所用水泥、砂、石子和水的质量。

（3）实验配合比的确定

根据实验得出的混凝土强度与其相对应的胶水比关系，宜绘制强度和胶水比的线性关系图或插值法确定略大于配制强度对应的胶水比，并应按下列原则确定每立方米混凝土的材料用量：

① 在试拌配合比的基础上，用水量（m_w）和外加剂用量（m_a）应根据确定的水胶比做调整。

② 胶凝材料用量（m_b）应以用水量乘以确定的胶水比计算得出。

③ 粗集料和细集料用量（m_g和 m_s）应根据用水量和胶凝材料用量进行调整。

经试配确定配合比后，尚应按下列步骤进行校正：

① 应根据上述原则确定的材料用量按下式计算混凝土的表观密度。

$$\rho_{c,c} = m_c + m_f + m_g + m_s + m_w \tag{3-18}$$

式中 $\rho_{c,c}$——混凝土拌合物的表观密度计算值，kg/m³；

m_c——每立方米混凝土的水泥用量，kg/m³；

m_f——每立方米混凝土的矿物掺合料用量，kg/m³；

m_g——每立方米混凝土的粗集料用量，kg/m³；

m_s——每立方米混凝土的细集料用量，kg/m³；

m_w——每立方米混凝土的用水量，kg/m³。

② 按下式计算混凝土配合比校正系数 δ：

$$\delta = \rho_{c,t} / \rho_{c,c} \tag{3-19}$$

式中 $\rho_{c,t}$——混凝土表观密度实测值，kg/m³；

$\rho_{c,c}$——混凝土表观密度计算值，kg/m³。

③ 当混凝土表观密度实测值与计算值之差的绝对值不超过计算值的 2%时，可不作校正，即为确定的设计配合比；当二者之差超过 2%时，应将配合比中每项材料用量均乘以校正系数 δ，即为确定的设计配合比。

（4）施工配合比的确定

通过混凝土配合比设计计算和试配调整后所得的基准配合比，一般还不能直接用于实际施工。因为配合比设计是以采用干燥状态的砂、石为基准进行计算的，实际用砂、石材料都含有一定水分。因此，混凝土搅拌前，就必须根据砂、石的含水率将基准配合比换算为符合现场实际情况的施工配合比，供搅拌配料时应用。

设砂的含水率为 $a\%$，石子的含水率为 $b\%$，施工配合比为：

水泥 $m'_c = m_c$（kg）

砂子 $m'_s = m_s(1 + a\%)$（kg） (3-20)

石子 $m'_g = m_g(1 + b\%)$（kg） (3-21)

水　　$m'_w = m_w - (m_s \times a\% + m_g \times b\%)$　　(3-22)

知识点六　预拌混凝土

预拌混凝土是指由水泥、集料、水以及根据需要掺入的外加剂和掺合料等组分按一定比例在集中搅拌站（厂）经计量、拌制后出售，并采用运输车在规定时间内运至使用地点的混凝土拌合物。

1. 产品分类、性能等级及标记

预拌混凝土分为常规品和特制品。

(1) 常规品

常规品应为除特制品以外的普通混凝土，代号 A，混凝土强度等级代号 C。

(2) 特制品

特制品代号 B，包括高强混凝土（代号 H)、自密实混凝土（代号 S)、纤维混凝土（代号 F)、轻集料混凝土（代号 L)、重混凝土（代号 W)。

(3) 强度性能等级

混凝土强度等级应划分为：C10、C15、C20、C25、C30、C35、C40、C45、C50、C55、C60、C65、C70、C75、C80、C85、C90、C95、C100。

其他性能等级要符合《预拌混凝土》(GB/T 14902—2012) 的规定。

(4) 标记

预拌混凝土标记应按下列顺序：

① 常规品或特制品的代号，常规品可不标记；

② 特制品混凝土种类的代号，兼有多种类情况可同时标出；

③ 强度等级；

④ 坍落度控制目标值，后附坍落度等级代号在括号中；自密实混凝土应采用扩展度控制目标值，后附扩展度等级代号在括号中；

⑤ 耐久性能等级代号，对于抗氯离子渗透性能和抗碳化性能，后附设计值在括号中；

⑥ 本标准号。

(5) 标记示例

示例 1：采用通用硅酸盐水泥、河砂（也可是人工砂或海砂)、石、矿物掺合料、外加剂和水配制的普通混凝土，强度等级为 C50，坍落度为 180mm，抗冻等级为 F250，抗氯离子渗透性能电通量 Qs 为 1000C，其标记为：

A－C50－180（S4）－F250Q－Ⅲ（1000）－GB/T 14902

示例 2：采用通用硅酸盐水泥、砂（也可是陶砂)、陶粒、矿物掺合料、外加剂、合成纤维和水配制的轻集料纤维混凝土，强度等级为 LC40，坍落度为 210mm，抗渗等级为 P8，抗冻等级为 F150，其标记为：

B－LF－LC40－210（S4）－P8F150－GB/T14902

2. 技术要求

1) 材料

(1) 水泥

水泥应符合 GB 175、GB 200 和 GB 13693 等相应标准的规定。

水泥进场应提供出厂检验报告等质量证明文件，并应进行检验。检验项目及检验批量应符合 GB 50164 的规定。

（2）集料

普通混凝土用集料应符合 JGJ 52 的规定，海砂应符合 JGJ 206 的规定，再生粗集料和再生细集料应分别符合 GB/T 25177 和 GB/T 25176 的规定，轻集料应符合 GN/T 17431.1 的规定，重晶石集料应符合 GB/T 50557 的规定。

集料进场时应进行检验。普通混凝土用集料检验项目及检验批量应符合 GB 50164 的规定，再生集料检验项目及检验批量应符合 JGJ/T 240 的规定，轻集料检验项目及检验批量应符合 JGJ 51 的规定，重晶石集料检验项目及检验批量应符合 GB/T 50557 的规定。

（3）水

混凝土拌合用水应符合《混凝土用水标准》（JGJ 63）的规定。

混凝土拌合用水检验项目应符合 JGJ 63 的规定，检验频率应符合 GB 50204 的规定。

（4）外加剂

外加剂应符合 GB 8076、GB 23439、GB 50119 和 JC 475 的规定。

外加剂进场应提供出厂检验报告等质量证明文件，并应进行检验。检验项目及检验批量应符合 GB 50164 的规定。

（5）矿物掺合料

粉煤灰应符合 GB/T 1596 的规定，粒化高炉矿渣粉应符合 GB/T 18046 的规定，硅灰应符合 GB/T 18736 的规定，钢渣粉应符合 GB/T 20491 的规定，粒化电炉磷渣粉应符合 JG/T 317 的规定，天然火山灰质材料应符合 JG/T 351 的规定。

矿物掺合料进场应提供出厂检验报告等质量证明文件，并应进行检验。检验项目及检验批量应符合 GB 50164 的规定。

（6）纤维

用于混凝土中的钢纤维和合成纤维应符合 JGJ/T 221 的规定。

钢纤维和合成纤维进场应提供出厂检验报告等质量证明文件，并应进行检验。检验项目及检验批量应符合 JGJ/T 221 的规定。

（7）配合比

普通混凝土配合比设计应由供货方按 JGJ 55 的规定执行；轻集料混凝土配合比设计应由供货方按 JGJ51 的规定执行；纤维混凝土配合比设计应由供货方按 JGJ/T 221 的规定执行；重晶石混凝土配合比设计应由供货方按 GB/T 50557 的规定执行。

应根据工程要求对设计配合比进行施工适应性调整后确定施工配合比。

2）质量

（1）强度

预拌混凝土的强度应符合《混凝土强度检验评定标准》（GB/T 50107—2010）的规定。

（2）坍落度和坍落度经时损失

混凝土坍落度实测值与控制目标值的允许偏差应符合 GB/T 14902 的规定。常规品的泵送混凝土坍落度控制目标不宜大于 180mm，并应满足施工要求，坍落度经时损失不宜大于 30mm/h；特制品混凝土坍落度应满足相关标准规定和施工要求。

(3) 扩展度

扩展度实测值与控制目标值的允许偏差应符合 GB/T 14902 的规定。自密实混凝土扩展度控制目标值不宜小于 550mm，并应满足施工要求。

(4) 含气量

混凝土含气量实测值不宜大于 7%，并与合同规定值的允许偏差不宜超过±1.0%。

(5) 水溶性氯离子含量

混凝土拌合物中水溶性氯离子最大含量实测值应符合 GB/T 14902 的规定。

(6) 耐久性能

混凝土耐久性能应满足设计要求，检验评定应符合 JGJ/T 193 的规定。

(7) 其他性能

当需方提出其他混凝土性能要求时，应按国家现行有关标准规定进行实验，无响应标准时应按合同规定进行实验；实验结果应满足标准或合同的要求。

3) 计量设备

原材料计量应采用电子计量设备。计量设备应能连续计量不同混凝土配合比的各种原材料，并应具有逐盘记录和储存计量结果（数据）的功能，其精度应符合 GB/T 10171 的规定。计量设备应具有法定计量部门签发的有效检定证书，并应定期校验。混凝土生产单位每月应至少自检一次；每一工作班开始前，应对计量设备进行零点校准。

知识点七 混凝土拌合物取样、试样制备、拌合方法

混凝土拌合物性能检测以《普通混凝土拌合物性能试验方法标准》（GB/T 50080—2002）为依据。

1. 取样及试样制备

(1) 取样

① 同一组混凝土拌合物的取样应从同一盘混凝土或同一车混凝土中取样。取样量应多于试验所需量的 1.5 倍，且不小于 20L。

② 取样应具有代表性，宜采用多次采样的方法。一般在同一盘混凝土或同一车混凝土中的约 1/4 处、1/2 处和 3/4 处之间分别取样，从第一次取样到最后一次取样不宜超过 15min，然后人工搅拌均匀。

③ 从取样完毕到开始做各项性能实验不宜超过 5min。

(2) 试样制备

① 试验用原材料和实验室温度应保持(20±5)℃，或与施工现场保持一致。

② 拌合混凝土时，材料用量以质量计，称量精度：集料为±1%；水、水泥即掺合料、外加剂均为±0.5%。

③ 从试样制备完毕到开始做各项性能实验不宜超过 5min。

④ 混凝土拌合物的制备应符合《普通混凝土配合比设计规程》(JGJ 55) 中的有关规定。

2. 记录

(1) 取样记录

取样日期和时间，工程名称，结构部位，混凝土强度等级，取样方法，试样编号，试样数量，环境温度及取样的混凝土温度。

（2）试样制备记录

实验室温度，各种原材料品种、规格、产地及性能指标，混凝土配合比和每盘混凝土的材料用量。

3. 混凝土拌合方法

（1）人工拌合

① 按所定配合比称取各材料实验用量，以干燥状态为准。

② 将拌板和拌铲用湿布湿润后，将砂倒在拌板上，然后加入水泥，用拌铲自拌板一端翻拌至另一端。如此反复，直至充分混合、颜色均匀，再加入石子翻拌混合均匀。

③ 将干混合料堆成锥形，在中间作一凹槽，将已量好的水，倒入一半左右（不要使水流出），仔细翻拌，然后徐徐加入剩余的水，继续翻拌，每翻拌一次，用铲在混合料上铲切一次，至拌合均匀为止。

④ 拌合时力求动作敏捷，拌合时间自加水时算起，应符合标准规定：拌合体积为30L以下时为4～5min；拌合体积为30～50L时为5～9min；拌合体积为51～75L时为9～12min。

⑤ 拌好后，应立即做和易性实验或试件成型。从开始加水时起，全部操作须在30min内完成。

（2）机械搅拌

① 按所定配合比称取各材料实验用量，以干燥状态为准。

② 按配合比称量的水泥、砂、水及少量石预拌一次，使水泥砂浆先粘附满搅拌机的筒壁，倒出多余的砂浆，以免影响正式搅拌时的配合比。

③ 依次将称好的石子、砂和水泥倒入搅拌机内，干拌均匀，再将水徐徐加入，全部加料时间不得超过2min，加完水后继续搅拌2min。

④ 卸出拌合物，倒在拌板上，再经人工拌合2～3次。

⑤ 拌好后，应立即做和易性实验或试件成型。从开始加水时起，全部操作须在30min内完成。

任务1　砂的筛分析实验

学习目标

1. 通过筛分析实验测定砂的颗粒级配，计算砂的细度模数，评定砂的粗细程度。

2. 掌握《建设用砂》（GB/T 14684—2011）的测试方法，正确使用所用仪器与设备，并熟悉其性能。

知识要点

1. 砂的定义

由自然条件作用或人工加工而形成的，粒径在4.75mm以下的岩石颗粒。可分为天然砂、机制砂、混合砂。

2. 砂的粗细程度与颗粒级配的意义

砂的粗细程度是指不同粒径的砂粒，混合在一起后的总体的粗细程度，通常有粗砂、中砂与细砂之分。在相同用量条件下，细砂的总表面积较大，而粗砂的总表面积较小。在混凝土中，砂子的表面需要由水泥浆包裹，砂子的总表面积较大，则需要包裹砂粒表面的水泥浆就越多。因此，一般来说，用粗砂拌制混凝土比用细砂所需的水泥浆节省。

砂的颗粒级配，即表示砂中大小颗粒的搭配情况。在混凝土中砂粒之间的空隙是由水泥浆所填充，为达到节约水泥和提高强度的目的，就应尽量减小砂粒之间的空隙。要减小砂粒间的空隙，就必须有大小不同的颗粒级配。

因此，在拌制混凝土时，砂的颗粒级配和粗细程度应同时考虑。当砂中含有较多的粗粒径砂，并以适当的中粒径砂及少量细粒径砂填充其空隙，则可达到空隙及总表面积均较小，这样的砂比较理想，不仅水泥浆用量较少，而且还可提高混凝土的密实度与强度。

主要仪器

1. 试验筛

规格外围 150μm、300μm、600μm、1.18mm、2.36mm、4.75mm 及 9.50mm 的方孔筛各一只，以及筛的底盘和盖各一个，筛框直径为 300mm 或 200mm，其产品质量要求应符合现行的国家标准《金属丝编织网试验筛》（GB/T 6003.1）和《金属穿孔板试验筛》（GB/T 6003.2）的规定，筛孔大于 4.00mm 的试验筛应采用穿孔板试验筛。

2. 天平

称量 1000g，感量 1g。

3. 振筛机

如图 3-8 所示。

4. 烘箱

如图 3-9 所示：能使温度控制在(105±5)℃。

5. 浅盘和硬、软毛刷

图 3-8　振筛机

图 3-9　烘箱

任务要求

通过筛分析实验确定砂的细度，填写筛分实验报告（表 3-17）和绘制砂子级配曲线图（图 3-10），得出结论。

表 3-17　筛分实验

实验日期：＿＿＿＿＿＿气温/室温：＿＿＿＿＿＿湿度：＿＿＿＿＿＿

（1）实验仪器：＿＿＿＿＿＿＿＿＿＿＿＿＿＿＿＿＿＿＿＿

（2）实验记录

试样名称：＿＿＿＿＿＿试样状态：＿＿＿＿＿＿试样重：＿＿＿＿＿＿g

筛分结果记录表

筛孔尺寸（mm）	第一次筛分				第二次筛分			
	分计筛分		累计筛分		分计筛分		累计筛分	
	质量（g）	百分率（%）	百分率（%）	符号	质量（g）	百分率（%）	百分率（%）	符号
5.00				β_1				
2.50				β_2				
1.25				β_3				
0.63				β_4				
0.315				β_5				
0.16				β_6				
筛底								
细度模数								
细度模数平均值								

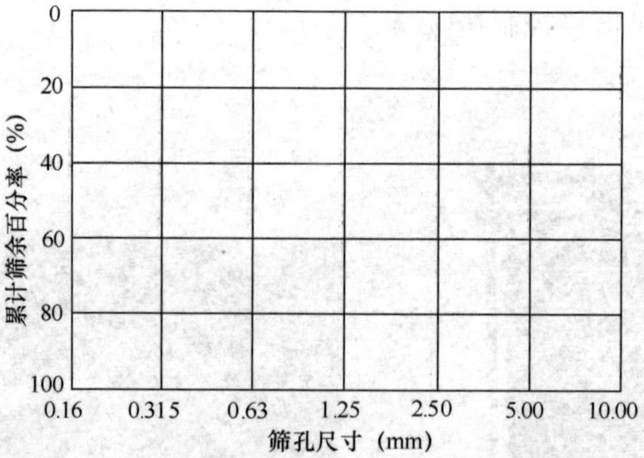

图 3-10　砂子级配曲线

（3）结论（该砂料的级配是否符合要求？粗细程度如何？）

＿＿＿＿＿＿＿＿＿＿＿＿＿＿＿＿＿＿＿＿＿＿＿＿＿＿＿＿

＿＿＿＿＿＿＿＿＿＿＿＿＿＿＿＿＿＿＿＿＿＿＿＿＿＿＿＿

检测步骤

1. 试样制备

实验前先将试样通过 9.5mm 筛，并算出筛余百分率。若试样含泥量超过 5%，应先用水洗。称取每份不少于 550g 的试样两份，分别倒入两个浅盘中，在 (105±5)℃的温度下烘干到恒重，冷却至室温备用。

2. 实验步骤

① 准确称取试样 500g，精确到 1g。

② 将标准筛按孔径由大到小的顺序叠放，加底盘后，将称好的试样倒入最上层的 4.75mm 筛内，加盖后置于摇筛机上，摇约 10min。

③ 将套筛自摇筛机上取下，按筛孔大小顺序再逐个用手筛，筛至每分钟通过量小于试样总量 0.1%为止。通过的颗粒并入下一号筛中，并和下一号筛中的试样一起过筛，按这样的顺序进行，直至各号筛全部筛完为止。

④ 称取各号筛上的筛余量，精确至 1g。试样在各号筛上的筛余量不得超过 200g，否则应将筛余试样分成两份，再进行筛分，并以两次筛余量之和作为该号的筛余量。

3. 实验结果计算与评定

① 计算分计筛余百分率：各号筛上的筛余量与试样总质量之比，计算精确至 0.1%；

② 计算累计筛余百分率：该号筛的筛余百分率加上该号筛以上各筛余百分率之和，计算精确至 0.1%。筛分后，如每号筛的筛余量与筛底的剩余量之和同原试样质量之差超过 1%，须重新实验。

③ 砂的细度模数 M_x 可按下式计算，精确至 0.01：

$$M_x = \frac{(A_2 + A_3 + A_4 + A_5 + A_6) - 5A_1}{100 - A_1} \tag{3-23}$$

式中　M_x——细度模数；

A_1、A_2、A_3、A_4、A_5、A_6——分别为 4.75mm、2.36mm、1.18mm、600μm、300μm、150μm 筛的累积筛余。

④ 累计筛余百分率取两次实验结果的算术平均值，精确至 0.1%。细度模数取两次实验结果的算术平均值，精确至 0.1；如两次实验的细度模数之差大于 0.2 时，须重新实验。

注意事项

筛分析实验应该采用两个试样进行实验，取两次实验的算术平均值作为测定结果，两次实验的细度模数之差大于 0.2，应重新实验。

任务 2　砂的含水率实验

学习目标

1. 掌握砂含水率的测定方法。
2. 正确使用有关仪器与设备，并熟悉其性能。

知识要点

砂在实际使用时，一般是露天堆放的，受到环境湿度的影响，往往处于不同的含水状态。在混凝土的配合比计算中，需要考虑砂的含水状态的影响。

砂的含水状态，从干到湿可分为四种状态。

1. 全干状态

全干状态又称烘干状态，是砂在烘箱中烘干至恒重，达到内、外部均不含水的状态。

2. 气干状态

在砂的内部含有一定水分，而表层和表面是干燥无水的，砂在干燥的环境中自然堆放达到干燥状态，往往是达到气干状态。

3. 饱和面干状态

饱和面干状态即砂的内部和表层均含水达到饱和状态，而表面的开口孔隙及面层处于无水状态，拌合混凝土的砂处于这种状态时，与周围水的交换最少，对配合比中水的用水量影响最小。

4. 湿润状态

砂的内部不但含水饱和，其表面好被一层水膜覆裹，颗粒间被水所充盈。

一般情况下，混凝土的实验室配合比是按砂的全干状态考虑的，此时拌合混凝土的实际流动性要小一些。而在施工配合比中，又把砂的全部含水都考虑在用水量的调整中而缩减拌合水量，实际状况是仅有湿润状态的表面的水才可以冲抵拌合水量。因此也会出现实际流动性的损失。因此从理论上讲，实验室配合比中砂的理想含水状态应为饱和面干状态。在混凝土用量较大，需精确计算的市政、水利工程中常以砂的饱和面干状态为准。

主要仪器

烘箱、天平、浅盘、毛刷、炒盘、电炉等。

任务要求

通过烘干实验，确定出砂的含水率，填写实验报告表3-18，并得出结论。

表3-18　砂的含水率实验

实验日期：________________气温/室温：____________湿度：________

（1）实验仪器：____________________________

（2）实验记录

砂的含水率实验记录表

试样编号	干燥浅盘的质量 m_3（g）	未烘干的湿砂样与干燥浅盘的总质量 m_2（g）	烘干后的砂样与干燥浅盘的总质量 m_1（g）	砂的含水率 w（%）	平均含水率 w（%）
1					
2					

（3）结论

____

检测步骤

1. 检测方法

砂的含水率实验有两种方法，分别是标准法和快速法。对含泥量过大及有机杂质含量较多的砂不宜采用快速法。

2. 测定工作过程

（1）标准法

① 称量干燥容器的重量（m_1）。

② 自样品中取各重约 500g 的试样两份，分别放入已知重量的干燥容器中称重，记下每盘试样与容器的总重量（m_2）。

③ 将容器连同试样放入温度为（105±5)℃的烘箱中烘干至恒重。

④ 称量烘干后的试样与容器的总质量（m_3）。

（2）快速方法

① 向干净的、质量为 m_1 的炒盘中加入约 500g 试样，称取试样与炒盘的总质量 m_2。

② 置炒盘于电炉上，用小铲不断地翻拌试样。

③ 试样表面全部干燥后，切断电源（或移出火外），继续翻拌 1min。

④ 称取干燥试样与炒盘的总质量（m_3）。

3. 实验结果计算与评定

砂的含水率按下式计算（精确至 0.1%）：

$$w_{质} = \frac{m_3 - m_2}{m_3 - m_1} \times 100\% \tag{3-24}$$

式中　$w_{质}$——质量含水率；

m_3——容器质量，g；

m_1——烘干后试样与容器的总质量，g；

m_2——未烘干试样与容器的总质量，g。

以两次实验结果的算术平均值作为测定值。

注意事项

试样要放到温度一定的烘箱中烘干，并且烘干时间的控制要正确。

任务 3　碎石（卵石）的筛分析实验

学习目标

1. 通过筛分实验测定碎石或卵石的颗粒级配，以便于选择优质粗集料，达到节约水泥和改善混凝土性能的目的。

2. 掌握《建设用碎石、卵石》（GB/T 14685—2001）的测试方法，正确使用所用仪器与设备，并熟悉其性能。

知识要点

1. 粗集料的定义

粒径大于 4.75mm 的集料为粗集料（卵石和碎石）。

2. 石子的颗粒级配

粗集料的级配原理和要求与细集料相同。石子的颗粒级配可分为连续级配和间断级配。

连续级配是石子粒径呈连续性，即颗粒由小到大，每级石子占一定比例。用连续级配的集料配制的混凝土混合料，和易性较好，不易发生离析现象。连续级配是工程最常用的级配。

间断级配也称单粒级配。间断级配是人为地剔除集料中某些粒径颗粒，从而使集料级配不连续，大集料空隙由小几倍的小粒径颗粒填充，以降低石子的空隙率。由间断级配制成的混凝土，可以节约水泥。由于其颗粒粒径相差较大，混凝土混合物容易产生离析现象，导致施工困难。

主要仪器

石子标准筛、烘箱、台秤、摇筛机、浅盘和毛刷等。

任务要求

进行石子的筛分析实验，填写石子颗粒级配实验报告表 3-19，并得出结论。

表 3-19　石子颗粒级配实验

实验日期：____________________气温/室温：________________湿度：______________

（1）实验仪器：____

（2）实验记录

石子颗粒级配记录表

筛孔尺寸（mm）							
筛余质量（kg）							
分计筛余百分率 *a*（%）							
累计筛余百分率 *A*（%）							

（3）结论

____

检测步骤

1. 测定方法

筛分析法。

2. 依据标准

《建设用卵石、碎石》（GB/T 14685—2011）。

3. 试样制备

按规定取样，用四分法缩取不少于表 3-20 的试样数量，经烘干或风干后备用。

表 3-20　颗粒级配所需试样质量

最大粒径（mm）	9.5	16.0	19.0	26.5	31.5	37.5	63.0	75.0
最少试样质量（kg）	1.9	3.2	3.8	5.0	6.3	7.5	12.6	16.0

4. 测定工作过程

① 称取按表 3-20 的规定质量的试样一份，精确到 1g。将试样倒入按孔径大小从上到下组合的套筛上。

② 将套筛放在摇筛机上，摇 10min；取下套筛，按筛孔大小顺序再逐个进行手筛，筛至每分钟通过量小于试样总量的 0.1%为止。通过的颗粒并入下一个筛，并和下一号筛中的

试样一起过筛，直至各号筛全部筛完。当筛余颗粒的粒径大于19.0mm，在筛分过程中允许用手指拨动颗粒。

③ 称出各号筛的筛余量，精确至1g。筛分后，如所有筛余量与筛底的试样之和与原试样总量相差超过1%，则须重新实验。

5. 实验结果计算与评定

① 计算分计筛余百分率：各号筛的筛余量与试样总质量之比，计算精确至0.1%。

② 计算累计筛余百分率：该号筛的筛余百分率加上该号筛上各分计筛余百分率之和，精确至1%。筛分后，如每号筛的筛余量与筛底的筛余量之和同原试样质量之差超过1%时，须重新实验。

③ 根据各号筛的累计筛余百分率，采用修约值比较法评定该试样的颗粒级配。

注意事项

孔径由大到小顺序取下各筛，分别于洁净的铁盘上摇筛，直至每分钟通过不超过试样总量的0.1%为止。

任务4 普通混凝土拌合物和易性检测

学习目标

掌握坍落度法、维勃稠度法，学会检验混凝土拌合物和易性的方法。

知识要点

1. 混凝土拌合物的意义

混凝土在未凝结硬化以前，称为混凝土拌合物。它必须具有良好的和易性，便于施工，以保证能获得良好的浇灌质量；混凝土拌合物凝结硬化以后，应具有足够的强度，以保证建筑物能安全地承受设计荷载；并应具有必要的耐久性。

2. 和易性测定及评价

目前，尚没有能够全面反映混凝土拌合物和异性的测定方法。在工地和实验室，通常是测定拌合物的流动性，并辅以直观经验评定粘聚性和保水性。

3. 和易性的选择

① 结构构件类型及截面尺寸大小。构件截面尺寸较大时，选用较小的坍落度。

② 结构构件的配筋疏密。钢筋较疏时，选用较小的坍落度。

③ 输送方式及施工捣实方法。机械振捣时，选用较小的坍落度；人工振捣时，选用较大的坍落度。

4. 改善混凝土拌合物工作性的措施

① 在水胶比不变的前提下，适当增加水泥浆的用量。

② 通过实验，采用合理砂率。

③ 改善砂、石的级配，尽可能采用连续级配。

④ 调整砂、石粒的粒径。

⑤ 根据具体情况掺加外加剂。

5. 混凝土拌合物的分类

根据坍落度的不同，可将混凝土拌合物分为：

① 大流动性混凝土（坍落度大于160mm）。

② 流动性混凝土（坍落度为100～150mm）。

③ 塑性混凝土（坍落度为50～90mm）。

④ 低塑性混凝土（坍落度为10～40mm）。

⑤ 坍落度值小于10mm的拌合物为干硬性混凝土。

任务要求

1. 采用坍落度法来检验混凝土的和易性，完成实验报告，见表3-21。
2. 采用维勃法来检验混凝土的和易性，完成实验报告，见表3-22。

表3-21　混凝土和易性实验（坍落度实验）

<table>
<tr><td colspan="2">实验日期</td><td colspan="2"></td><td>气温/室温</td><td></td><td>湿度</td><td></td></tr>
<tr><td colspan="3">（1）实验仪器</td><td colspan="5"></td></tr>
<tr><td colspan="3" rowspan="4">（2）实验记录</td><td>水泥品种与强度等级</td><td colspan="4"></td></tr>
<tr><td>混凝土设计强度等级</td><td colspan="4"></td></tr>
<tr><td>设计坍落度（cm）</td><td></td><td>拌合方法</td><td colspan="2"></td></tr>
<tr><td>成型温度（℃）</td><td></td><td>相对湿度（%）</td><td colspan="2"></td></tr>
<tr><td colspan="3">配合比</td><td colspan="5">1 :　　:</td></tr>
<tr><td colspan="8">校正坍落度</td></tr>
<tr><td rowspan="8"></td><td colspan="2" rowspan="2">材料名称</td><td rowspan="2">1m³混凝土材料用量（kg）</td><td rowspan="2">15L混凝土材料用量（kg）</td><td colspan="2">调整材料用量（kg）</td><td rowspan="2">调整15L混凝土材料用量（kg）</td></tr>
<tr><td>第一次</td><td>第二次</td></tr>
<tr><td colspan="2">水泥</td><td></td><td></td><td></td><td></td><td></td></tr>
<tr><td colspan="2">水</td><td></td><td></td><td></td><td></td><td></td></tr>
<tr><td colspan="2">砂</td><td></td><td></td><td></td><td></td><td></td></tr>
<tr><td colspan="2">石</td><td></td><td></td><td></td><td></td><td></td></tr>
<tr><td colspan="2">总计</td><td></td><td></td><td></td><td></td><td></td></tr>
<tr><td colspan="2">坍落度（cm）</td><td colspan="5"></td></tr>
<tr><td rowspan="4">（3）结论</td><td colspan="2">坍落度平均值</td><td colspan="5"></td></tr>
<tr><td colspan="2">粘聚性评价</td><td colspan="5"></td></tr>
<tr><td colspan="2">保水性评价</td><td colspan="5"></td></tr>
<tr><td colspan="2">和易性评价</td><td colspan="5"></td></tr>
</table>

表 3-22　混凝土和易性实验（维勃稠度实验）

实验日期		气温/室温		湿度	
（2）实验仪器					
（2）实验记录	① 水泥品种与强度等级				
	② 混凝土设计强度等级				
	③ 粗集料种类			粗集料最大粒径	
	成型温度（℃）			相对湿度	
	配合比			1：　　：　　：	
	④ 坍落度				
	维勃稠度值				
（3）结论					

检测步骤

1. 坍落度检验

（1）实验目的与适用范围

为保证正常施工，混凝土需要良好的和易性，反映和易性部分性能的稠度可以用坍落度值量度，本实验的目的是学习掌握使用坍落度法检验混凝土的坍落度值，并定性地判定混凝土拌合物的粘聚性与保水性。本方法适用于集料最大粒径不超过 40mm、坍落度值不小于 10mm 的混凝土稠度测定。实验按《普通混凝土拌合物性能试验方法标准》（GB/T 50080—2002）的规定进行。

（2）实验仪器

稠度实验所用仪器包括坍落度筒（图 3-11）、捣棒、小铲、钢尺、下料斗等。

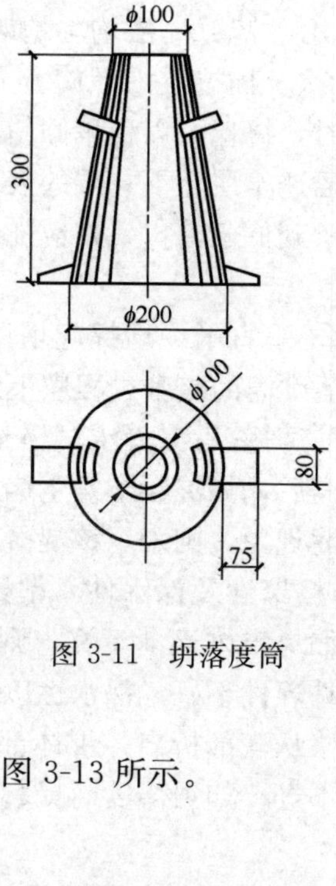

图 3-11　坍落度筒

（3）实验步骤

实验过程示意图，如图 3-12、图 3-13 所示。

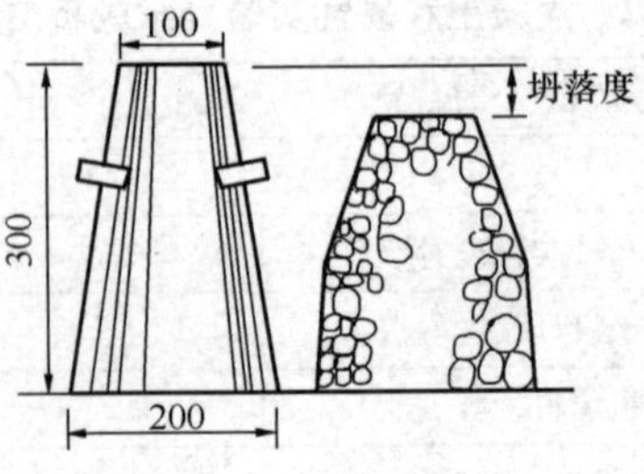

图 3-12　坍落度实验

图 3-13　坍落度实验过程示意图

① 湿润坍落度筒及底板，在坍落度筒内壁和底板上应无明水。底板应放置在坚实水平面上，并把筒放在底板中心，然后用脚踩住两边的脚踏板，坍落度筒在装料时应保持固定的位置。

② 把按要求取得的混凝土试样用小铲分三层均匀地装入筒内，使捣实后每层高度为筒高的 1/3 左右。每层用捣棒插捣 25 次。插捣应沿螺旋方向由外向中心进行，各次插捣应在截面上均匀分布。插捣筒边混凝土时，捣棒可以稍稍倾斜。插捣底层时，捣棒应贯穿整个深度，插捣第二层和顶层时，捣棒应插透本层至下一层的表面；浇灌顶层时，混凝土应灌到高出筒口。插捣过程中，如混凝土沉落到低于筒口，则应随时添加。顶层插捣完后，刮去多余的混凝土，并用抹刀抹平。

③ 清除筒边底板上的混凝土后，垂直平稳地提起坍落度筒。坍落度筒的提离过程应在 5～10s内完成；从开始装料到提坍落度筒的整个过程应不间断地进行，在 150s 内完成。

④ 提起坍落度筒后，测量筒高与坍落后混凝土试体最高点之间的高度差，即为该混凝土拌合物的坍落度值；坍落度筒提离后，如混凝土发生崩坍或一边剪坏现象，则应重新取样另行测定；如第二次试验仍出现上述现象，则表示该混凝土和易性不好，应予记录备查。

⑤ 观察坍落后的混凝土试体的粘聚性及保水性。粘聚性的检查方法是用捣棒在已坍落的混凝土锥体侧面轻轻敲打，此时如果锥体逐渐下沉，则表示粘聚性良好，如果锥体倒塌、部分崩裂或出现离析现象，则表示粘聚性不好。保水性以混凝土拌合物稀浆析出的程度来评定，坍落度筒提起后如有较多的稀浆从底部析出，锥体部分的混凝土也因失浆而集料外露，则表明此混凝土拌合物的保水性能不好；如坍落度筒提起后无稀浆或仅有少量稀浆自底部析

出，则表示此混凝土拌合物保水性良好。

⑥ 当混凝土拌合物的坍落度大于 220mm 时，用钢尺测量混凝土扩展后最终的最大直径和最小直径，在这两个直径之差小于 50mm 的条件下，用其算术平均值作为坍落扩展度值；否则，此次实验无效。

如果发现粗集料在中央集堆或边缘有水泥浆析出，表示此混凝土拌合物抗离析性不好，应予记录。

（4）实验结果计算与评定

① 坍落前后混凝土的高度差即为混凝土的坍落度。

② 测定坍落度后，观察拌合物的下述性质，并记录。

a. 粘聚性：用捣棒在已坍落的拌合物锥体侧面轻轻敲打，如果锥体逐步下沉，表示粘聚性良好；如果突然倒塌，部分崩裂或石子离析，则为粘聚性不好的表现。

b. 保水性：当提起坍落度筒后如有较多的稀浆从底部析出，锥体部分的拌合物也因失浆而集料外露，则表明保水性不好。如无这种现象，则表明保水性良好。

2. 维勃稠度法检验

（1）实验目的与适用范围

本实验的目的是学习掌握使用维勃稠度法检验混凝土的维勃稠度值，并本方法适用于集料最大粒径不大于 40mm，维勃稠度在 5～30s 之间的混凝土拌合物稠度测定。

（2）实验仪器

维勃稠度实验所用仪器包括维勃稠度仪（图 3-6）、捣棒、小铲、秒表等。

（3）实验步骤

① 将维勃稠度仪置于坚实水平的地面上，润湿容器、坍落度筒、喂料斗内壁及其他用具。

② 将喂料斗转到坍落度筒上方扣紧，校正容器位置，使其轴线与喂料斗轴线重合，然后拧紧固定螺钉。

③ 把按要求取样或制作的混凝土拌合物试样用小铲分三层经喂料斗均匀地装入筒内，装料及插捣的方法与坍落度法相同。

④ 转离喂料斗，垂直提起坍落度筒。

⑤ 将透明圆盘转到混凝土圆台体上方，放松测杆螺丝，降下圆盘，使其轻轻接触混凝土顶面，拧紧定位螺钉。

⑥ 开启振动台，同时用秒表计时。振动到透明圆盘的底面被水泥浆布满的瞬间，停表计时，并关闭振动台。

（4）实验结果计算与评定

用秒表读出的时间即为混凝土拌合物的维勃稠度值。秒表读数精确至 1s。

注意事项

1. 坍落度法适用于集料最大粒径不大于 40mm，坍落度值不小于 10mm 的混凝土拌合物。

2. 对于硬性的混凝土拌合物通常采用维勃稠度仪测定其稠度。

3. 维勃稠度值小于 5s 和大于 30s，则此种混凝土所具有的稠度已超出维勃稠度仪的适用范围。

任务5　普通混凝土立方体抗压强度的检测

学习目标

通过实验测定混凝土立方体抗压强度，以检验材料质量，确定、校核混凝土配合比，确定混凝土强度等级，作为评定混凝土质量的主要依据。

知识要点

1. 影响硬化后混凝土强度的因素

1）混凝土破坏的方式

① 硬化水泥石与集料间破坏（与水泥强度、水胶比、集料性质有关）。

② 硬化水泥石的破坏（与水泥石强度有关）。

③ 集料本身的破坏（与集料强度有关）。

2）主要影响因素

（1）材料组成对混凝土强度的影响

① 水泥是混凝土中的活性组分，其强度大小直接影响着混凝土强度高低。在配合比相同的条件下，所用的水泥强度等级越高，制成的混凝土强度也越高。当用同一品种同一强度等级的水泥时，混凝土的强度主要取决于水胶比。

在保证施工质量的条件下，水胶比越小，混凝土的强度就越高。但是，如果水胶比太小，拌合物过于干涩，在一定的施工条件下，无法保证浇灌质量，混凝土中将出现较多的蜂窝、孔洞，也将显著降低混凝土的强度和耐久性。

② 当集料级配良好、砂率适当时，由于组成了坚强密实的骨架，有利于混凝土强度的提高。如果混凝土集料中有害杂质较多，品质低，级配不好时，会降低混凝土的强度。

（2）养护条件对混凝土强度的影响

① 养护温度高，水泥水化速度快，混凝土强度的发展也快；反之，在低温下混凝土强度发展迟缓。因此，冬期施工时，混凝土应特别注意保温养护，防止早期受冻破坏。

水是水泥水化的必要条件。如果湿度不够，水泥水化反应不能正常进行，甚至停止水化，会严重降低混凝土强度。因此在混凝土浇筑完毕后，应在12h内进行覆盖；在夏季施工的混凝土，要特别注意浇水保湿。

② 龄期是指混凝土在正常养护条件下所经历的时间。在正常养护条件下，混凝土强度的增长遵循水泥水化历程规律，即随着龄期时间的延长，强度也随之增长。最初7～14d内，强度增长较快，28d以后增长较慢。但只要温湿度适宜，其强度仍随龄期增长。

（3）实验条件对混凝土强度的影响

① 试件尺寸：相同混凝土试件的尺寸越小，测得的混凝土的强度就越高。我国标准规定，采用边长为150mm的立方体试件作为标准试件，当采用非标准试件时，所测得的抗压强度应乘以表3-23所列的换算系数。

表 3-23　试件尺寸及强度换算系数

试件尺寸（mm）	集料最大粒径（mm）	抗压强度换算系数
100×100×100	31.5	0.95
150×150×150	40	1
200×200×200	63	1.05

② 试件的形状：当试件受压面积相同，而高度不同时，高宽比越大，抗压强度越小。

③ 表面状态：混凝土试件承压面的状态，也是影响混凝土强度的重要因素。当试件受压面有润滑剂时，试件受压时的环箍效应大大减小，测出的强度值较低。

④ 加荷速度：加荷速度越大，测得的强度值也越大。

（4）施工质量的好坏对混凝土强度有非常重要的影响

施工质量包括配料准确，搅拌均匀，振捣密实，养护适宜等。任何一道工序忽视了规范管理和操作，都会导致混凝土强度的降低。

施工方法的影响：尽量采用机械搅拌和振捣。

2. 提高混凝土强度的措施

（1）选用高强度水泥和低水胶比

水泥是混凝土中的活性组分，在相同的配合比情况下，所用水泥的强度等级越高，混凝土的强度越高。水胶比是影响混凝土程度的重要因素，实验证明，水胶比增加 1%，则混凝土强度将下降 5%，在满足施工和易性和混凝土耐久性要求条件下，尽可能降低水胶比和提高水泥强度，这对提高混凝土的强度是十分有效的。

（2）掺用混凝土外加剂

在混凝土中掺入减水剂，可减少用水量，提高混凝土强度；掺入早强剂，可提高混凝土的早期强度。在混凝土中掺入矿物外加剂，可以节约水泥，降低成本；减少环境污染，改善混凝土诸多性能。

（3）采用机械搅拌、机械振捣的混合料

这样可使混凝土混合料的颗粒产生振动，降低水泥浆的黏度和集料的摩擦力，使混凝土拌合物转入液体状态，在满足施工和易性要求条件下，可减少拌合用水量，降低水胶比。同时，混凝土混合物被振捣后，它的颗粒互相靠近，并把空气排出，使混凝土内部孔隙大大减少，从而使混凝土的密实度和强度大大提高。

（4）采用湿热处理

湿热处理可分为蒸汽养护和蒸压养护两类。蒸汽养护就是讲成型后的混凝土制品放在 100℃以下的常压蒸汽中进行养护，以加快混凝土强度发展的速度。混凝土经 16～20h 的蒸汽养护后，其强度即可达到标准养护条件下 28d 强度的 70%～80%。

主要仪器

混凝土搅拌机（图 3-14）、试模（图 3-15）、振动台（图 3-16）、养护箱（图 3-17）、压力实验机（图 3-18）。

图 3-14　混凝土搅拌机

图 3-15　试模

图 3-16　振动台

图 3-17　养护箱

图 3-18　压力实验机

任务要求

混凝土抗压强度的检测及计算，完成普通混凝土立方体抗压强度实验报告，见表 3-24。

表 3-24　普通混凝土立方体抗压强度实验

实验日期		气温/室温		湿度	
（1）实验仪器					
（2）实验记录					

普通混凝土强度实验试件成型与养护记录表

成型日期	混凝土强度等级		拌合方法	养护方法	捣实方法	龄期
试块编号	试件截面尺寸		受压面积	破坏荷载	抗压强度	平均抗压强度
	试件长	试件宽				
1						
2						
3						

（3）结论

根据国家规定，该混凝土强度等级为＿＿＿＿＿＿＿＿＿＿＿＿＿＿＿＿＿＿＿＿＿＿＿＿＿＿＿＿＿＿＿＿＿

检测步骤

1. 工作条件

① 实验室的温度、湿度。本实验根据国家标准《普通混凝土力学性能试验方法标准》（GB/T 50081—2002）进行。本实验采用立方体试件，以同一龄期者为一组，每组至少为 3 个同时制作并同样养护的混凝土试件。试件尺寸根据集料的最大粒径按试表 3-23 选取。

② 试件制作符合下列规定。

③ 每一组试件所用的混凝土拌合物应由同一次拌合物中取出。

④ 制作前，应将试模洗干净并将试模的内表面涂以一层薄矿物油脂或其他不与混凝土发生反应的脱模剂。

2. 测定工作过程

① 取样或拌制好的混凝土拌合物应至少用铁锹再来回拌合 3 次。

② 用振动台拌实制作试件应按下述方法进行：

a. 将混凝土拌合物一次装入试模，装料时应用抹刀沿各试模壁插捣，并使混凝土拌合物高出试模口。

b. 试模应附着或固定在振动台上，振动时试模不得有任何跳动，振动应持续到表面出浆为止，不得过振。

③ 用人工插捣制作试件应按下述方法进行：

a. 混凝土拌合物应分两层装入试模，每层的装料厚度大致相等。

b. 插捣应按螺旋方向从边缘向中心均匀进行。在插捣底层混凝土时，捣棒应达到试模底面；插捣上层时，捣棒应贯穿上层后插入下层20～30mm。插捣时捣棒应保持垂直，不得倾斜。然后应用抹刀沿试模内壁插拔数次。

c. 每层插捣次数按在10000mm^{2}面积内不得少于12次。

d. 插捣后应轻轻敲击试模四周，直到插捣棒留下的空洞消失为止。

④ 试件的养护：

a. 试件成型后应立即用不透水的薄膜覆盖表面。

b. 采用标准养护的试件，应在温度为(20±5)℃的环境下静置1昼夜至2昼夜，然后编号、拆模。拆模后应立即放入温度为(20±)2℃，相对湿度为95%以上的标准养护室中养护，或在温度为(20±2)℃的不流动的$Ca(OH)_2$饱和溶液中养护。标准养护室内的试件应放在支架上，彼此间隔为10～20mm，试件表面应保持潮湿，并不得被水直接冲淋。

⑤ 抗压强度实验：

a. 试件自养护室取出后，随即擦干并量出其尺寸（精确至1mm），据此计算试件的受压面积A（单位为mm^2）。

b. 将试件安放在下承压板上，试件的承压面应与成型时的顶面垂直。试件的中心应与实验机下压板中心对准。开动实验机，当上压板与试件接近时，调整球座，使接触均衡。

c. 加压时，应连续而均匀地加荷，加荷速度应为：

混凝土强度等级低于C30时，取0.3～0.5MPa/s；

混凝土强度等级大于C30且小于C60时，取0.5～0.8MPa/s。

混凝土强度等级大于等于C60时，取0.8～1.0MPa/s。

当试件接近破坏而迅速变形时，停止调整实验机油门，直至试件破坏，记录破坏荷载F（单位为N）。

3. 实验结果计算及评定

① 混凝土立方体试件抗压强度按下式计算（结果精确到0.1MPa）：

$$f_{cu}=\frac{P}{A} \tag{3-25}$$

式中 f_{cu}——混凝土立方体试件抗压强度，MPa；

P——破坏载荷，N；

A——试件受压面积，mm^2；

② 以标准试件150mm×150mm×150mm的抗压强度值为标准，对于非标准试件100mm×100mm×100mm和200mm×200mm×200mm的试件，须将计算结果乘以相应换算系数换算为标准强度，对200mm×200mm×200mm试件1.05；对100mm×100mm×100mm试件换算系数为0.95。

③ 3个试件测值的算术平均值作为该组试件的强度值（精确至0.1MPa）；3个测定值中的最小值或最大值中有一个与中间值的差异超过中间值的15%，则把最大及最小值一并舍除，取中间值作为该组试件的抗压强度值。如最大和最小值与中间值的差均超过中间值的15%，则此组试件的实验结果无效。

注意事项

养护条件的控制（温度、湿度均应控制在实验范围内）。

小　结

本项目对混凝土基本知识做了详细介绍，对混凝土组成材料、拌合物性能、硬化性能和耐久性能进行了系统的介绍，详细介绍混凝土配合比设计步骤。通过学习，应掌握混凝土原材料、混凝土拌合物性能、混凝土力学性能检测方法，掌握普通混凝土配合比设计，能够根据混凝土和易性和强度调整混凝土配合比。

自测练习

一、填空题

1. 普通混凝土用砂按细度模数的大小，分为（　　　　）、（　　　　）、（　　　　）。

2. 碎石的颗粒级配（　　　　）和（　　　　）两种，采用（　　　　）级配配制的混凝土和易性好，不易发生离析。

3. 混凝土拌合物的和易性包括（　　　　）、（　　　　）和（　　　　）三个方面的含义，塑性混凝土采用（　　　　）法，干硬性混凝土采用（　　　　）法定量测定混凝土的（　　　　），凭直观经验评定（　　　　）和（　　　　）。

4. 混凝土立方体抗压强度是以边长为（　　　　）mm 的立方体标准试件，在温度为（　　　　）℃相对湿度为（　　　　）以上的潮湿条件下养护（　　　　）d，用标准实验方法测定的抗压极限强度。

4. 混凝土的轴心抗压强度采用尺寸为（　　　　　　　　）的棱柱体试件测定。

5. 混凝土拌合物的耐久性主要包括（　　　　）、（　　　　）、（　　　　）、（　　　　）和（　　　　）五个方面。

6. 混凝土中掺入减水剂，在混凝土流动性不变的情况下，可以减少（　　　　），提高混凝土的（　　　　），在用水量及水胶比一定时，混凝土的（　　　　）增大，在流动性和水胶比一定时，可以（　　　　）。

二、名词解释

1. 颗粒级配　　2. 集料公称粒径　　3. 砂率　　4. 和易性

三、单项选择题

1. 普通混凝土用砂应选择（　　）较好。

A. 孔隙率小　　B. 尽可能粗

C. 越粗越好　　D. 在孔隙率小的条件下尽可能粗

2. 混凝土的水胶比值在一定范围内增大，则其强度（　　）。

A. 降低　　B. 增加

C. 不变　　D. 无影响

3. 提高混凝土拌合物的流动性，可采取的合理措施是（　　）。

A. 增加单位用水量

B. 提高砂率

C. 增大水胶比

D. 在保持水胶比一定的条件下，同时增加水泥用量和用水量

4. 混凝土轴心抗压强度采用的标准试件尺寸为（　　）。

A. 100mm×100mm×100mm　　B. 150mm×150mm×150mm

C. 100mm×100mm×300mm　　D. 150mm×150mm×150mm

5. 一批砂的细度模数为 2.9，应属（　　）砂。

A. 细　　B. 粗

C. 中　　D. 特细

6. 一组混凝土试件的抗压强度值分别为：24.0MPa、27.2MPa、20.0MPa，则此组试件的强度代表值为（　　）MPa。

A. 24　　B. 27.2

C. 20　　D. 23.7

四、简述题

1. 混凝土生产过程中如何正确地选择水泥？

2. 粗细集料有哪些主要技术性能？对混凝土有何影响？

3. 集料的连续级配和间断级配对集料的孔隙率有何影响？

4. 水胶比对混凝土的性能有何影响？

5. 提高混凝土耐久性的措施有哪些？

6. 混凝土配合比设计的基本要求有哪些？

五、计算题

1. 某砂做筛分实验，分别称取各筛两次筛余量的平均值，见下表：

方孔筛径	9.5mm	4.75mm	2.36mm	1.18mm	600μm	300μm	150μm	<150μm	合计
筛余量（g）	0	32.5	48.5	40.0	187.5	118.0	65.0	8.5	500

计算各号筛的分计筛余百分率、累计筛余百分率、细度模数，并评定该砂的颗粒级配和粗细程度。

2. 采用普通水泥、卵石和天然砂配制混凝土，水胶比为 0.52，制作一组尺寸为 150mm×150mm×150mm 的试件，标准养护 28d，测得的抗压破坏荷载分别为 510kN，520kN 和 650kN。计算：（1）改组混凝土试件的立方体抗压强度；（2）计算该混凝土所用水泥的实际抗压强度。

3. 某工程现浇室内钢筋混凝土梁，混凝土设计强度等级为 C30，施工采用机械拌合和振捣，坍落度为 30～50mm，所用材料如下：

水泥：普通水泥 42.5MPa，$\rho_c = 3100kg/m^3$；砂：中砂，级配Ⅱ区，合格，$\rho_s = 2650kg/m^3$；石子：卵石 5～40mm，$\rho_g = 2650kg/m^3$；水：自来水（未掺加外加剂），$\rho_w = 1000kg/m^3$。（取水泥的强度富余系数为 $\gamma_c = 1.13$）采用体积法计算该混凝土的初步配合比。

项目4　建筑砂浆性能检测

学习目标

1. 掌握砌筑砂浆的材料组成和技术性质特点。
2. 掌握砌筑砂浆的配合比设计过程。
3. 掌握建筑砂浆性能检测的步骤、方法及结果计算与评定。
4. 了解其抹面砂浆、防水砂浆、预拌砂浆的特性及应用。

能力目标

1. 通过学习能够正确选用砂浆组成材料和判断砂浆的质量，设计砂浆配合比。
2. 检测时对砂浆进行取样，能正确使用检验仪器，对实验结果进行分析和评定。

相关理论知识

建筑砂浆是由胶凝材料、水和细集料按适当比例配制而成的。此外还可以在砂浆中加入适当比例的掺合料和外加剂，以改善砂浆的性能。它与混凝土的主要区别是组成材料中没有粗集料，所以它又可以看作是一种细集料混凝土。但由于在砂浆中，细集料和胶凝材料用量较多，干燥收缩大，强度比较低，在土木结构中不直接承受荷载，而是传递荷载。砂浆可以把块体材料胶结成整体结构或用作表面涂层，起修饰、保护主体结构的作用，因而使用量较大。

砂浆种类较多，砂浆分类的分类：

- 按所用胶凝材料
  - 水泥砂浆
  - 石灰砂浆
  - 混合砂浆
- 按用途的不同
  - 砌筑砂浆
  - 抹面砂浆
  - 防水砂浆
  - 装饰砂浆
  - 特种砂浆

知识点一　砌筑砂浆

建筑砂浆中，将砖、石、砌块等粘结成为砌体的砂浆称为砌筑砂浆。砌筑砂浆起着胶结块材和传递荷载的作用，是砌体的重要组成部分。涂抹在建筑物或建筑构件的表面，兼有保护基层、满足使用要求和增加美观作用的砂浆称为抹面砂浆。

1. 砌筑砂浆的组成材料

砌筑砂浆的组成材料有胶凝材料、细集料、掺合料和外加剂、水等。

1）胶凝材料

砂浆用的胶凝材料有水泥、石灰、石膏和有机胶凝材料等，其中最常用的是水泥和石灰。选择胶凝材料时，应考虑砂浆的使用环境和工程要求。

(1) 水泥

砌筑砂浆常选用水泥品种有普通硅酸盐水泥、矿渣硅酸盐水泥、复合硅酸盐水泥、火山灰质硅酸盐水泥和粉煤灰硅酸盐水泥等。其品种应根据砂浆用途及使用环境来选择。为了降低成本及合理利用资源，在配制砂浆时应尽量选择中、低强度等级的水泥，如 M15 以下等级的砌筑砂浆宜选用 32.5 强度等级的水泥，对于砌筑砂强度要求高选择 42.5 强度等级的水泥。在配制特殊用途的砂浆时，可采用专用水泥和特种水泥，如用于装饰砂浆的白水泥，修补裂缝等。

石灰、石膏和黏土可作为砂浆的胶凝材料，与水泥混合使用配制混合砂浆，节约水泥并改善砂浆性能。

(2) 石灰

施工用消解石灰是在化灰池里进行的。消解方法视石灰消解速度不同而不同。块状生石灰，消石灰粉使用前都要淋成石灰膏，并且要充分“陈伏”使石灰中的过火灰彻底熟化，以免影响工程质量。

2）细集料

细集料（砂），是在砂浆中起着骨架和填充作用，对砂浆的和易性和强度等技术性能影响较大的建筑材料，要求坚固清洁，级配适宜，最大粒径通常应控制在砂浆厚度的 1/5～1/4，使用前必须过筛。砂子中的含泥量应有所控制，水泥砂浆、混合砂浆的强度等级为 M2.5 时以上，含泥量应小于 5%；强度等级 M2.5 时，含泥量应≤10%，若用细砂配制砂浆时，砂子的含泥量应经实验来确定。

3）掺合料和外加剂

砂浆掺合料和掺入外加剂是为改善砂浆和易性和其他性能而加入的无机材料，常用的有石灰膏、磨细的生石灰粉、粉煤灰、沸石粉等。砂浆中所使用的生石灰粉要配成石灰膏，而且至少陈伏 2d，严禁使用已经干燥、冻结、污染及脱水硬化的石灰膏。

掺入外加剂有增塑剂、保水剂、微沫剂等。砂浆中掺入外加剂时，要考虑外加剂对砂浆本身性能及使用功能的影响，掺入外加剂要通过实验确定外加剂的掺量。

此外，还可掺入其他一些材料来改善砂浆的性能。如掺入纤维材料可改善砂浆的抗裂性，掺入防水剂可改善砂浆的防水性和抗渗性等。

4）水

拌制砂浆应使用饮用水，未经实验鉴定的非洁净水、生活污水、工业废水均不能拌制砂浆及养护砂浆。

2. 砌筑砂浆的种类

常用的砌筑砂浆有水泥砂浆、石灰砂浆、水泥石灰混合砂浆等。水泥砂浆适用于潮湿环境及水中的砌筑工程；石灰砂浆仅用于强度要求低、干燥环境中的砌体工程；混合砂浆不仅和易性好，而且可配制成各种强度等级的砌筑砂浆，除对耐水性有较高要求的砌体外，可广泛用于各种砌体工程中。

3. 砌筑砂浆强度等级的选择

一般情况下，多层建筑物墙体选用 M1～M10 砌筑砂浆；砖石基础、检查井、雨水井等砌体，常采用 M5 砂浆；工业厂房、变电所、地下室等砌体选用 M2.5～M10 的砌筑砂浆；二层以下建筑常用 M2.5 以下砂浆；简易平房、临时建筑可选用石灰砂浆。

4. 混凝土小型空心砌块砌筑砂浆

（1）混凝土小型空心砌块砌筑砂浆定义

由水泥、砂、水以及根据需要掺入的掺合料和外加剂等组分，按一定比例，采用机械拌合制成，用于砌筑混凝土小型空心砌块的砂浆。

（2）标记及等级

混凝土小型空心砌块砌筑砂浆用标记，强度分为 Mb5.0、Mb7.5、Mb10.0、Mb15.0、Mb20.0、Mb25.0 和 Mb30.0 等七个等级。

知识点二　砌筑砂浆基本性能

1. 砂浆和易性

砂浆和易性是砂浆拌合物施工操作时所表现的综合性能。它包括流动性、保水性两个方面。

1）和易性

砂浆的和易性又称砂浆的工作性，是指砂浆在搅拌、运输、砌筑及抹灰等过程中易于操作，并能获得质量均匀，成型密实的砂浆性能。

（1）流动性

砂浆的流动性是指砂浆在自重或外力的作用下流动的性能，用稠度表示。砂浆的稠度值：按照《建筑砂浆基本性能试验方法标准》（JGJ/T 70—2009）的规定，可采用稠度实验的方法来测定。砂浆稠度的大小是以砂浆稠度测定仪的圆锥沉入砂浆内深度的 mm 来表示。圆锥沉入的深度越深，表明砂浆的流动性越大。砂浆的流动性不能过大，否则强度会下降并且出现分层、析水的现象；流动性小，砂浆偏干，又不便于施工操作，灰缝不易填充。所以新搅的砂浆应具有要求的稠度。

稠度是砂浆拌合物的一个重要性能指标，必须满足设计或施工的要求。

工程中对砂浆稠度选择的依据是砌体类型和施工气候条件，砌筑砂浆可参考表 4-1 选用［《砌筑砂浆配合比设计规程》（JGJ/T 98—2010）］。

表 4-1　砌筑砂浆的施工稠度　　mm

砌体种类	施工稠度
烧结普通砖砌体、粉煤灰砖砌体	70～90
混凝土砖砌体、普通混凝土小型空心砌块砌体、灰砂砖砌体	50～70
烧结多孔砖砌体、烧结空心砖砌体、轻集料混凝土小型空心砌块砌体、蒸压加气混凝土砌块砌体	60～80
石砌体	30～50

影响砂浆流动性的主要因素有：所用胶凝材料的品种与数量、掺合量的品种与数量、砂子的粗细与级配状况、用水量及搅拌时间等。

当砂浆的原材料确定后，流动性的大小主要决定于用水量。在拌制砂浆时用水量越大，砂浆的流动性就越大，稠度也就越大，稠度过大时，会导致砂浆稳定性变差。在用水量相同的情况下，需水量大的水泥拌制的砂浆拌合物，流动性相对较小。因此，施工中常以用水量的多少来调整砂浆的稠度。

细集料的细度模数对流动性的影响比较明显，细度模数越小，在用水量相同的情况下，流动性就越小，或者说为保持相同的流动性，所需的用水量就越大。砂浆外加剂主要用于改善砂浆的稳定性、抗渗性、抗冻性等性能，但大多数对流动性都有很敏感的影响，所以要严格控制外加剂的掺量。

通常情况下，基底为多孔吸水性材料，或在干热条件下施工时，应选择流动性大的砂浆。相反，基底吸水少，或湿冷条件下施工，应选流动性小的砂浆。

(2) 保水性（稳定性）

砂浆保水性是指砂浆能保存水分的能力。保水性不好的砂浆，在运输和放置过程中，容易泌水离析，失去流动性，不易铺成均匀的薄层或水分易被砖块很快地吸走，影响水泥正常硬化降低了砂浆与砖面的粘结力，导致砌体质量下降。砌筑砂浆分层应控制在 30mm 以内，分层大于 30mm 的，砂浆容易产生泌水、分层或水分流失过快等现象而不便于施工操作；但分层度过小，砂浆过于干稠，也影响操作和工程质量。砂浆的保水性要求也随基底材料的种类（多孔的，或密实的）、施工条件和气候条件而变。提高砂浆的保水性常采取掺入适量的有机塑化剂或微沫剂的方法，不应采取提高水泥用量的途径解决。

根据《建筑砂浆基本性能试验方法标准》（JGJ/T 70—2009）的规定，稳定性（保水性）可用分层度实验或保水性实验来衡量。

2) 硬化砂浆的基本性能

(1) 抗压强度和强度等级

根据《建筑砂浆基本性能试验方法标准》(JGJ/T 70—2009) 的规定，砂浆的抗压强度采用 1 组 3 个边长为 70.7mm×70.7mm×70.7mm 的立方体试件，在温度为 (20±2)℃，相对湿度为≥90%，混合砂浆相对湿度为 60%～80%标准养护室中养护 28d，测抗压强度计算平均值。

根据《砌体结构设计规范》（GB 50003—2011）的规定，砂浆强度等级分为 M20、M15、M10、M7.5、M5.0、M2.5 等六个强度等级。符号 M10 表示养护 28d 后的立方体试件抗压强度平均值不低于 10MPa。砂浆的抗压强度是衡量砂浆是否合格的最重要的指标。根据《砌体工程施工质量验收规范》(GB 50203—2011) 规定，砌筑砂浆试块强度验收时其强度合格必须符合以下规定：

① 同一验收批砂浆试块的抗压强度平均值必须大于或等于设计强度等级所对应的立方体抗压强度；

② 同一验收批砂浆试块的抗压强度的最小一组平均值必须大于或等于设计强度等级所对应的立方体抗压强度的 0.75 倍。

注意：砌筑砂浆的验收批，同一类型、强度等级的砂浆试块应不小于 3 组。当同一验收批只有一组试块时，该组试块抗压强度的平均值必须大于或等于设计强度等级所对应的立方体抗压强度。

(2) 粘结强度

砂浆在砌体结构中主要起粘结和传递荷载的作用。砂浆的粘结力的大小，会影响整个砌体的性能。一般来说，砂浆强度越大，粘结力就大。另外，砂浆与砌体的粘结力与砌体的表面的清洁度、含水状态、养护条件等有关系。

根据《建筑砂浆基本性能试验方法标准》(JGJ/T 70—2009) 的规定，采用拉伸粘结强度试验测定砂浆的粘结强度。

2. 砌筑砂浆的配合比设计

砂浆配合比设计，就是要确定砂浆中各组成材料的用量，或各组成材料之间的质量比。

砂浆配合比设计，既要保证满足强度等级的要求，又要满足砂浆和易性的要求，还应满足经济合理的要求。

砌筑砂浆配合比设计和实验流程如下：

核实来样→检查原材料的质量要求→水泥混合砂浆配合比计算（或水泥砂浆配合比选用）→试拌、测定拌合物的稠度和分层度→调整确定基准配合比→试配三个不同配合比→拌制成型试件→养护→试压→记录计算抗压强度→根据强度、调整配合比→再做砂浆强度实验→确定最终配合比→出实验报告。

常用的砌筑砂浆有水泥混合砂浆和水泥砂浆两类，根据《砌筑砂浆配合比设计规程》（JGJ/T 98—2010）的规定，砌筑砂浆配合比按如下方法设计。

1）水泥混合砂浆配合比设计步骤

（1）计算砂浆试配强度 $f_{m,0}$

砂浆的试配强度应按下式计算。

$$f_{m,0} = kf_2 \tag{4-1}$$

式中 $f_{m,0}$——砂浆的试配强度，MPa，精确至 0.1MPa；

f_2——砂浆强度等级值，MPa，精确至 0.1MPa；

k——系数，按表 4-2 取值。

砌筑砂浆现场强度标准差的确定应符合下列规定。

① 当有统计资料时，应按下式计算：

$$\sigma = \sqrt{\frac{\sum_{i=1}^{n} f_{m,i}^2 - n\mu_{fm}^2}{n-1}} \tag{4-2}$$

式中 f_{mi}——统计周期内同一品种砂浆第 i 组试件的强度，MPa；

μ_{fm}——统计周期内同一品种砂浆 n 组试件强度的平均值，MPa；

n——统计周期内同一品种砂浆试件的总组数，$n \geqslant 25$。

② 当无统计资料时，砂浆现场强度标准差 σ 可按表 4-2 取用。

表 4-2　砂浆强度标准差 σ 及 k 值

砂浆强度等级 / 施工水平	砂浆强度标准差（MPa）							k
	M5	M7.5	M10	M15	M20	M25	M30	
优良	1.00	1.50	2.00	3.00	4.00	5.00	6.00	1.15
一般	1.25	1.88	2.50	3.75	5.00	6.25	7.50	1.20
较差	1.50	2.25	3.00	4.50	6.00	7.50	9.00	1.25

（2）计算水泥用量

每立方米砂浆中水泥用量，可按下式计算：

$$Q_c = \frac{1000(f_{m,0} - \beta)}{\alpha \cdot f_{ce}} \tag{4-3}$$

式中　Q_c——每立方米砂浆中水泥用量，精确至 1kg；

$f_{m,0}$——砂浆的试配强度，精确至 0.1MPa；

f_{ce}——水泥实测强度，精确至 0.1MPa；

α 和 β——砂浆的特征系数，其中 $\alpha=3.03$，$\beta=-15.09$，各地也可由本地区实验资料确定 α、β 值，统计用的试验组数不得少于 30 组。

在无法取得水泥的实测强度值时，可按下式计算 f_{ce}：

$$f_{ce}=\gamma_c\cdot f_{ce,k} \tag{4-4}$$

式中　$f_{ce,k}$——水泥强度等级对应的强度值，MPa；

γ_c——水泥强度等级值的富余系数，该值应按实际统计资料确定，无统计资料时 γ_c 可取 1.0。

（3）计算石灰膏用量，按下式计算

$$Q_D=Q_A-Q_C \tag{4-5}$$

式中　Q_D——每立方米砂浆的石灰膏用量，kg，精确至 1kg；石灰膏使用时的稠度为（120±5）mm；

Q_C——为每立方米砂浆的水泥用量，kg，精确至 1kg；

Q_A——每立方米砂浆中水泥和石灰膏的总量，kg，精确至 1kg；可为 350kg。

（4）每立方米砂浆中的砂子用量

应按干燥状态（含水率小于 0.5%）的堆积密度值作为计算值（kg）。

（5）每立方米砂浆中的用水量

根据砂浆稠度等要求可选用 210～310kg。

注：① 混合砂浆中的用水量，不包括石灰膏中的水；

② 当采用细砂或粗砂时，用水量分别取上限或下限；

③ 稠度小于 70mm 时，用水量可小于下限；

④ 施工现场气候炎热或在干燥季节，可酌量增加用水量。

（6）试配、调整与确定

试配时应采用工程中实际使用的材料，按计算所得配合比进行试拌时，应测定其拌合物的稠度和分层度，当不能满足要求时，应调整用水量或掺加料，直到符合要求为止。然后确定为试配时的砂浆基准配合比。

试配时至少应采用三个不同的配合比，其中一个为基准配合比，其他配合比的水泥用量应按基准配合比分别增加及减少 10%。在保证稠度、分层度合格的条件下，可将用水量或掺加料用量作相应调整。对三个不同的配合比进行调整后，应按《建筑砂浆基本性能试验方法》（JGJ 70—2009）的规定成型试件，测定砂浆强度；并选定符合试配强度要求且水泥用量最低的配合比作为砂浆配合比。

水泥混合砂浆拌合物的密度不宜小于 1800kg/m^3。

2）水泥砂浆配合比的选用

① 根据《砌筑砂浆配合比设计规程》（JGJ/T 98—2010）的规定，水泥砂浆的材料用量可按表 4-3 选用。

表 4-3　每立方米水泥砂浆材料用量　kg/m³

强度等级	每立方米砂浆水泥用量（kg）	每立方米砂浆砂子用量（kg）	每立方米砂浆用水量（kg）
M5	200～230	1m³砂子的堆积密度值	270～330
M7.5	230～260		
M10	260～290		
M15	290～330		
M20	340～400		
M25	360～410		
M30	430～480		

注：① M15 及 M15 以下强度等级水泥砂浆，水泥强度等级为 32.5 级，M15 以上强度等级水泥砂浆，水泥砂浆强度等级为 42.5 级；

② 当采用细砂或粗砂时，用水量分别取上限或下限；

③ 稠度小于 70mm 时，用水量可小于下限；

④ 施工现场气候炎热或在干燥季节，可酌量增加用水量；

⑤ 试配砂浆应按本规程表 4-3 计算。

② 水泥粉煤灰砂浆材料用量可按表 4-4 选用。

表 4-4　每立方米水泥粉煤灰砂浆材料用量　kg/m³

强度等级	水泥和粉煤灰总量	粉煤灰	砂	用水量
M5	210～240	粉煤灰掺量可占胶凝材料总量的 15%～25%	砂的堆积密度值	270～330
M7.5	240～270			
M10	270～300			
M15	300～330			

注：① 表中水泥强度等级为 32.5 级；

② 当采用细砂或粗砂时，用水量分别取上限或下限；

③ 稠度小于 70mm 时，用水量可小于下限；

④ 施工现场气候炎热或在干燥季节，可酌量增加用水量；

⑤ 试配砂浆应按本规程表（4-3）计算。

3）砌筑砂浆配合比设计实例

［例］　某一工程砌筑砖墙采用 M7.5 的水泥石灰混合砂浆。设计原材料：P·O 水泥强度等级为 42.5；中砂，砂堆积密度为 1400kg/m³，含水率为 3%；石灰膏的稠度为 100mm。此工程施工水平一般，试计算此砂浆的配合比。

解：① 确定砂浆试配强度 $f_{m,0}$

$$f_{m,0}=kf_2=1.20\times7.5=9\text{MPa}$$

② 确定水泥用量 Q_c

$$f_{ce}=1.0\times42.5=42.5\text{MPa},\alpha=3.03,\beta=-15.09$$

$$Q_c=\frac{1000\times(9+15.09)}{3.03\times42.5}=187\text{kg}$$

③ 确定石灰膏用量 Q_D

取每立方米砂浆中水泥和石灰膏的总量 $Q_A=350$kg，则石灰膏的用量为：

$$Q_D=Q_A-Q_C=350-187=163\text{kg}$$

④ 确定砂子用量 Q_S

$$Q_S=1400\times(1+3\%)=1442\text{kg}$$

⑤ 确定用水量 Q_W

选取用水量 $Q_W=300$kg。

故此砂浆的设计配合比为：

水泥：石灰膏：砂：水＝187：163：1442：300＝1：0.87：7.71：1.60

知识点三　抹面砂浆与防水砂浆

1. 抹面砂浆

凡涂抹在建筑物和构件表面以及基底材料的表面，兼有保护基层和满足使用要求作用的砂浆，可统称为抹面砂浆（也称抹灰砂浆）。它的功能是抹平表面，光洁美观，包裹并保护基体，免受风雨破坏与液、气相介质的腐蚀，延长使用寿命。同时还兼有保温、调湿功能。

抹面砂浆通常分为两层或三层进行施工。各层砂浆要求不同，因此每层所选用的砂浆也不一样。一般底层砂浆起粘结基层的作用，要求砂浆应具有良好的和易性和较高的粘结力，因此底面砂浆的保水性要好，否则水分易被基层材料吸收而影响砂浆的粘结力。基层表面粗糙些有利于与砂浆的粘结。中层抹灰主要是为了找平，有时可省略去不用。面层抹灰主要为了平整美观，因此选用细砂。

用于砖墙的底层抹灰，多用石灰砂浆；用于板条墙或板条顶棚的底层抹灰多用混合砂浆或石灰砂浆；混凝土墙、梁、柱、顶板等底层抹灰多用混合砂浆、麻刀石灰浆或纸筋石灰浆。

1）抹面砂浆的组成材料

（1）胶凝材料

作为抹面砂浆的胶凝材料有硅酸盐水泥、普通硅酸盐水泥、矿渣硅酸盐水泥、粉煤灰硅酸盐水泥等。底层用石灰膏需陈伏两周以上，罩面用需陈伏一个月以上。

（2）砂子

宜用中砂或中砂与粗砂混合使用。在缺乏中砂、粗砂的地区，可以使用细砂，但不能单独使用粉砂。一般抹灰分三层（或两层）进行，底层、中层和面层。

（3）加筋材料

加筋材料包括麻刀、纸筋、玻璃纤维等。麻刀是絮状短麻纤维，长约30mm。

① 石灰膏麻刀灰由100份石灰膏加1份（质量比）麻刀拌合而成。

② 纸筋灰由100份石灰膏掺加3份（质量比）纸筋拌合而成。

③ 玻璃纤维剪切成10mm左右，以100份石灰膏掺加0.25份玻纤丝制成。

（4）胶料

为提高砂浆粘结力，拌制的砂浆有时掺加白乳胶或107胶，增加砂浆的粘着力。

2）抹面砂浆的种类及选用

抹面砂浆可分为一般抹面砂浆（普通抹面砂浆）和装饰砂浆两种。

① 抹面砂浆按材料不同可分为石灰砂浆、水泥砂浆、水泥混合砂浆、聚合物水泥砂浆、

麻刀灰、纸筋灰、石膏灰等。

为了便于施工，保证抹灰的质量，要求抹灰砂浆比砌筑砂浆有更好的和易性和粘结强度。所以抹灰砂浆的胶凝材料（包括掺加料）的用量，一般要比砌筑砂浆多。必要时可在砂浆中掺入乳胶或 108 胶，增加其粘结能力。为了保证抹灰表面平整、避免裂缝和脱落，必要时可掺入麻刀、纸筋作拉结材料；施工时应分两层或三层进行，各层作用不同，所用砂浆品种也不同（表 4-5）。

表 4-5　抹面砂浆各层的作用、沉入度、砂的最大粒径及应用范围　mm

层别	作用	沉入度	砂最大粒径	应用部位	适用砂浆品种
底层	与基层粘结并初步找平	100～120	2.5	1. 用于砖墙底层 2. 防水、防潮要求或地面等 3. 用于板条墙或顶棚的底层 4. 混凝土墙、梁、柱、顶棚等底层	石灰砂浆 水泥砂浆 混合砂浆或石灰砂浆 混合砂浆
中层	找平作用	70～90	1.2		混合砂浆或石灰砂浆
面层	装饰作用	70～80			细砂配制的混合砂浆、麻刀灰或纸筋灰

② 装饰砂浆是涂抹在建筑物室内外表面，主要起装饰作用的砂浆。装饰砂浆与普通抹面砂浆的主要区别在面层。装饰砂浆面层要选用一定颜色的胶凝材料和染料，并采用特殊的施工操作方法，以使表面呈现出各种不同的色彩线条和花纹等装饰效果。装饰砂浆面层的胶凝材料常采用普通水泥、白水泥、彩色水泥、石灰、石膏等，集料可采用普通砂、石英砂、彩釉砂、彩色瓷粒、玻璃珠以及大理石或花岗岩破碎成的石渣等，也可根据装饰需要加入一些矿物颜料。

3）抹面砂浆的配合比

抹面砂浆一般无具体强度要求，但对流动性、保水性、粘结力却要求很高，通常是选择经验配比。见表 4-6。

表 4-6　常用抹面砂浆配合比参考表

材　料	配合比（体积比）	应用范围
石灰：砂	1：2～1：4	砖石墙表面（檐口、勒脚、女儿墙以及潮湿房间的墙除外）
石灰：黏土：砂	1：1：4～1：1：8	干燥环境的墙表面
石灰：石膏：砂	1：0.4：2～1：1：3	用于不潮湿房间木质表面
石灰：石膏：砂	1：0.6：2～1：1.5：3	用于不潮湿房间的墙及天花板
石灰：石膏：砂	1：2：2～1：2：4	用于不潮湿房间的线脚及其他装修工程
石灰：水泥：砂	1：0.5：4.5～1：1：5	用于檐口、勒脚、女儿墙以及比较潮湿的部位
水泥：砂	1：2.5～1：3	用于浴室、潮湿车间等墙裙、勒脚或地面基层
水泥：砂	1：1.5～1：2	用于地面、顶棚或墙面面层
水泥：砂	1：0.5～1：1	用于混凝土地面随时压光
水泥：石膏：砂：锯末	1：1：3：5	用于吸声抹灰
水泥：白石子	1：1～1：2	用于水磨石（打底用 1：2.5 水泥砂浆）

2. 防水砂浆

防水砂浆是一种抗渗性高的砂浆。防水砂浆层又称刚性防水层，适用于不受振动和具有一定刚度的混凝土或砖石砌体的表面，对于变形较大或可能发生不均匀沉陷的建筑物，都不宜采用刚性防水层。

防水砂浆主要有：普通水泥防水砂浆、掺防水剂防水砂浆、膨胀水泥防水砂浆三类。常用的防水剂有氯化物金属盐类防水剂、水玻璃类防水剂和金属皂类防水剂等。

普通水泥防水砂浆是由水泥、细集料、掺合料和水拌制成的砂浆。

掺加防水剂的水泥砂浆是在普通水泥中掺入一定量的防水剂而制得的防水砂浆，是目前应用最为广泛的一种防水砂浆。常用的防水剂有硅酸钠类、金属皂类、氯化物金属盐及有机硅类等。

膨胀水泥和无收缩水泥防水砂浆是采用膨胀水泥和无收缩水泥制成的防水砂浆，利用这两种水泥制作的防水砂浆具有微膨胀或补偿收缩性能，从而提高了砂浆的密实性和抗渗性。

防水砂浆的配合比采用水泥：砂＝1：(2.5～3)，水灰比在 0.50～0.55 之间。水泥应采用 42.5 强度等级的普通硅酸盐水泥，砂子应采用级配良好的中砂。

防水砂浆的防渗效果在很大程度上取决于施工质量，因此施工时要严格控制原材料质量和配合比。防水砂浆层一般分四层或五层施工，每层厚约 5mm，每层在初凝前压实一遍，最后一层要进行压光。抹完后要加强养护，防止脱水过快造成干裂。总之刚性防水必须保证砂浆的密实性，对施工操作要求高，否则难以获得理想的防水效果。

知识点四　预拌砂浆

1. 预拌砂浆的概念

预拌砂浆是指由专业化厂家生产的，用于建设工程中的各种砂浆拌合物，是我国近年发展起来的一种新型建筑材料，按性能可分为普通预拌砂浆和特种砂浆。

2. 预拌砂浆的种类

根据砂浆的生产方式，将预拌砂浆分为湿拌砂浆和干混砂浆两大类。将加水拌合而成的湿拌拌合物称为湿拌砂浆，将干态材料混合而成的固态混合物称为干混砂浆。

(1) 湿拌砂浆

湿拌砂浆是指由水泥、细集料、保水增稠材料、外加剂和水以及根据需要掺入的矿物掺合料等组分按一定比例，在搅拌站经计量、拌制后，采用搅拌运输车运送至使用地点，放入专用容器储存，并在规定时间内使用完毕的砂浆拌合物。

湿拌砂浆在储存及使用过程中不应加水。砂浆存放过程中，当出现少量泌水时，应拌合均匀后使用。砂浆用完后，应立即清理其储存容器。

湿拌砂浆储存地点的环境温度宜为 5～35℃。

(2) 干混砂浆

干混砂浆又称为干粉砂浆，它是将干粉状的建筑集料、胶粘剂（水泥、石膏、石灰）与各种添加剂按使用用途的不同配方进行配比，在搅拌设备中均匀混合，用袋装或散装的形式运到建筑工地，加水后就可直接使用的砂浆类建材。

干混砂浆是一种新型节能绿色建材，性能优越，是现代科技的结晶。干混砂浆与传统配制的砂浆比较具有以下优越性：

① 产品种类多：可按不同需求提供不同品种不同强度等级的干混砂浆，以满足建筑工地的不同要求。

② 性能好：具有抗收缩、抗龟裂、防潮等特性。

③ 产品质量稳定：干混砂浆是按科学配方电脑计量严格配制而成，均匀性好，使工程质量得到有效的保证。

④ 容易保管：专用设备储存，不易失效变质。

⑤ 使用方便：按下按钮后，自动加水自动搅拌即拌即用。

⑥ 健康环保：干混砂浆使用环保生态材料生产，环境污染少。

⑦ 质量稳定：使用干混砂浆的房子，墙体不空鼓、不开裂，大大提高房子的抗震等级。

⑧ 节能舒适：干混砂浆保温性能好，节能效果好，冬暖夏凉。

⑨ 经济性佳：使用干混砂浆，经济、节约原材料。

由于预拌砂浆是集中生产，生产效率高，质量有保证，环境污染少，有利于施工人员身体健康和环境保护。随着我国建筑业技术进步和文明施工要求的提高，取消现场拌制砂浆、采用工业化生产的预拌砂浆势在必行。2007 年 6 月 6 日，商务部、原建设部等六部委联合发布了《关于在部分城市限期禁止现场搅拌砂浆工作的通知》，要求自 2007 年 9 月 1 日起，全国 127 个城市分三批实现禁止施工现场使用水泥搅拌砂浆。行业标准《预拌砂浆》（JG/T 230—2007）已于 2008 年 2 月 1 日起实施。

知识点五　建筑砂浆的性能检测

建筑砂浆的常规检测项目包括：稠度、分层度（保水性）、抗压强度等。

1. 常用标准

《砌体工程施工质量验收规范》（GB 50203—2011）。

《建筑砂浆基本性能试验方法标准》（JGJ/T 70—2009）。

2. 取样及试样制备

（1）现场取样

① 建筑砂浆实验用料应从同一盘砂浆或同一车砂浆中取样。取样量应不少于实验所需量的 4 倍。

② 施工中取样进行砂浆实验时，其取样方法和原则按相应的施工验收规范执行。一般在使用地点的砂浆槽、砂浆运送车或搅拌机出料口，至少从三个不同部位取样。现场取来的试样，实验前应人工搅拌均匀。

③ 从取样完毕到开始进行各项性能实验不宜超过 15min。

（2）试样制备

① 实验室拌制砂浆进行实验时，所用材料要求提前 24h 运入室内，拌合时实验时的温度应保持在（20±5）℃；

② 实验用原材料应与现场使用材料一致。砂应通过公称粒径 4.75mm 筛；

③ 拌制砂浆时，所用材料应称重计量。称量精度：水泥、外加剂、掺合料等为±0.5%；砂为±1%；

④ 在实验室搅拌砂浆时应采用机械搅拌，搅拌的用量宜为搅拌机容量的 30%～70%，搅拌时间不应少于 120s。掺有掺合料和外加剂的砂浆，其搅拌时间不应少于 180s。

任务1　砂浆拌合物流动性（稠度）测定

学习目标

学会测定砂浆性拌合物流动性（稠度）的方法，并测得达到设计稠度时的用水量，并以此控制在施工中砂浆的流动性（稠度）。

知识要点

1. 砂浆流动性（稠度）的意义

砂浆流动性的选择与砌体种类、施工方法及天气情况有关。流动性过大，说明砂浆太稀。过稀的砂浆不仅铺砌困难，而且硬化后强度降低；流动性过小，砂浆太稠，难于铺平。一般情况下多孔吸水的砌体材料或干热的天气，砂浆的流动性应大些，而密实不吸水的材料或湿冷的天气，其流动性应小些。

2. 检测标准

检测过程应符合《建筑砂浆基本性能试验方法标准》(JGJ/T 70—2009)。

主要仪器

砂浆稠度测定仪（图4-1）；钢制捣棒：直径10mm、长350mm，端部磨圆；台秤；秒表等。

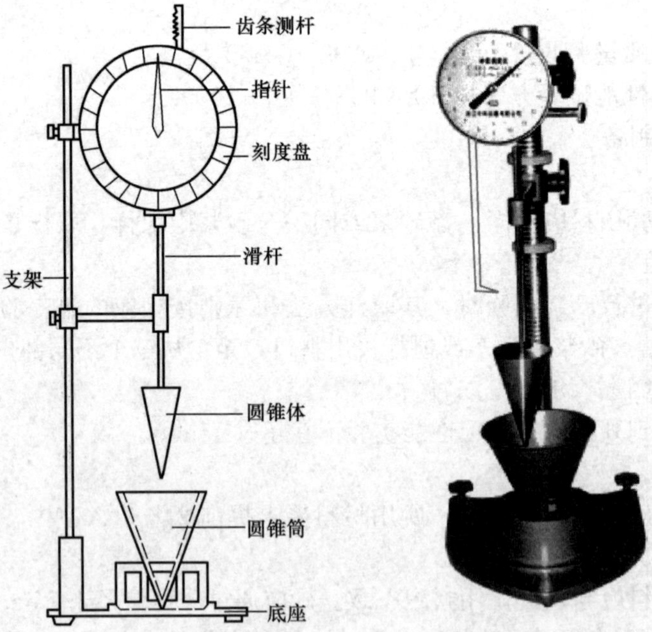

图4-1　砂浆稠度测定仪

任务要求

测定砂浆拌合物的流动性，确定砂浆的用水量，完成实验报告，见表 4-7。

表 4-7　砂浆稠度实验

实验日期		气温/室温		湿度	
砂浆质量配合比					
（1）实验仪器					
（2）实验记录					

砂浆稠度实验记录表

拌制日期			要求的稠度			
试样编号	拌合_______升砂浆所用材料（kg）				实测沉入度（mm）	实验结果（mm）
	水泥	石灰膏	砂	水		
1						
2						

（3）结论

检测步骤

1. 试验原理

通过测定一定重量的锥体自由沉入砂浆中的深度，反映砂浆抵抗阻力的大小。

2. 稠度试验流程：

检查仪器⟶砂浆拌合物倒入容器⟶拌捣、浆面平整⟶测定指针下沉深度⟶判定稠度值⟶记录。

3. 试样制备条件

① 实验室拌制砂浆进行实验时，所用材料要求提前 24h 运入室内，拌合时实验室的温度应保持在（20±5)℃。

② 实验用原材料应与现场使用材料一致。砂应通过公称粒径 5mm 筛。

③ 拌制砂浆时，所用材料应称重计量。称量精度：水泥、外加剂、掺合料等为±0.5%；砂为±1%。

④ 在实验室搅拌砂浆时应采用机械搅拌，搅拌的用量宜为搅拌机容量的 30%～70%，搅拌时间不应少于 120s。掺有掺合料和外加剂的砂浆，其搅拌时间不应少于 180s。

4. 测定工作过程

① 试验准备，用少量润滑油轻擦滑杆，再将滑杆上多余的油用吸油纸擦净，使滑杆能自由滑动。

② 用湿布擦净盛浆容器和试锥表面，将砂浆拌合物一次装入容器，使砂浆表面低于容器口约 10mm 左右。用捣棒自容器中心向边缘均匀地插捣 25 次，然后轻轻地将容器摇动或

敲击 5～6 下，使砂浆表面平整，然后将容器置于稠度测定仪的底座上。

③ 拧松制动螺钉，向下移动滑杆，当试锥尖端与砂浆表面刚接触时，拧紧固定制动螺钉，读出刻度盘上的读数（精确至 1mm）。

④ 然后突然松开固定制动螺钉，使圆锥体自由沉入砂浆中，10s 后从刻度盘上读出下沉深度（精确至 1mm），即为砂浆的稠度值。

注意事项：盛样容器内的砂浆，只允许测定一次稠度，重复测定时，应重新取样。

5. 结果评定

① 取两次实验结果的算术平均值作为砂浆稠度的测定结果，精确至 1mm。

② 如两次实验值之差大于 20mm，则应另取砂浆搅拌后重新测定。

③ 如果检测结果不符合要求，可调整用水量和水泥用量重新拌合再测定。

注意：从开始拌合加水算起，重新拌合时间不能超过 30min，超过 30min 后需重新配料测定。

注意事项

1. 圆锥形容器内的砂浆只允许测定一次稠度，如要重复测定时，应重新进行取样后再进行测定。

2. 以两次测定结果的算术平均值作为砂浆稠度测定结果，如两次测定值之差大于 20mm，应重新配砂浆测定。

3. 如稠度值不符合要求，可酌情加水或石灰膏，重新再测，直到符合要求为止。但从加水拌合算起，时间不准超过 30min，否则重拌。

任务 2　砂浆拌合物保水性（分层度）测定

学习目标

1. 掌握砂浆拌合物在运输、停放、使用时的保水性的意义。
2. 学会保水性（分层度）测定方法。

知识要点

1. 保水性的表示方法

砂浆的保水性用砂浆分层度仪测定，以分层度（mm）表示。分层度过大，表示砂浆易产生分层离析不利于施工及水泥硬化。砌筑砂浆分层度不应大于 30mm。分层度过小，容易发生干缩裂缝，故通常砂浆分层度不宜小于 10mm。

2. 保水性的意义

保水性良好的砂浆水分不易流失，易于摊铺成均匀密实的砂浆层，反之，保水性差的砂浆，在施工过程中容易泌水、分层离析，使流动性变差，同时由于水分易被砌体吸收，影响胶凝材料的正常硬化，从而降低砂浆的粘结强度。

主要仪器

分层度测定仪（即分层度筒，图 4-2）；稠度仪；木锤等。

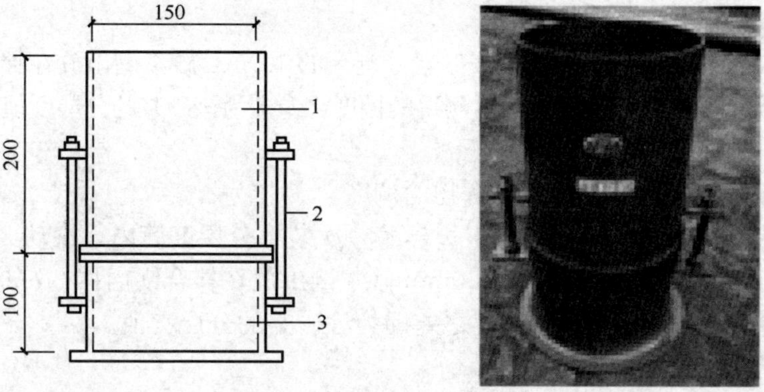

图 4-2　砂浆分层度测定仪

1—无底圆筒；2—连接螺栓；3—有底圆筒

任务要求

通过分层度检测实验，测定砂浆保水性，完成实验报告，见表 4-8。

表 4-8　砂浆分层度实验

实验日期		气温/室温		湿度	
砂浆质量配合比					
（1）实验仪器					
（2）实验记录					

砂浆分层度实验记录表

拌制日期					要求的稠度			
试样编号	拌合______升砂浆所用材料（kg）				静置前稠度值（mm）	静置 30min 稠度值（mm）	分层度值（mm）	实验结果（mm）
	水泥	石灰膏	砂	水				
1								
2								

（3）结论

根据分层度判别此砂浆的保水性为________________________

检测步骤

1. 实验原理及方法

实验原理：测定相隔一定时间后沉入度的损失，反映砂浆失水程度及内部组分的稳定性。

实验方法：可采用标准法和快速法。当发生争议时，应以标准法的测定结果为准。

2. 测定工作过程

（1）标准法测定分层度

① 先将砂浆拌合物按调度实验方法测定稠度。

② 将砂浆拌合物一次装入分层度筒内，待装满后，用木锤在容器周围距离大致相等的四个不同部位轻轻敲击 1～2 下，如砂浆沉落到低于筒口，则应随时添加，然后用抹刀刮去

多余的砂浆并抹平。

③ 静置30min后，去掉上层200mm砂浆，剩余的100mm砂浆倒出放在拌合锅内重新拌合2min，再用稠度实验方法测其稠度。前后测得的稠度之差即为该砂浆的分层度值（mm）。

（2）快速法测定分层度

① 按照本标准的规定测定砂浆拌合物的稠度。

② 将分层度筒预先固定在振动台上，砂浆一次装入分层度筒内，振动20s。

③ 去掉上节200mm砂浆，剩余100mm砂浆倒出放在拌合锅内拌2min，再按本标准稠度试验方法测其稠度，前后测得的稠度之差即为该砂浆的分层度值。

3. 数据处理及结果评定

① 取两次实验结果的算术平均值作为该批砂浆的分层度值。

② 若两次分层度测试值之差大于10mm，应重新取样测定。

注意事项

1. 按照任务一的方法测定严格确定砂浆的沉入度。
2. 两次分层度测试值之差大于10mm，则应重新取样测试。
3. 改善保水性的方法：可加入一定的石灰膏或黏土膏、微末剂。

任务3　砌筑砂浆抗压强度测定

学习目标

通过砂浆试件抗压强度的测定，检验砂浆质量，确定、校核配合比是否满足要求，并确定砂浆强度等级。

知识要点

1. 抗压强度的影响因素

影响砂浆的抗压强度的因素很多，其中主要的影响因素是原材料的性能和用量，以及砌筑层（砖、石、砌块）吸水性，最主要的材料是水泥。砂的质量、掺合材料的品种及用量、养护条件都会影响砂浆的强度和强度增长。

2. 砂浆立方体抗压强度计算

$$f_{m,cu}=K\frac{N_u}{A} \tag{4-5}$$

式中　$f_{m,cu}$——砂浆立方体抗压强度，MPa；

N_u——立方体试件破坏荷载，N；

A——试件承压面积，mm^2。

K——换算系数，取1.35。

砂浆立方体试件抗压强度应精确至0.1MPa。

主要仪器

1. 试模

70.7mm×70.7mm×70.7mm的带底试模如图4-3所示。

图 4-3　立方体三联试模

2. 钢制捣棒

直径 10mm、长 350mm，端部磨圆。

3. 压力试验机

精度为 1%，试件破坏荷载应不小于压力机量程的 20%，且不大于全量程的 80%；垫板等如图 4-4 所示。

图 4-4　压力试验机

任务要求

完成砂浆试块的制作、养护好强度检测，完成实验报告，见表 4-9。

表 4-9　砂浆抗压强度实验

实验日期：____________ 气温/室温：____________ 湿度：____________

砂浆质量配合比：____________________

(1) 实验仪器____________________________________

(2) 实验记录

砂浆抗压强度实验记录表

实验日期		气温/室温		湿度	
成型日期		拌合方法		捣实方法	
砂浆质量配合比					
预拌砂浆强度等级		水泥强度等级		养护方法	

续表

	试块编号	试块边长（mm）		受压面积（mm^2）	破坏荷载（N）	抗压强度（MPa）	平均抗压强度（MPa）	单块抗压强度最小值（MPa）
		长	宽					
养护龄期（d）	1							
	2							
	3							
	4							
	5							
	6							

（3）结论

根据国家规定，该批砂浆强度等级为：________________

检测步骤

1. 试样制备

① 用立方体试件，每组试件 3 个。

② 用黄油等密封材料涂抹试模的外接缝，试模内涂刷薄层机油或脱模剂，将拌制好的砂浆一次性装满砂浆试模，成型方法根据稠度而定。当稠度≥50mm 时采用人工振捣成型，当稠度＜50mm 时采用振动台振实成型，见表 4-10。

表 4-10　砂浆振捣方式

振捣方式	要　求
人工振捣成型	捣棒均匀地由边缘向中心按螺旋方式插捣 25 次，插捣过程中如砂浆沉落低于试模口，应随时添加砂浆，可用油灰刀插捣数次，并用手将试模一边抬高 5～10mm 各振动 5 次，使砂浆高出试模顶面 6～8mm
机械振动	将砂浆一次装满试模，放置到振动台上，振动时试模不得跳动，振动 5～10s 或持续到表面出浆为止；不得过振

③ 待表面水分稍干后，将高出试模部分的砂浆沿试模顶面刮去并抹平。

④ 试件制作后应在室温为（20±5)℃的环境下静置（24±2）h，当气温较低时，可适当延长时间，但不应超过两昼夜，然后对试件进行编号、拆模。试件拆模后应立即放入温度为（20±2)℃，相对湿度为 90％以上的标准养护室中养护。养护期间，试件彼此间隔不小于 10mm，混合砂浆试件上面应覆盖以防有水滴在试件上。

2. 立方体抗压强度试验流程

核实试件→试件养护→取出试件→测量尺寸、检查外观→安放试件→选择量程→调整→加荷→破坏、关机、卸试件→记录计算→判定。

3. 测定工作过程

① 实验前将试件表面擦拭干净，测量尺寸，并据此计算试件的承压面积，如实测尺寸与公称尺寸之差不超过 1mm，可按公称尺寸进行计算；

② 将试件安放在试验机的下压板（或下垫板）上，试件的承压面应与成型时的顶面垂直，试件中心应与试验机下压板（或下垫板）中心对准。开动试验机，当上压板与试件（或上垫板）接近时，调整球座，使接触面均衡受压。承压实验应连续而均匀地加荷，加荷速度应为每秒钟 0.25～1.5kN（砂浆强度不大于 5MPa 时，宜取下限；砂浆强度大于 5MPa 时，宜取上限），当试件接近破坏而开始迅速变形时，停止调整试验机油门，直至试件破坏，然后记录破坏荷载 N。

注意事项：养护期间，试件彼此间隔不小于 10mm；试件从养护地点取出后应及时进行实验。

4. 结果评定

立方体抗压强度实验的结果应按下列要求确定：

① 以三个试件测值的算术平均值作为该组试件的砂浆立方体试件抗压强度平均值（精确至 0.1MPa）。

② 当三个测值的最大值或最小值中如有一个与中间值的差值超过中间值的 15%时，则把最大值及最小值一并舍除，取中间值作为该组试件的抗压强度值；如有两个测值与中间值的差值均超过中间值的 15%时，则该组试件的实验结果无效。

③ 用于工程质量验收的砂浆、混凝土试块制作完成终凝后，在见证人员见证下及时在试块表面刻制试样成型日期、部位、强度等级，刻制的文字应清晰可辨。

注意事项

1. 抗压强度的确定：若其中的最大值或最小值与 6 块均值之差未超过 6 块均值的 20%，以 6 块的均值为抗压强度；若超过，则以中间四块的均值为抗压强度。

2. 养护时间及养护环境的保证。

小　　结

建筑砂浆是由砂、水泥、掺合料、水基外加剂组成，是建筑工程不可缺少的重要材料之一，主要起胶结、衬垫和传递荷载作用。

建筑砂浆按功能和用途不同，分为砌筑砂浆、抹面砂浆和特种砂浆；按所用胶凝材料不同分为水泥砂浆、石灰砂浆和混合砂浆。新拌砂浆要求具有良好的和易性。砂浆的和易性包括流动性和保水性两方面的含义，砂浆的强度一般指立方体抗压强度。根据砂浆的抗压强度将砂浆划分为 5 个强度等级。砌筑砂浆应进行砂浆配合比设计来保证砂浆的强度，从而保证工程质量。

干混砂浆是一种新型节能绿色建材，性能优越，是现代科技的结晶。抹面砂浆要求具有良好的和易性，容易抹成均匀平整的薄层；与基层有足够的粘结力，长期使用不开裂和脱落。装饰砂浆是指涂抹在建筑物表面，主要起装饰作用的砂浆。

砂浆性能的检测项目包括：稠度检测、保水性（分层度测试）、立方抗压强度测定等。检测的过程包括了试样的制备、主要仪器、操作步骤、数据处理及评定。

自测练习

1. 什么是砌筑砂浆，它由哪些材料组成？

2. 对砌筑砂浆的组成材料有哪些技术要求？

3. 砂浆的和易性包括哪些内容？各用什么指标表示？

4. 砂浆混合物的流动性如何表示和确定？保水性不良对其质量有何影？如何提高砂浆的保水性？

5. 对预拌砂浆有何特点？

6. 抹面砂浆与砌筑砂浆有何异同？

7. 砂浆和易性对工程应用有何影响？怎样才能改善砂浆的和易性？

8. 防水砂浆如何获得较好的防水效果？

9. 某多层住宅楼工程，要求配制强度等级为M10的水泥石灰混合砂浆，其原材料供应情况如下。水泥：P·O42.5；砂：中砂级配良好，含水率2%，$\rho=1500kg/m^3$；石灰膏：沉入度为12cm。试设计配合比。

项目 5　建筑钢材性能检测

学习目标

1. 掌握建筑钢材的分类。
2. 掌握建筑钢材力学性能、工艺性能。
3. 了解钢材的锈蚀和防护。

能力目标

能够依据相关标准、方法、步骤完成建筑钢材数据的分析与评定。

相关理论知识

知识点一　钢材的分类

1. 钢材的分类

1）钢材按品质分类

（1）普通钢（P≤0.045%，S≤0.050%）

（2）优钢材质钢（P、S 均≤0.035%）

（3）高级优质钢（P≤0.035%，S≤0.030%）

2）按化学成份分类

（1）碳素钢

低碳钢（C≤0.25%）；中碳钢（C≤0.25%～0.60%）；高碳钢（C≤0.60%）。

（2）合金钢

低合金钢（合金元素总含量≤5%）；中合金钢（合金元素总含量>5%～10%）；高合金钢（合金元素总含量>10%）。

3）按用途分类

（1）建筑及工程用钢

普通碳素结构钢；低合金结构钢；钢筋钢。

（2）钢材结构钢

机械制造用钢：调质结构钢，表面硬化结构钢，包括渗碳钢、渗氨钢、表面淬火用钢；易切结构钢；冷塑性成形用钢，包括冷冲压用钢、冷镦用钢。

弹簧钢。

轴承钢。

（3）工具钢

碳素工具钢；合金工具钢；高速工具钢。

（4）特殊性能钢

不锈耐酸钢；耐热钢，包括抗氧化钢、热强钢、气阀钢；电热合金钢；耐磨钢；低温用钢；电工用钢。

（5）专业用钢

如桥梁用钢、船舶用钢、锅炉用钢、压力容器用钢、农机用钢等。

2. 常用建筑钢材的分类

建筑中常用的钢材主要有钢筋混凝土用的钢筋、钢丝、钢绞线及各类型材。

1）钢筋和钢丝

结构中用的钢筋，按加工方法不同常分为热轧钢筋和冷加工钢筋。

（1）热轧钢筋

经热轧成型并自然冷却的成品钢筋称热轧钢筋。

热轧钢筋按外形分为光圆钢筋和带肋钢筋。带肋钢筋按肋的截面形式不同有月牙肋钢筋和螺旋肋、人字肋等高肋钢筋。按钢种不同热轧钢筋为碳素钢钢筋和普通低合金钢钢筋。按钢筋强度等级分Ⅰ、Ⅱ、Ⅲ、Ⅳ四个等级。Ⅰ级钢筋为碳素钢制的光圆钢筋，钢筋牌号为 HPB235；Ⅱ、Ⅲ、Ⅳ级为低合金钢制的带肋钢筋，其牌号为 HRB335、HRB400和HRB500。

Ⅰ-Ⅲ级热轧钢筋焊接性能尚好，且有良好塑性和韧性，适用于强度要求较低的非预应力混凝土结构。预应力混凝土结构要求采用强度更高的钢作受力钢筋。

（2）冷拉钢筋

热轧钢筋在常温下将一端固定，另一端予以拉长，使应力超过屈服点至产生塑性变形为止，此法称冷拉加工。冷拉后的钢筋屈服点可提高 20％～30％，如经时效处理（即冷拉后自然放量 15～20d 或加热至 100～200℃，保温一段时间）其屈服点和抗拉强度均进一步提高，但塑性和韧性相应降低。

冷拉Ⅰ级钢可用作非预应力受拉钢筋，冷拉Ⅱ、Ⅲ、Ⅳ级钢可用作预应力钢筋。

（3）冷拔低碳钢丝

将直径 6.5～8mm 的 Q235（或 Q215）热轧圆盘条，通过拔丝机进行多次强力冷拔加工制成的钢丝。

根据《混凝土结构工程施工质量验收规范》（GB 50204—2015），冷拔低碳钢丝分为甲、乙两个级别，甲级用于预应力钢丝，乙级用作非预应力钢丝，如焊接网、焊接骨架、构造钢筋等。

2）型钢

由钢锭经热轧加工制成具有各种截面的钢材称为型钢（或型材）。按截面形状不同，型钢分有圆钢、方钢、扁钢、六角钢、角钢、工宁钢、槽钢、钢管及钢板等。型钢属钢结构用钢材，不同截面的型钢可按要求制成各种钢构件。型钢按化学成分不同主要有两种：碳素结构钢和低合金结构钢。

（1）角钢

角钢俗称角铁，是两边互相垂直成角形的长条钢材，有等边角钢和不等边角钢之分。角钢广泛用于各种建筑结构和工程结构，如房梁、桥梁、输电塔、起重运输机械、船舶、工业炉、反应塔、容器架以及仓库货架等。等边角钢的两个边宽相等，其规格以边宽×边宽×边厚的毫米数表示，如“30×30×3”。也可用型号表示，型号是边宽的厘米数，如 3＃。角钢可以按照结构的不同需要组成各种不同的受力构件，也可作为构件之间的连接件。以边长的厘米数为号数，一般边长 12.5mm 以上的大型角钢，5～12.5cm 之间的为中型角钢，边长 5cm 以下的为小型角钢。角钢价格结构规律较为难寻，但与建筑钢材、板材基本相同，也是中间组距产品相对便宜，大型、小型角钢价格略贵。角钢的代表规格为 5＃。

（2）槽钢

槽钢是截面为凹槽形的长条钢材。槽钢主要用于建筑结构、车辆制造和其他工业结构，其规格表示方法，如 120×53×5，表示腰高为 120mm，腿宽为 53mm，腰厚为 5mm 的槽钢，或称为 12＃槽钢。腰高相同的槽钢，如有几种不同的腿宽和腰厚也需要在型号右边加 a、b、c 予以区别，如 25＃a、25＃b、25＃c 等。槽钢分普通槽钢和轻型槽钢。热轧普通槽钢的规格为：5＃～40＃，5＃～8＃为小型槽钢，10＃～18＃为中型槽钢，20＃～40＃为大型槽钢。槽钢价格中间组距产品相对便宜，大型、小型槽钢价格略贵。槽钢的代表规格为 25＃。

（3）工字钢

工字钢也成钢梁，是截面为工字型的长条钢材。工字钢广泛用于各种建筑结构、桥梁、车辆、支架、机械等。其规格以腰高（h）×腿宽（b）×腰厚（d）的毫米数表示，如“工 160×88×6。也可用型号表示，型号表示腰高的厘米数，如工 16＃。腰高相同的工字钢，如有几种不同的腿宽和腰厚，需在型号右边加 a、b、c 予以区别，如 25＃a、25＃b、25＃c 等。8＃～18＃为小型工字钢，20＃～63＃为大型工字钢。工字钢价格结构也是中间组距产品相对便宜，大型、小型工字钢价格略贵。工字钢的代表规格为 25＃。

（4）H 型钢

H 型钢是由工字钢优化发展而成的一种断面力学性能更为有两的经济型断面钢材，由其断面与英文字母“H”相近而得名。其特点如下：翼缘宽，侧向刚度大，抗弯能力强；翼缘两表面相互平行使得连接、加工、安装简便。H 型钢的规格用其腰高、翼缘宽度、腹板厚度表示，腰高为 200mm、翼缘宽度为 200mm、腹板厚度为 12mm、翼缘厚度为 15mm 的 H 型钢，规格表示方法为 200×200×12（15）。

（5）冷弯型钢

冷弯型钢是制作轻型钢结构的主要材料，采用钢板或者钢带冷弯成型制成，可以生产用一般热轧方法难以生产的壁厚均匀但截面形状复杂的各种型材和不同材质的冷弯型钢。冷弯型钢除用于各种建筑结构外，还广泛用于车辆制造，农业机械制造等方面。

（6）异型钢

异型钢包括挡圈、马蹄钢、磁极钢、压脚钢、浅槽钢、小槽钢、丁字钢、球扁钢、送布牙钢、热轧六角钢等，另外还有铆钉钢、农具钢、窗框钢。

3）冷轧钢筋

冷轧带肋钢筋：冷轧带肋钢筋是采用普通低碳钢或低合金钢热轧圆盘条为母材，经冷轧或冷拔减径后在其表面冷轧成具有三面或二面月牙形横肋的钢筋。

钢筋混凝土结构及预应力混凝土结构中的冷轧带肋钢筋，可按下列规定选用：

550 级钢筋宜用作钢筋混凝土结构构件中的受力主筋、架立筋、箍筋和构造钢筋。

650 级和 800 级钢筋宜用作预应力混凝土结构构件中的受力主筋。

另外使用冷轧带肋钢筋的钢筋混凝土结构的混凝土强度等级不宜低于 C20；预应力混凝土结构构件的混凝土强度等级不应低于 C30。

注：处于室内高湿度或露天环境的结构构件，其混凝土强度等级不得低于 C30。

混凝土的强度标准值、强度设计值及弹性模量等应按国家现行《混凝土结构设计规范》（GB 50010—2010）的有关规定采用。

知识点二　建筑钢材的主要技术性能

建筑钢材的主要技术性能包括力学性能和工艺性能。

1. 力学性能

建筑钢材的力学性能主要有拉伸性能、冲击韧性、耐疲劳强度、硬度等。

1）拉伸性能

拉伸是建筑钢材的主要受力形式，包括屈服强度、抗拉强度和伸长率等。拉伸性能是体现钢材性能和选用钢材的重要指标。

将低碳钢制成一定规格的试件，放在材料机上进行拉伸实验。低碳钢的含碳量低，强度较低，塑性较好，其应力-应变曲线（σ-ε 曲线）如图 5-1 所示。从图中可以看出，低碳钢拉伸过程经历弹性阶段（*OA*）、屈服阶段（*AB*）、强化阶段（*BC*）和颈缩阶段（*CD*）四个阶段。

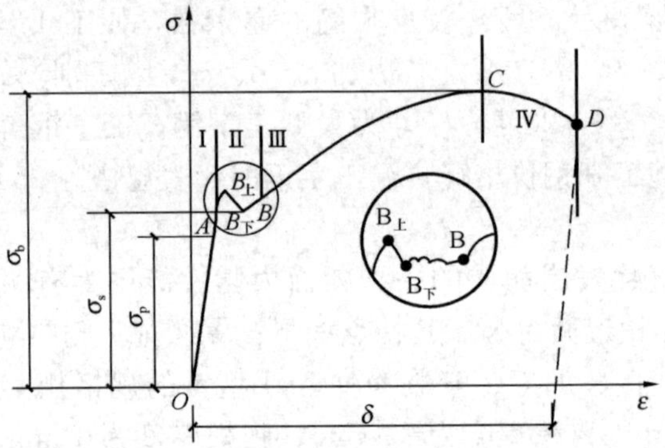

图 5-1　低碳钢拉伸 σ-ε 曲线

（1）弹性阶段（*OA*）

曲线 *OA* 段是一条直线，应变与应力成正比，钢材表现为弹性。当加荷到 *OA* 上任意一点应力 σ，此时产生的应变为 ε，当荷载 σ 卸掉后，应变 ε 将恢复到零。在 *OA* 段，应力和应变的比值称为弹性模量，即 $E=\dfrac{\sigma}{\varepsilon}$，单位为 MPa。与 *A* 点对应的应力称为弹性极限，用 σ_p 表示，单位为 MPa。

（2）屈服阶段（*AB*）

应力超过 *A* 点后，应力与应变不再成正比关系，钢材在荷载作用下，开始丧失对变形的抵抗能力，并产生明显的塑性变形。应力的增长落后于应变的增长，锯齿形的最高点所对应的应力称为上屈服点（$B_上$），最低点所对应的应力称为下屈服点（$B_下$）。下屈服点的应力为钢材的屈服强度，用 σ_s 表示，单位为 MPa。屈服强度是确定结构容许应力的主要依据。

$$\sigma_s=\frac{F_s}{A_0} \tag{5-1}$$

式中　σ_s ——钢材的屈服强度，MPa；

F_s ——钢材拉伸时的屈服荷载，N；

A_0 ——钢材试件的初始横截面积，mm^2。

(3) 强化阶段（BC）

应力超过屈服强度后，由于钢材内部组织中的品格发生了变化，钢材得到强化，所以钢材抵抗塑性变形的能力提高，$B \rightarrow C$ 呈上升趋势，应变随应力的增加而继续增加，C 点的应力称为强度极限或抗拉强度，用 σ_b 表示，单位为MPa。

$$\sigma_b = \frac{F_b}{A_0} \tag{5-2}$$

式中　σ_b——钢材的抗拉强度，MPa；

F_b——钢材拉伸时的极限荷载，N；

A_0——钢材试件的初始横截面积，mm^2。

屈强比 σ_s/σ_b 在工程中很有意义。此值越小，表明结构的可靠性越高，即防止结构破坏的潜力越大；但此值太小时，钢材强度的有效利用率低。合理的屈强比一般在0.60～0.75之间。

(4) 颈缩阶段（CD）

试件受力达到最高点 C 后，其抵抗变形的能力明显降低。钢材的变形速度明显加快，而承载能力明显下降。此时在试件的某一部位，截面急剧缩小，出现颈缩现象，钢材将在此处断裂，故 CD 段称为颈缩阶段。

通过拉伸实验，除能检测钢材屈服强度和抗拉强度等强度指标外，还能检测出钢材的塑性。塑性表示钢材在外力作用下发生塑性变形而不破坏的能力，是钢材的一个重要指标。钢材塑性用伸长率或断面收缩率表示。

2) 冲击韧性

(1) 冲击韧性的含义

冲击韧性为钢材抵抗冲击荷载的能力，用冲击韧性指标 a_k 表示，a_k 越大，钢材韧性越好。

(2) 冲击韧性对钢材性能的影响

钢材的冲击韧性对钢的化学成分、组织状态，以及冶炼、轧制质量都较敏感。

实验表明：冲击韧性随温度的降低而下降，其规律是开始下降缓和，当达到一定温度范围时，突然下降很多而呈脆性，这种性质称为钢材的冷脆性；这时的温度称为脆性临界温度。它的数值越低，钢材的低温冲击性越好。所以在负温下使用的结构，应当选用脆性临界温度较使用温度为低的钢材。由于脆性临界温度的测定工作较复杂，规范中通常是根据气温条件规定－20℃或－40℃的负温冲击值指标。

随时间的延长而表现出强度提高，塑性和冲击韧性下降，这种现象称为时效。因时效而导致性能改变的程度称为时效敏感性。时效敏感性越大的钢材，经过时效以后其冲击韧性的降低越显著。为了保证安全，对于承受动荷载的重要结构，应当选用时效敏感性小的钢材。

3) 耐疲劳强度

钢材在交变荷载反复作用下，可在远小于抗拉强度的情况下突然破坏，这种破坏称为疲劳破坏。钢材的疲劳破坏指标用疲劳强度（或称疲劳极限）来表示，它是指试件在交变应力下，作用 10^6～10^7 周次，不发生疲劳破坏的最大应力值。钢材的疲劳破坏是拉应力引起的。

首先在局部开始形成微细裂纹，其后由于裂纹尖端处产生应力集中而使裂纹迅速扩展直至钢材断裂。因此，钢材的内部成分的偏析和夹杂物的多少以及最大应力处的表面粗糙程度、加工损伤等，都是影响钢材疲劳强度的因素。

疲劳破坏经常突然发生，因而有很大的危险性，往往造成严重事故。在设计承受反复荷载且须进行疲劳验算的结构时，应当了解所用钢材的疲劳强度。

4）硬度

硬度是指钢材抵抗较硬物体压入产生局部变形的能力。测定钢材硬度常用布氏法。

布氏法是用一直径为 D 的硬质钢球，在荷载 P（N）的作用下压入试件表面，经规定的时间后卸去荷载，用读数放大镜测出压痕直径 d，以压痕表面积（mm^2）除荷载 P，即为布氏硬度值 HB。HB 值越大，表示钢材越硬。洛氏法测定的原理与布氏法相似，但系根据压头压入试件的深度来表示硬度值，洛氏法压痕很小，常用于判定工件的热处理效果。如图 5-2 所示。

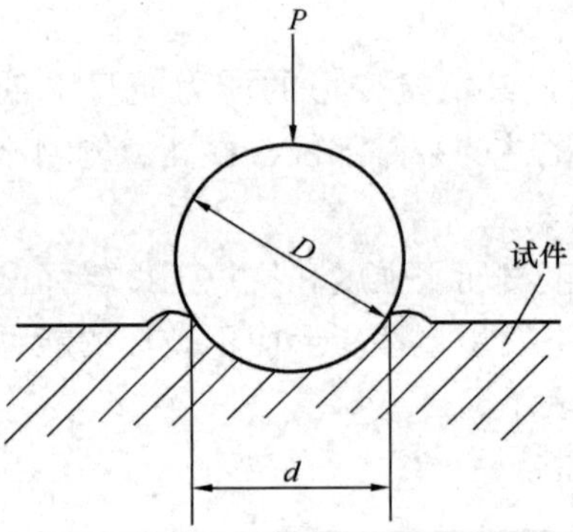

图 5-2　布氏法测定钢材硬度示意图

材料的硬度是材料弹性、塑性、强度等性能的综合反映。实验证明，碳素钢的 HB 值与其抗拉强度 σ_b 之间存在较好的相关关系，当 HB<175 时，$\sigma_b \approx 0.36$HB；当 HB>175 时，$\sigma_b \approx 0.35$HB。根据这些关系，可以通过在钢结构原位上测出钢材的 HB 值来估算钢材的抗拉强度。

2. 工艺性能

钢材在加工过程中所表现出来的性能称为钢材的工艺性能。良好的工艺性能，可使钢材顺利通过各种加工，并保证钢材制品的质量不受影响。冷弯、冷拉、冷拔及焊接性能均是建筑钢材的重要工艺性能。

1）冷弯性能

钢材在常温下承受弯曲变形的能力称为冷弯性能。冷弯性能是通过检验钢材试件按规定的弯曲程度弯曲后，弯曲处外面及侧面有无裂纹、起层、鳞落和断裂等情况进行评定的，若弯曲后，有上述一种现象出现，均可判定为冷弯性能不合格。其测试方法如图 5-3、图 5-4 所示。一般以试件弯曲的角度（α）和弯心直径与试件厚度（或直径）的比值（d/α）来表示。弯曲角度 α 越大，d/α 越小，弯曲后弯曲的外面及侧面没有裂纹、起层、鳞落和断裂的话，说明钢材试件的冷弯性能越好。

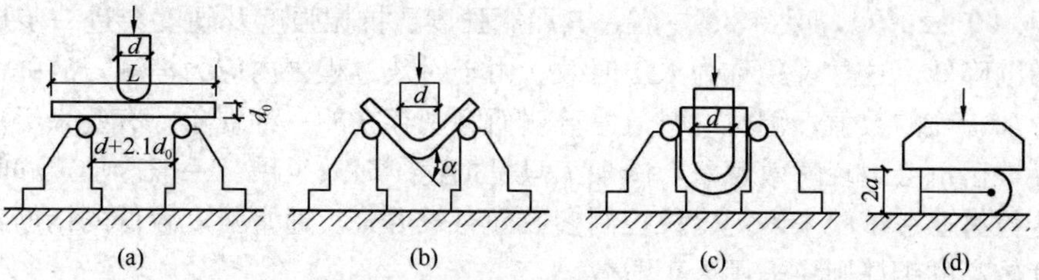

图 5-3　钢筋冷弯

(a) 试件安装；(b) 弯曲 90°；(c) 弯曲 180°；(d) 弯曲至两面重合

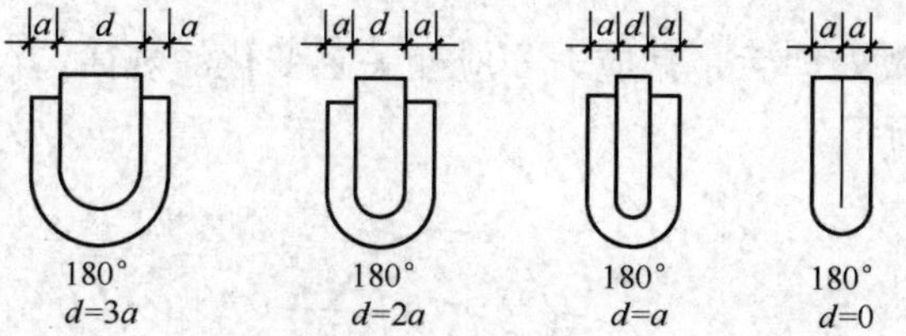

图 5-4　钢材冷弯规定弯心

2）冷加工性能及时效

（1）冷加工强化

将钢材在常温下进行冷加工（如冷拉、冷拔或冷轧），使其产生塑性变形，从而提高屈服强度和硬度，降低塑性和韧性的过程，称为冷加工强化。

建筑工地或预制构件厂常利用该原理对热轧带肋钢筋或热轧光圆钢筋按一定方法进行冷拉、冷拔或冷轧加工，以提高其屈服强度，节约钢材。

① 冷拉：以超过钢筋屈服强度的应力拉伸钢筋，使之伸长，然后缓慢卸去荷载，钢筋经冷拉后，可提高屈服强度，而其塑性变形能力有所降低。冷拉一般采用控制冷拉率法，预应力混凝土用预应力钢筋则宜采用控制冷拉应力法。钢筋经冷拉后，其屈服强度可提高 20%～30%，节约钢材 10%～20%，但塑性、韧性会降低。

② 冷拔：将光圆钢筋通过硬质合金拔丝模孔强行拉拔，每次拉拔断面缩小应在 10%以下。钢筋在冷拔过程中，不仅受拉，同时还受到挤压作用，因而冷拔的作用比纯冷拉作用强烈。经过一次或多次冷拔后的钢筋，表面光洁，屈服强度提高 40%～60%，但塑性和韧性大大降低，具有硬钢的性质。

③ 冷轧：冷轧是将光圆钢筋在轧机上轧成断面形状的钢筋，可以提高其强度及与混凝土的粘结力。钢筋在冷轧时，纵向与横向同时产生变形，因而能较好地保持其塑性和内部结构的均匀性。

建筑工程采用冷加工强化钢筋，具有明显的经济效益。冷加工强化钢筋的屈服点可提高 20%～60%，因此可适当减小钢筋混凝土结构设计截面或减少混凝土中配筋数量，从而达到节省钢材的目的。

（2）时效

钢材随时间的延长，强度、硬度进一步提高，而塑性、韧性下降的现象称为时效。钢材的时效处理有两种：自然时效和人工时效。钢材经冷加工后，在常温下存放 15～20d，其屈服强度、抗拉强度及硬度会进一步提高，而塑性、韧性继续降低，这种现象称为自然时效。

钢材加热至100～200℃，保持2h左右，其屈服强度、抗拉强度及硬度会进一步提高，而塑性及韧性继续降低，这种现象称为人工时效。由于时效过程中内应力消减，故弹性模量可基本恢复到冷加工前的数值。钢材的时效是普遍而客观存在的一种现象，有些未经冷加工的钢材，长期存放后也会出现时效现象，冷加工只是加速了时效发展。一般冷加工和时效同时采用。进行冷拉时通过试验来确定冷拉控制参数和时效方式。通常强度较低的钢筋宜采用自然时效，强度较高的钢筋则应采用人工时效。

因时效而导致钢材性能改变的程度称为时效敏感性，时效敏感性大的钢材，经时效后，其冲击韧性、塑性会降低，所以，对于承受振动、冲击荷载作用的重要钢结构，应选用时效敏感性低的钢材。

钢材经冷加工及时效处理后，其应力—应变关系变化的规律，可明显地在应力—应变图上反映出来，如图5-5所示。

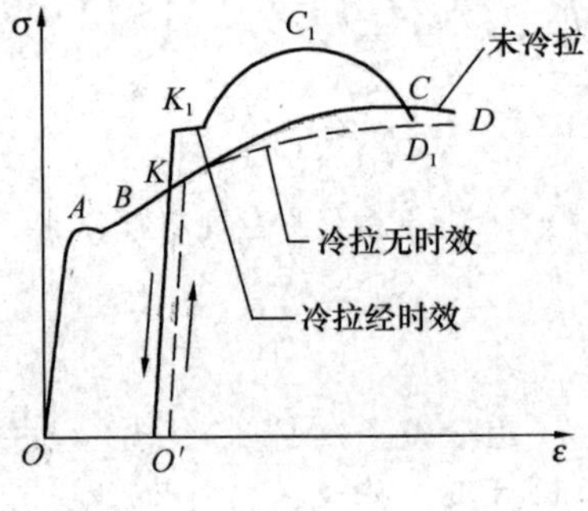

图5-5　钢筋经冷拉时效处理后应力—应变关系的变化

图5-5中，$OABCD$为未经冷拉和时效处理的试件的应力—应变曲线。当试件冷拉至超过屈服强度的任意一点K时，卸去荷载，此时由于试件已产生塑性变形，则曲线沿KO'下降，KO'大致与AO平行。如立即再拉伸，则应力—应变曲线将成为$O'K_1C_1D_1$（虚线）曲线，屈服强度由B点提高到K点。但如在K点卸荷后进行时效处理，然后再拉伸，则应力—应变曲线将成为$O'K_1C_1D_1$曲线，这表明冷拉时效后，屈服强度、抗拉强度提高了，但塑性、韧性却相应降低了。

3）钢材的可焊性

（1）可焊性的意义

焊接是各种型钢、钢板、钢筋的重要连接方式。建筑工程的钢结构有90％以上是焊接结构。焊接结构质量取决于焊接工艺、焊接材料及钢材本身的焊接性能，焊接性能好的钢材，焊口处不易形成裂纹、气孔、夹渣等缺陷；焊接后的焊头牢固，硬脆倾向小，特别是强度不低于原有钢材。

（2）可焊性的影响因素

钢的可焊性主要受化学成分的影响。当C＞0.3％，或含有较多S时，可焊性差。可焊性差的钢，要采取特殊焊接工艺来保证焊接质量。

（3）钢筋焊接应注意的问题

冷拉钢筋的焊接应在冷拉之前进行；焊接部位应清除铁锈、熔渣、油污等；应尽量避免不同国家的进口钢筋之间与国产钢筋之间的焊接。

知识点三 钢的化学成分对钢材性能的影响

钢材的化学成分主要是指碳、硅、锰、硫、磷等，在不同情况下往往还需考虑氧、氮及各种合金元素。

1. 碳是决定钢材性能的主要元素

土木工程用钢材含碳量不大于0.8%。在此范围内，随着含碳量的增加，钢的强度和硬度提高，塑性和韧性下降。但当含碳量大于1.0%时，由于钢材变脆，强度反而下降。

2. 硅、锰

加入硅和锰可以与钢中有害成分FeO和FeS分别形成SiO_2、MnO和MnS而进入钢渣排出，起到脱氧、降硫的作用。当硅在钢中的含量较低（小于1%）时，可提高钢材的强度，而对塑性和韧性影响不明显。

锰是我国低合金钢的主加合金元素，锰含量一般在1%～2%范围内，它的作用主要是使强度提高，锰还能消减硫和氧引起的热脆性，使钢材的热加工性质改善。

3. 硫、磷（有害元素）

硫不溶于铁而以FeS的形式存在，FeS和Fe形成低熔点的共晶体。当钢材温度升至1000℃以上进行热加工时，共晶体熔化，晶粒分离，使钢材沿晶界破裂，这种现象叫做热脆性。

磷能使钢的强度、硬度提高，但显著降低钢材的塑性和韧性，特别是低温状态的冲击韧性下降更为明显，使钢材容易脆裂，这种现象叫做冷脆性。

磷可提高钢的耐磨性和耐腐蚀性，在低合金钢中可配合其他元素作为合金元素使用。

4. 氧、氮（有害元素）

未除尽的氧、氮大部分以化合物的形式存在，如FeO、Fe_4N等。这些非金属化合物、夹杂物降低了钢材的强度、冷弯性能和焊接性能。氧还使钢的热脆性增加，氮使冷脆性及时效敏感性增加。

5. 钛、钒、铌

钢的强脱氧剂和合金元素。能改善钢的组织、细化晶粒、改善韧性，并显著提高强度。

在有铝、妮、钒等的配合下，氮可作为低合金钢的合金元素使用。

知识点四 钢材的锈蚀与防止

1. 建筑钢材的锈蚀的含义

钢材的锈蚀指其表面与周围介质发生化学反应而遭到的破坏。锈蚀可发生于许多引起锈蚀的介质中，如湿润空气、土壤、工业废气等，温度提高，锈蚀加速。

根据钢材表面与周围介质的不同作用，锈蚀可分为化学锈蚀、电化学锈蚀两类。

2. 建筑钢材锈蚀的防止

钢结构防止锈蚀的方法通常是采用表面刷漆、常用底漆有红丹、环氧富锌漆、铁红环氧底漆等，面漆有灰铅油、醇酸磁漆、酚醛磁漆等。薄壁钢材可采用热浸镀锌或镀锌后加涂塑料涂层。

混凝土配筋的防锈，主要是通过限制水灰比和水泥用量，加强施工管理，以保证混凝土的密实性，保证足够的保护层厚度以及限制氯盐外加剂的掺用量等方法进行。除此之外，还有掺用防锈剂（加重铬酸盐等）的方法，国外也有采用钢筋镀锌、镀镉或镀镍等方法。

知识点五　建筑钢材取样

1. 热轧钢筋

(1) 组批规则

以同一牌号、同一炉罐号、同一交货状态，不超过60t为一批。

(2) 取样方法

① 拉伸检验：任选两根钢筋切取，两个试样，试样长500mm。

② 冷弯检验：任何两根钢筋切取两个试样，试样长度按下式计算：

$$L = 1.55 \times (a + d) + 140\text{mm} \tag{5-3}$$

式中　L——试样长度；

a——钢筋公称直径；

d——弯曲试验的弯心直径。

在切取试样时，应将钢筋端头的500mm去掉后再切取。

2. 低碳钢热轧圆盘条

(1) 组批规则

以同一牌号、同一炉罐号、同一交货状态，不超过60t为一批。

(2) 取样方法

① 拉伸检验：任选一盘，从该盘的任一端切取一个试样，试样长500mm。

② 弯曲检验：任选两盘，从每盘的任一端各切取一个试样，试样长200mm。

在切取试样时，应将端头的500mm去掉后再切取。

3. 冷拔低碳钢丝

(1) 组批规则

甲级钢丝逐盘检验，乙级钢丝以同直径5t为一批任选三盘检验。

(2) 取样方法

从每盘上任一端截去不少于500mm后，再取两个试样一个拉伸，一个反复弯曲，拉伸试样长500mm，反复弯曲试样长200mm。

4. 冷轧带肋钢筋

① 冷轧带肋钢筋的力学性能和工艺性能应逐盘检验，从每盘任一端截去500mm以后，取两个试样，拉伸试样长500mm，冷弯试样长200mm。

② 对成捆供应的550级冷轧带肋钢筋应逐捆检验。从每捆中同一根钢筋上截取两个试样，其中，拉伸试样长500mm，冷弯试样长250mm。如果检验结果有一项达不到标准规定，应从该捆钢筋中取双倍试样进行复检。

任务1　钢材拉伸性能检测

学习目标

1. 掌握测定低碳钢的屈服强度、抗拉强度与伸长率的方法。

2. 熟悉拉力与变形之间的变化规律，确定应力与应变之间的关系曲线，评定钢筋的强度等级。

知识要点

1. 钢材强度

钢材强度可分为抗拉强度、抗压强度、弯曲强度和剪切强度等几种。通常以抗拉强度作为最基本的强度值。

2. 低碳钢的抗拉强度

（1）钢材拉伸经历的四个阶段（图 5-1）

从图 5-1 中可以看出，低碳钢受拉经历了四个阶段：弹性阶段、屈服阶段、强化阶段和颈缩阶段。

在钢材的应力应变曲线中存在几个重要的极限：比例极限、弹性极限（σ_p）、屈服极限（σ_s）、强度极限（σ_b）。屈服极限是结构设计中的钢材强度的取值依据。

（2）屈服点（屈服强度 σ_s）

① 钢材或试样在拉伸时，当应力超过弹性极限，即使应力不再增加，而钢材或试样仍继续发生明显的塑性变形，称此现象为屈服，而产生屈服现象时的最小应力值即为屈服点（屈服强度 σ_s）。

② 屈服强度（$\sigma_{0.2}$）。有的金属材料的屈服点不明显，在测量上有困难，因此为了衡量材料的屈服特性，规定产生永久残余塑性变形等于一定值（一般为原长度的 0.2%）时的应力，称为条件屈服强度或简称屈服强度 $\sigma_{0.2}$。

3. 抗拉强度（$\boldsymbol{\sigma_b}$）

材料在拉伸过程中,从开始到发生断裂时的最大应力值。它表示钢材抵抗断裂的能力大小。

4. 伸长率（$\boldsymbol{\delta_s}$）

材料在断拉后，其塑性伸长的长度与原试样长度的百分比称伸长率或延伸率（图 5-6）。

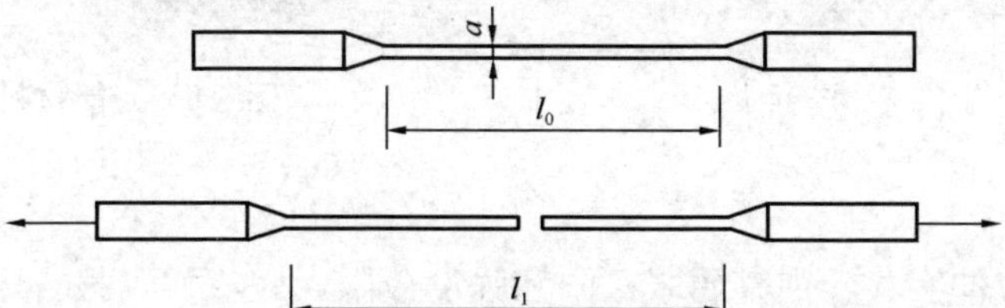

图 5-6　伸长率计算示意图

伸长率表示钢材塑性的大小，是评定钢材质量的重要指标，计算公式如下：

$$\delta_s = \frac{l_1 - l_0}{l_0} \times 100\% \tag{5-4}$$

式中　δ_s ——伸长率；

l_1 ——试件断后标距；

l_0 ——试件原始标距。

5. 屈强比（$\boldsymbol{\sigma_s / \sigma_b}$）

① 钢材的屈服点（屈服强度）与抗拉强度的比值，称屈强比。

钢材屈强比（σ_s/σ_b）小，钢材塑性好，应力重分布能力强，用于结构的安全性高，但屈强比过小，不经济。屈强比越大，结构零件的可焊性越高，一般碳素钢屈强比为 0.6～0.65，低合金结构钢为 0.65～0.75，合金结构钢为 0.84～0.86。

② 屈服强度和抗拉强度的合理比值。

框架结构：纵向受力钢筋的强度应满足设计要求。当设计无具体要求时，对于一、二级抗震等级钢筋的抗拉强度实测值与屈服强度实测值的比值不应小于 1.25，钢筋屈服强度实测值与强度标准值的比值不应大于 1.3，其目的是为了保证在地震作用下，结构某些部位出现塑性铰以后，钢筋还具有足够多的变形能力。比值越小，能反映钢材受力超过屈服点工作的可靠性越大，所以结构的安全性也就越高。但比值太小的话，就说明钢材不能有效的、充分的利用，而造成钢材的浪费。建筑钢材合理的比值一般也就是 0.6～0.75，如果大于 1.3，就会影响结构的安全使用，在地震的时候，它的节点处会很薄弱。

钢筋屈服以后虽然强度提高，但是由于屈服阶段钢筋的应力不增加而应变增加，因此变形或裂缝宽度已经很大了，影响正常使用。

屈服强度表示钢材的弹性变形，在这个范围内，钢材没有受到破坏，不是永久性变形。而屈服强度以上，钢材产生了塑性变形，强度次第降低，产生了永久性变形，直至破坏。

主要仪器

游标卡尺（图 5-7）、万能材料试验机（图 5-8）。

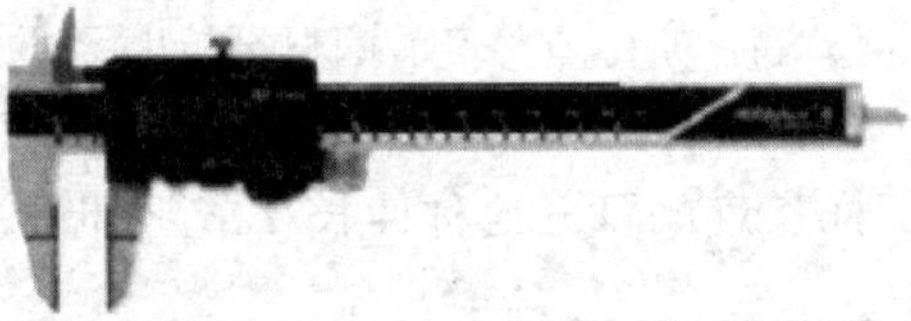

图 5-7　游标卡尺

图 5-8　万能材料试验机

任务要求

对低碳钢进行拉伸实验，观察屈服极限和强度极限，完成实验报告，见表 5-1。

表 5-1　钢材拉伸实验

试验日期：________ 气温/室温：________ 湿度：________

（1）实验仪器

____

（2）实验记录

钢材类型：________________

钢筋拉伸实验记录表

	公称直径（mm）	截面面积（mm^2）	屈服荷载（N）	极限荷载（N）	屈服点 σ_S（MPa）		抗拉强度 σ_b（MPa）	
					测定值	平均值	测定值	平均值
屈服点和抗拉强度测定								

续表

伸长率测定	公称直径（mm）	原始标距长度（mm）	拉断后标距长度（mm）	拉伸长度（mm）	拉伸率（%）	
					测定值	平均值
（3）实验结论						

检测步骤

1. 工作条件

（1）实验条件

实验一般在室温 10～35℃范围内进行。对温度要求严格的试验，试验温度应为（23 ± 5)℃。

（2）试样制备

试样的形状与尺寸取决于要被实验的金属产品的形状与尺寸。通常从产品、压制坯或铸锭切取样坯经机加工制成试样。但具有恒定横截面的产品（型材、棒材、线材等）和铸造试样（铸铁和铸造非铁合金）可以不经机加工而进行实验。矩形横截面试样，推荐其宽厚比不超过 8∶1。

（3）检测依据

《碳素结构钢》(GB/T 700—2006)。

《金属材料 拉伸试验第 1 部分：室温试验方法》(GB/T 228.1—2010)。

《金属材料 弯曲试验方法》(GB/T 232—2010)。

2. 测定工作过程

（1）实验原理及方法

根据试件所受拉力与对应的变形之间的关系，测定低碳钢筋的屈服强度、抗拉强度，根据试件拉断后的长度与标距长度之间的关系，测定低碳钢筋的伸长率。

将标准试件放在拉力机上，按规定的加载速度逐渐施加拉力，直至拉断为止。观察由于这个荷载的作用所产生的弹性和塑性变形，并记录拉力值。

（2）实验步骤

① 调整试验机测力度盘的指针，使其对准零点，并拨动副指针，使之与主指针重合。

② 将试件固定在试验机夹具内，开动试验机开始拉伸，屈服前应力增加速度为 10MPa/s；屈服后只需测定抗拉强度时，试验机活动夹头在荷载下的移动速度不宜大于 $0.5L_c$/min，直到试件拉断。L_c 为试件两夹头之间的距离，如图 5-9 所示。

③ 在拉伸过程中，测力度盘的指针停止转动时的恒定荷载，或指针回转后的最小荷载，即为所求的屈服点荷载 F_s（N）。

④ 向试件继续加荷直至试件拉断，读出最大荷载 F_b（N）。

⑤ 测量试件拉断后的标距长度 L_1。将已拉断的试件两端在断裂处对齐，尽量使其轴线

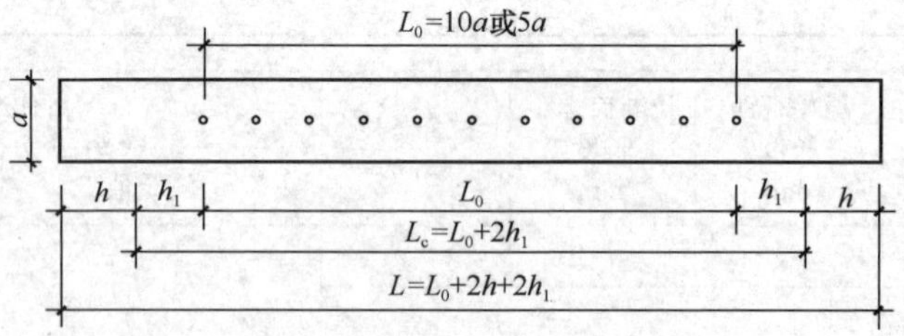

图 5-9　钢筋拉伸实验试件

a 一试样原始直径；L_0 一标距长度；h_1 一取（0.5～1）a；h 一夹具长度

位于同一条直线上。如拉断处距离邻近标距端点大于 $L_0/3$ 时，可用游标卡尺直接量出 L_1。如拉断处距离邻近标距端点等于 $1/3L_0$时，可按下述移位法来确定 L_1。

在长段上从拉断处 O 点取基本等于短段格数，得到 B 点；接着取等于长段所余格数（偶数）之半，如图 5-10（a）所示，得到 C 点；或者取所余格数（奇数），减 1 与加 1 之半得到 C 点与 C_1点，如图 5-10（b）所示。移位后的 L_1分别为 $AO+BO+2BC$ 或者 $AO+OB+BC+BC_1$。

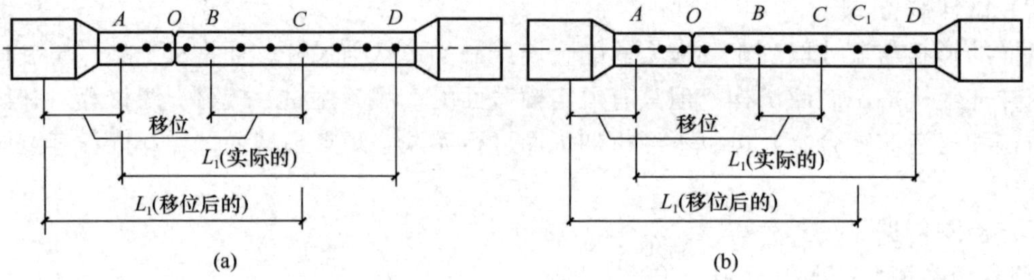

图 5-10　用移位法计算标距

（a）剩余段格数为偶数时；（b）剩余段格数为奇数时

3. 实验结果处理

实验出现下列情况之一，其实验结果无效，应重做同样数量试样的实验。

① 试样断在标距外或断在机械刻划的标距标记上，而且断后伸长率小于规定最小值。

② 实验期间设备发生故障，影响了实验结果。

实验后试样出现两个或两个以上的缩颈以及显示出肉眼可见的冶金缺陷（例如分层、气泡、夹渣、缩孔等），应在实验记录和报告中注明。

注意事项

1. 可以使用自动装置（例如微处理机等）或自动测试系统测定屈服强度 σ_s 和抗拉强度 σ_b。
2. 试件应对准夹头的中心。
3. 试件标距部分长度不得夹入钳口中，试件被夹长度不小于钳口的 2/3。

任务 2　钢材冷弯性能检测

学习目标

掌握测定钢筋在冷加工时的弯曲变形能力，判断其缺陷情况，评定钢筋质量是否合格。

知识要求

1. 钢材冷弯性能的含义和测定方法

① 冷弯性能是指钢材在常温下承受弯曲变形的能力，是建筑钢材的重要工艺性能。

② 钢材的冷弯性能指标是用弯曲角度和弯心直径对试件厚度（直径）额比值来衡量的。试验时采用的弯曲角度越大，弯心直径对试件厚度（直径）的比值越小，表示对冷弯性能的要求越高。

③ 钢材的冷弯性能和伸长率都是塑性变形能力的反映。

2. 冷弯性能不良的原因和预防措施

冷弯性能不良的原因：钢筋含碳量过高，或其他化学成分含量不合适，引起塑性性能偏低；钢筋轧制有缺陷，如表面有裂缝、结疤或折叠。

预防措施：通过出厂证明书或实验报告单以及钢筋外观检查，一般无法预先发现钢筋冷弯性能优劣，因此，只有通过冷弯实验说明该性能不合格时才能确定冷弯性能不良，在这种情况下，应通过供料单位告知钢筋生产厂引起注意。

【主要仪器】

压力机或万能试验机。

【任务要求】

对每批钢筋中任选两根钢筋取试样做冷弯实验，完成实验报告单，见表 5-2。

表 5-2　钢材冷弯实验

实验日期：______________气温/室温：______________湿度：____________

（1）主要仪器设备及规格型号：________________________________

（2）实验记录

钢材类型：________________

钢材冷弯性能实验记录表

试件编号	钢材型号	钢材直径（mm）	冷弯角度	弯心直径与钢材直径的比值	冷弯后钢材的表面状况	冷弯性能是否合格
1						
2						

（3）实验结论

____

检测步骤

1. 测定方法

（1）实验原理及方法

常温条件下将标准试件放在拉力机的弯头上，逐渐施加荷载，观察试件绕一定弯心弯曲至规定角度时，其弯曲处外表面是否有裂纹、起皮、断裂等现象。

（2）实验标准

冷弯实验按《金属材料弯曲试验方法》（GB/T 232—2010）进行。

2. 工作条件

① 钢筋冷弯试件不得进行车削加工，试件长度通常为 $5a+150\text{mm}$。

② 冷弯实验的实验温度必须符合有关标准规定。整个测试过程应在 10～35℃的室温范围内进行。

③ 支辊长度应不大于试样宽度或直径，支辊半径应为 1～10 倍试样厚度，支辊间的距离可以调节，支辊应具有足够的硬度，支辊间距离应按照下式确定：

$$l=(d+3a)\pm 0.5a \tag{5-5}$$

此距离在实验期间应保持不变。

④ 试样长度应根据试样厚度和所使用的实验设备确定：

$$L=0.5\pi(d+a)+140\text{mm} \tag{5-6}$$

3. 测定工作过程（图 5-3）

① 将试样放置于两个支点上，将一定直径弯心在试样两个支点中间施压力，使试样弯曲到规定的角度或出现裂纹、裂缝、断裂为止。

② 试样在两个支点上按一定弯心直径弯曲至两臂平行时，可一次完成实验，亦可先弯曲然后放置在试验机平板之间继续施压力，压至试样两臂平行。此时可以加与弯心直径相同尺寸的衬垫进行实验。

③ 当试样需要弯曲至两臂时，然后放置在两平板间继续施加压力，直至两臂接触为止。

④ 实验时应在平稳压力作用下，缓慢施加实验力。

⑤ 弯心直径必须符合有关规定，弯心宽度必须大于试样的宽度或直径。两支辊间距离为（$d+2.5a$）$\pm 0.5a$，并且在实验过程中不允许有变化。

注意事项

1. 钢筋冷弯试件不得进行车削加工。
2. 实验应在平稳压力作用下缓慢施加实验压力。

小　　结

钢材是建筑工程中最重要的材料之一。

钢材具有强度高，塑性及韧性好，可焊可铆，易于加工，便于装配等特点，广泛应用于工业各领域。

建筑钢材的技术性能主要包括力学性能和工艺性能。力学性能有抗拉冲击韧性、疲劳强度和硬度等；工艺性能有钢材冷弯、冷加工及时效处理和钢材的焊接。低碳钢的拉伸破坏过程分为弹性、屈服、强化和颈缩 4 个阶段。延伸率和冷弯性是衡量钢材塑性的指标，钢材通过冷加工时效处理，可提高钢材的强度，但塑性和韧性下降。

自测练习

1. 钢材有哪几类分类方法？
2. 钢材中的化学成分对其性能有何影响？
3. 钢锈蚀的原因是什么，怎样预防？
4. 冷弯性能如何评定？它表示钢的什么性质？什么是可焊性？
5. 从一批钢筋中抽样，并截取两根钢筋做拉伸，测得如下结果：屈服下限荷载分别为 42.4kN、42.8kN；抗拉极限荷载分别为 62.0kN、63.4kN，钢筋公称直径为 12mm，标距为 60mm，拉断时长度分别为 70.6mm 和 71.4mm，评定其级别？说明其利用率及使用中安全可靠程度如何？

项目6　墙体材料性能检测

学习目标

1. 掌握普通砖、混凝土小型砌块的基本概念。

2. 掌握普通砖、混凝土小型砌块性能检测的方法、适用范围、仪器设备、检测结果表示与评定、检测报告内容。

能力目标

1. 能够抽取普通砖、混凝土小型砌块检测的试样。

2. 能够对普通砖、混凝土小型砌块的常规检测项目进行检测，准确读取检测数据。

相关理论知识

知识点一　墙体材料概述

墙体在建筑中起着承重、围护、隔断、防水、保温、隔声等作用。墙体材料是房屋建筑的主要围护材料和结构材料，其用量占砖混结构房屋所用材料的首位，是建筑材料中用量最大的一类材料，按照重量计算在一般民用建筑中可达70%以上。

墙体材料种类繁多，可分为砌体结构墙体和墙板结构墙体两大类，其中砌体结构墙体的应用历史久远，到目前为止仍然是主要的墙体组成材料，砌体的主要类型为砖和砌块。其中普通烧结黏土砖在我国的使用已有数千年的历史，但由于具有毁田取土、生产能耗大、抗震性能差、块小自重大、自然耗损大、劳动生产率低、不利于施工机械化等缺点，目前，我国已禁止使用烧结黏土实心砖，鼓励利用工农业固体废弃物如粉煤灰、煤矸石、污泥、工业副产石膏等生产轻质高强多功能的新型环保墙体材料。另外，砌块作为一种新型墙体材料，可以充分利用地方资源和工业废渣，节省黏土资源和改善环境，具有生产简单，原料来源广，适应性强等特点，因此发展较快。

知识点二　砌墙砖

砌墙砖按生产工艺不同分成烧结砖和非烧结砖。烧结砖在我国已经有两千多年的历史，现在仍是一种很广泛的墙体材料。

砖的种类很多，按所用原材料分为黏土砖、页岩砖、煤矸石砖、粉煤灰砖、灰砂砖和炉渣砖等；按生产工艺可分为烧结砖和非烧结砖，其中非烧结砖又可分为压制砖、蒸养砖和蒸压砖等；按有无孔洞可分为空心砖和实心砖。

1. 烧结普通砖

烧结砖：凡以黏土、页岩、煤矸石或粉煤灰为原料，经成型和高温焙烧而制得的用于砌筑承重和非承重墙体的砖统称为烧结砖。

烧结砖包括烧结普通砖、烧结多孔砖及烧结空心砖。

根据原料不同分为烧结黏土砖、烧结粉煤灰砖、烧结页岩砖等。

根据《烧结普通砖》（GB 5101—2003）规定，其主要技术要求如下：

（1）形状尺寸（图 6-1）

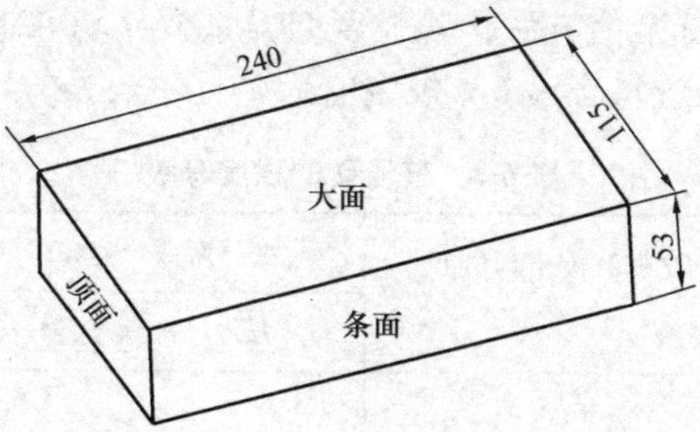

图 6-1　烧结普通砖的尺寸及平面名称示意图（mm）

普通砖为长方体，标准尺寸为 240mm×115mm×53mm，加上 10mm 的灰缝，如果是 240 墙，一个平方 128 片，180 墙 96 片，120 墙 64 片。普通砖的尺寸允许偏差见表 6-1。

表 6-1　普通砖的尺寸允许偏差　mm

公称尺寸	优等品		一等品		合格品	
	样本平均偏差	样本极差≤	样本平均偏差	样本极差≤	样本平均偏差	样本极差≤
240	±2.0	6	±2.5	7	±3.0	8
115	±1.5	5	±2.0	6	±2.5	7
53	±1.5	4	±1.6	5	±2.0	6

（2）外观质量

烧结普通砖的外观质量应符合表 6-2 规定。

表 6-2　普通砖的外观质量要求　mm

项目		优等品	一等品	合格品
两条面高度差　≤		2	3	4
弯曲　≤		2	3	4
杂质凸出高度　≤		2	3	4
缺棱掉角的三个破坏尺寸不得同时大于		5	20	30
裂纹长度≤	a. 大面上宽度方向及其延伸至条面的长度	30	60	80
	b. 大面上长度方向及其延伸至顶面的长度或条顶面上水平裂纹的长度	50	80	100
完整面不少于		二条面、二顶面	一条面、一顶面	—
颜色		基本一致	—	—

注：① 为装饰而施加的色差，凹凸纹、拉毛、压花等不算作缺陷；

② 凡有下列缺陷之一者，不得称为完整面：

a. 缺损在条面或顶面上造成的破坏面尺寸同时大于 10mm×10mm；

b. 条面或顶面上裂纹宽度大于 1mm，其长度超过 30mm；

c. 压陷、粘底、焦花在条面或顶面上的凹陷或凸出超过 2mm，区域尺寸同时大于 10mm×10mm。

（3）强度等级

普通砖的强度等级根据10块砖的抗压强度平均值、标准值或最小值划分，共分为MU30、MU25、MU20、MU15、MU10五个等级，在评定强度等级时，若强度变异系数$\delta \leqslant 0.21$时，采用平均值—标准值方法；若强度变异系数$\delta > 0.21$时，则采用平均值—最小值方法。各等级的强度标准应符合表6-3规定值。

表6-3　普通砖的强度等级　MPa

强度等级	抗压强度平均值 $\bar{f} \geqslant$	变异系数 $\delta \leqslant 0.21$	变异系数 $\delta > 0.21$
		强度标准值 $f_K \geqslant$	单块最小抗压强度 $f_{min} \geqslant$
MU 30	30.0	22.0	25.0
MU 25	25.0	18.0	22.0
MU 20	20.0	14.0	16.0
MU 15	15.0	10.0	12.0
MU 10	10.0	6.5	7.5

（4）抗风化性能

抗风化性能是普通砖重要的耐久性指标之一，对砖的抗风化性能要求应根据各地区的风化程度而定（风化程度的地区划分详见表6-4）。砖的抗风化性能通常用抗冻性、吸水率及饱和系数三项指标划分。抗冻性是指经15次冻融循环后不产生裂纹、分层、掉皮、缺棱、掉角等冻坏现象；且重量损失率小于2%，强度损失率小于规定值。吸水率是指常温泡水24h的重量吸水率。饱和系数是指常温24h吸水率与5h沸煮吸水率之比。

表6-4　我国风化区的划分

严重风化区		非严重风化区		
（1）黑龙江省	（8）青海省	（1）山东省	（7）浙江省	（13）广东省
（2）吉林省	（9）陕西省	（2）河南省	（8）四川省	（14）广西壮族自治区
（3）辽宁省	（10）山西省	（3）安徽省	（9）贵州省	（15）河南省
（4）内蒙古自治区	（11）河北省	（4）江苏省	（10）河南省	（16）云南省
（5）新疆维吾尔自治区	（12）北京市	（5）湖北省	（11）福建省	（17）西藏自治区
（6）宁夏回族自治区	（13）天津市	（6）江西省	（12）台湾地区	（18）上海市
（7）甘肃省		（19）重庆市	（20）香港地区	（21）澳门地区

严重风化区中的1、2、3、4、5等5个地区所用的普通黏土砖，其抗冻性实验必须合格，其他地区可不做抗冻实验。

（5）泛霜

泛霜又称盐析现象，是由于原料中含有的硫、镁等可溶性盐，在砖的使用过程中，这些盐类会逐渐随砖内水分蒸发而在砖表面产生盐析。这些结晶的白色粉状物不仅影响建筑物的外观，常见在砖表面形成絮团状斑点，严重的会起粉、掉角或脱皮，而且结晶的体积膨胀也会引起砖表层的疏松，同时破坏砖与砂浆层之间的粘结。

(6) 石灰爆裂

原料中若夹带石灰或内燃料（粉煤灰、炉渣）中带入 CaO，在高温熔烧过程中生成过火石灰。过火石灰在砖体内吸水膨胀，导致砖体膨胀破坏，这种现象称为石灰爆裂。

石灰爆裂对砖砌体影响较大，轻者影响外观，重者将使砖砌体强度降低直至破坏。GB 5101—2003 规定，优等品不允许出现最大破坏尺寸大于 2mm 的爆裂区域；一等品不允许出现最大破坏尺寸大于 10mm 的爆裂区域；合格品中每组砖样 2～15mm 的爆裂区不得大于 15 处，其中 10mm 以上的区域不多于 7 处，且不得出现大于 15mm 的爆裂区。

普通砖的泛霜及石灰爆裂的技术标准见表 6-5。

表 6-5　普通砖的泛霜及石灰爆裂的技术标准

项目	优等品	一等品	合格品
泛霜	无泛霜	不允许出现中等泛霜	不允许出现严重泛霜
石灰爆裂	不允许出现最大破坏尺寸＞2mm 的爆裂区	① 不得出现最大破坏尺寸＞10mm 的爆裂区； ② 每组砖样最大破坏尺寸为 2～15mm 的爆裂区不得多于 15 处	① 每组砖样最大破坏尺寸为 2～15mm 的爆裂区不得多于 15 处，其中＞10mm 的不得多于 7 处； ② 不得有最大破坏尺寸＞15mm 的爆裂区
其他	不允许出现欠火砖、酥砖和螺纹砖		

普通砖即有一定的强度，又有较好的隔热、隔声性能，冬季室内墙面不会出现结露现象，而且价格低廉。虽然不断出现各种新的墙体材料，但烧结砖在今后一段时间内，仍会作为一种主要材料用于砌筑工程中。

普通砖可用于建筑维护结构，砌筑柱、拱、烟囱、窑身、沟道及基础等。可与轻集料混凝土、加气混凝土、岩棉等隔热材料配套使用，砌成两面为砖、中间填以轻质材料的轻体墙。可在砌体中配置适当的钢筋或钢筋网成为配筋砌筑体，代替钢筋混凝土柱、过梁等。

普通砖优等品用于清水墙的砌筑，一等品、合格品可用于混水墙的砌筑。中等泛霜的砖不能用于潮湿部位。

2. 烧结多孔砖和烧结空心砖

烧结多孔砖与烧结空心砖是以黏土、页岩、煤矸石等为主要原料，经成型、焙烧而成。孔洞率不小于 15%的称多孔砖；孔洞率等于或大于 35%的称空心砖。

与烧结普通砖相比，烧结多孔砖与烧结空心砖具有以下优点：节省黏土 20%～30%；节约燃料 10%～20%；提高工效 40%；节约砂浆，降低造价 20%；减轻墙体自重 30%～35%；改善墙体的绝热和吸声性能。

1) 烧结多孔砖

根据《烧结多孔砖和多孔砌块》(GB 13544—2011) 规定，其主要技术要求如下。

(1) 形状与规格尺寸

烧结多孔砖的孔洞小而孔数多，孔洞方向与受压方向一致。其砖型及孔径的规定见表 6-6。

表 6-6　烧结多孔砖尺寸允许偏差　　mm

尺　寸	样本平均偏差	样本极差≤
>400	±3.0	10.0
300～400	±2.5	9.0
200～300	±2.5	8.0
100～200	±2.0	7.0
<100	±1.5	6.0

（2）外观质量

烧结多孔砖的外观质量应符合表 6-7 的要求。

表 6-7　烧结多孔砖的外观质量　　mm

项　目		指标
1. 完整面	不得少于	一条面和一顶面
2. 缺棱掉角的三个破坏尺寸	不得同时大于	30
3. 裂纹长度		
① 大面（有孔面）上深入孔壁 15mm 以上宽度方向及其延伸到条面的长度	不大于	80
② 大面（有孔面）上深入孔壁 15mm 以上长度方向及其延伸到顶面的长度	不大于	100
③ 条顶面上的水平裂纹	不大于	100
4. 杂质在砖或砌块面上造成的凸出高度	不大于	5

注：凡有下列缺陷之一者，不能称为完整面：

① 缺损在条面或顶面上造成的破坏面尺寸同时大于 20mm×30mm；

② 条面或顶面上裂纹宽度大于 1mm，其长度超过 70mm；

③ 压陷、焦花、粘底在条面或顶面上的凹陷或凸出超过 2mm，区域最大投影尺寸同时大于 20mm×30mm。

（3）密度等级

密度等级应符合表 6-8 的规定。

表 6-8　密度等级　　kg/m^3

密度等级	三块砖干燥表观密度平均值
—	≤900
1000	900～1000
1100	1000～1100
1200	1100～1200
1300	1200～1300

（4）强度等级

烧结多孔砖按抗压强度分为 MU30、MU25、MU20、MUl5、MU10 五个强度等级，强度指标见表 6-9。

表 6-9　烧结多孔砖的强度等级　　MPa

强度等级	抗压强度平均值 $\overline{f}$≥	强度标准值 f_k≥
MU30	30.0	22.0
MU25	25.0	18.0
MU20	20.0	14.0
MU15	15.0	10.0
MU10	10.0	6.5

（5）孔型孔结构及孔洞率

孔型孔洞率及孔洞排列应符合表 6-10 的规定。

表 6-10　孔型孔结构及孔洞率

孔型	孔洞尺寸（mm）		最小外壁厚（mm）	最小肋厚（mm）	孔洞率（%）	孔洞排列
	孔宽度尺寸 b	孔长度尺寸 L				
矩型条孔或矩型孔	≤13	≤40	≥12	≥5	≥28	1. 所有孔宽应相等，孔采用单向或双向交错排列；2. 孔洞排列上下、左右应对称，分布均匀，手抓孔的长度方向尺寸必须平行于砖的条面

注：① 矩型孔的孔长 L、孔宽 b 满足式 $L \geqslant 3b$ 时，为矩型条孔；
② 孔四个角应做成过渡圆角，不得做成直尖角；
③ 如没有砌筑砂浆槽，则砌筑砂浆槽不计算在孔洞率内；
④ 规格大的砖和砌块应设置手抓孔，手抓孔尺寸为（30～40）mm×（75～85）mm。

（6）泛霜

每块砖不允许出现严重防霜。

（7）石灰爆裂

① 破坏尺寸大于 2mm 且小于或等于 15mm 的爆裂区域，每组砖不得多于 15 处。其中大于 10mm 的不得多于 7 处。

② 不允许出现破坏尺寸大于 15mm 的爆裂区域。

（8）抗风化性能

严重风化区中的 1、2、3、4、5 地区的砖必须进行冻融实验，其他地区砖的抗风化性能符合表 6-11 规定时可不做冻融实验，否则必须进行冻融实验。冻融实验后，每块砖样不允许出现裂纹、分层、掉皮、缺棱掉角等冻坏现象。

表 6-11　烧结多孔砖的抗风化性能

项目砖种类	严重风化区				非严重风化区			
	5h 沸煮吸水率，%≤		饱和系数≤		5h 沸煮吸水率，%≤		饱和系数≤	
	平均值	单块最大值	平均值	单块最大值	平均值	单块最大值	平均值	单块最大值
黏土砖	21	23	0.85	0.87	23	25	0.88	0.90
粉煤灰砖	23	25			30	32		
页岩砖	16	18	0.74	0.77	18	20	0.78	0.80
煤矸石砖	19	21			21	23		

注：粉煤灰掺入量（体积比）小于 30%时按黏土砖规定判定。

（9）产品中不允许有欠火砖、酥砖

2）烧结空心砖

根据《烧结空心砖和空心砌块》（GB/T 13545—2014）规定，主要技术要求如下。

（1）尺寸允许偏差

尺寸允许偏差应符合表 6-12 的规定。

表 6-12　烧结空心砖和尺寸允许偏差　mm

尺　寸	样本平均偏差	样本极差≤
>300	±3.0	7.0
>200～300	±2.5	6.0
100～200	±2.0	5.0
<100	±1.7	4.0

（2）外观质量

外观质量应符合表 6-13 的规定。

表 6-13　烧结空心砖的外观质量

项　目		指　标
1. 弯曲	≤	4
2. 缺棱掉角的三个破坏尺寸	不得同时>	30
3. 垂直度差	≤	4
4. 未贯穿裂纹长度		
① 大面上宽度方向及其延伸到条面的长度	≤	100
② 大面上长度方向或条面上水平方向的长度	≤	120
5. 贯穿裂纹长度		
① 大面上宽度方向及其延伸到条面的长度	≤	40
② 壁、肋沿长度方向、宽度方向及其水平方向的长度	≤	40
6. 肋、壁内残缺长度	≤	40
7. 完整面	不少于	一条面或一大面

注：凡有下列缺陷之一者，不能称为完整面：

① 缺损在大面、条面上造成的破坏面尺寸同时大于 20mm×30mm；

② 大面、条面上裂纹宽度大于 1mm，其长度超过 70mm；

③ 压陷、粘底、焦花在大面、条面上的凹陷或凸出超过 2mm，区域尺寸同时大于 20mm×30mm。

（3）强度

强度应符合表 6-14 的规定。

表 6-14　烧结空心砖的强度等级　MPa

强度等级	抗压强度平均值 $\bar{f}$≥	变异系数 δ≤0.21	变异系数 δ>0.21
		强度标准值 f_k≥	单块最小抗压强度值 f_{min}≥
MU10.0	10.0	7.0	8.0
MU7.5	7.5	5.0	5.8
MU5.0	5.0	3.5	4.0
MU3.5	3.5	2.5	2.8

（4）密度

密度应符合表 6-15 的规定。

表 6-15　烧结空心砖的密度等级　　kg/m^3

密度等级	五块体积密度平均值
800	≤800
900	801～900
1000	901～1000
1100	1001～1100

（5）孔洞及其结构

孔洞及其排数应符合表 6-16 的规定。

表 6-16　烧结空心砖的孔洞排列及其结构

孔洞排列	孔洞排数/排		孔洞率/%	孔型
	宽度方向	高度方向		
有序或交替排列	b≥200mm　≥4 b<200mm　≥3	≥2	≥40	矩形孔

注：b 为宽度的尺寸。

（6）泛霜

每块空心砖不允许出现严重泛霜。

（7）石灰爆裂

每组空心砖应符合下列规定：

① 最大破坏尺寸大于 2mm 且小于等于 15mm 的爆裂区域，每组空心砖不得多于 10 处，其中大于 10mm 的不得多于 5 处。

② 不允许出现最大破坏尺寸大于 15mm 的爆裂区域。

（8）抗风化性能

风化区的划分见表 6-4。

严重风化区中的 1、2、3、4、5 地区的砖必须进行冻融实验，其他地区砖的抗风化性能符合表 6-17 规定时可不做冻融实验，否则必须进行冻融实验。

表 6-17　烧结空心砖的抗风化性能

产品类别	项　目							
	严重风化区				非严重风化区			
	5h 沸煮吸水率（%）≤		饱和系数≤		5h 沸煮吸水率（%）≤		饱和系数≤	
	平均值	单块最大值	平均值	单块最大值	平均值	单块最大值	平均值	单块最大值
粘土砖	21	23	0.85	0.87	23	25	0.88	0.90
粉煤灰砖	23	25			30	32		
页岩砖	16	18	0.74	0.77	18	20	0.78	0.80
煤矸石转	19	21			21	23		

注：① 粉煤灰掺入量（质量分数）小于 30%时按黏土空心砖规定判定；

② 淤泥、建筑渣土及其他固体废弃物掺入量（质量百分数）小于 30%时按相应产品类别规定判定。

(9) 欠火砖、酥砖

产品中不允许有欠火砖、酥砖。

3. 蒸压(养)砖

蒸压(养)砖属于硅酸盐制品。是以砂子、粉煤灰、煤矸石、炉渣、页岩和石灰加水拌合成型,经蒸压(养)而制得的砖。根据所用原材料不同有灰砂砖、粉煤灰砖、煤渣砖等。

(1) 蒸压灰砂砖

蒸压灰砂砖(简称灰砂砖)是以石灰和砂为主要原料,经配料制备、压制成型、蒸压养护而成的实心砖或空心砖。

根据国家标准(GB 11945—1999)规定,灰砂砖的尺寸为240mm×115mm×53mm,按抗压强度和抗折强度分为MU25、MU20、MUl5、MU10四个强度等级,见表6-18。根据尺寸偏差和外观质量划分为优等品(A)、一等品(B)和合格品(C)三个质量等级。

灰砂砖与其他墙体材料相比,强度较高,蓄热能力显著,隔声性能十分优越,属于不可燃建筑材料,可用于多层混合结构的承重墙体,其中MUl5、MU20、MU25灰砂砖可用于基础及其他部位,MU10可用于防潮层以上的建筑部位。长期在高于200℃下,受急冷、急热或有酸性介质的环境禁止使用蒸压灰砂砖。

表6-18 灰砂砖的强度等级 MPa

强度等级	抗压强度		抗折强度	
	平均值≥	单块值≥	平均值≥	单块值≥
MU25	25.0	20.0	5.0	4.0
MU20	20.0	16.0	4.0	3.2
MU15	15.0	12.0	3.3	2.6
MU10	10.0	8.0	2.5	2.0

(2) 蒸压(养)粉煤灰砖

蒸压(养)粉煤灰砖是以粉煤灰、石灰、石膏以及集料为原料,经配料制备、压制成型、高压(常压)蒸汽养护等工艺过程而制成的实心粉煤灰砖。蒸压砖、蒸养砖只是养护工艺不同,但蒸压粉煤灰砖强度高,性能趋于稳定,而蒸养粉煤灰砖砌筑的墙体易出现裂缝。

蒸压粉煤灰砖的尺寸为240mm×115mm×53mm,按抗压强度和抗折强度分为MU25、MU20、MU15三个强度等级,见表6-19。根据外观质量、尺寸偏差、强度等级、抗冻性和干缩值分为优等品(A)、一等品(B)和合格品(C)三个质量等级。

表6-19 蒸压粉煤灰砖强度等级 MPa

强度等级	抗压强度		抗折强度	
	五块平均值≥	单块最小值≥	五块平均值≥	单块最小值≥
MU15	15.0	12.0	3.8	3.0
MU20	20.0	16.0	5.0	4.0
MU25	25.0	20.0	6.3	5.0

(3) 炉渣砖

用于工业与民用建筑的墙体和基础，根据《炉渣砖》(JC/T 525—2007) 的规定，煤渣砖的抗压强度和抗折强度分为：MU20、MU15、MU10、MU7.5 四个强度等级（同上）。但用于基础或易受冻融和干湿交替作用的建筑部位必须使用 MU15 及 MU15 以上的砖。煤渣砖不得用于长期受热 200℃以上，受急冷急热和有侵蚀性介质侵蚀的建筑部位。

知识点三 墙用砌块

砌块是在建筑工程中用于砌筑墙体的尺寸较大的块状材料，利用混凝土，工业废料（炉渣，粉煤灰等）或地方材料制成的人造块材，其外形多为直角六面体，也有各种异形的，尺寸比砌墙砖形体大，比大板小，具有原料来源广泛、设备及生产工艺简单，适应性强、砌筑速度快、制作及使用方便灵活等特点，同时还可提高施工效率及施工的机械化程度，减轻房屋自重，改善建筑物功能，以及降低工程造价，因此推广和使用砌块是墙体材料改革的有效途径之一，符合了建筑工业化发展中墙体改革的要求。

砌块按外观形状可以分为实心砌块（空心率<25%）和空心砌块（空心率≥25%）。空心砌块有单排方孔、单排圆孔和多排扁孔三种形式，其中多排扁孔对保温较有利。按砌块在组砌中的位置与作用可以分为主砌块和各种辅助砌块。

按用途，可分为承重砌块和非承重砌块。

根据材料不同，常用的砌块有普通混凝土与装饰混凝土小型空心砌块、轻集料混凝土小型空心砌块、粉煤灰小型空心砌块、蒸压加气混凝土砌块、免蒸加气混凝土砌块（又称环保轻质混凝土砌块）和石膏砌块。吸水率较大的砌块不能用于长期浸水、经常受干湿交替或冻融循环的建筑部位。

砌块按尺寸和质量的大小不同分为小型砌块、中型砌块和大型砌块。其中主规格的高度大于 115mm 而小于 380mm 的称作小型砌块，高度为 380～980mm 的称为中型砌块，高度大于 980mm 的称为大型砌块。使用中以中小型砌块居多。

1. 普通混凝土小型空心砌块（图 6-2）

普通混凝土小型空心砌块（NHB）：普通混凝土小型空心砌块是以水泥、砂、粗细集料、色质集料、颜料和水为主要原材料，必要时加入化学外加剂和矿物外加剂，按一定比例（质量比）计量、配料、搅拌，经成型、养护而成的空心块体建筑墙材。

根据《普通混凝土小型砌块》(GB/T 8239—2014) 规定，其主要技术要求如下：

(1) 规格尺寸

砌块的主规格尺寸（长×宽×高）为 390mm×190mm×190mm，其他规格尺寸可由供需双方协商。最小外壁厚应不小于 30mm，最小肋厚应不小于 25mm。空心率应不小于 25%。砌块尺寸允许偏差应符合表 6-20 要求：

表 6-20 砌块的尺寸允许偏差 mm

项目名称	技术指标
长度	±2
宽度	±2
高度	+3，−2

注：免浆砌块的尺寸允许偏差，应由企业根据块型特点自行给出，尺寸偏差不应影响垒砌和墙片性能。

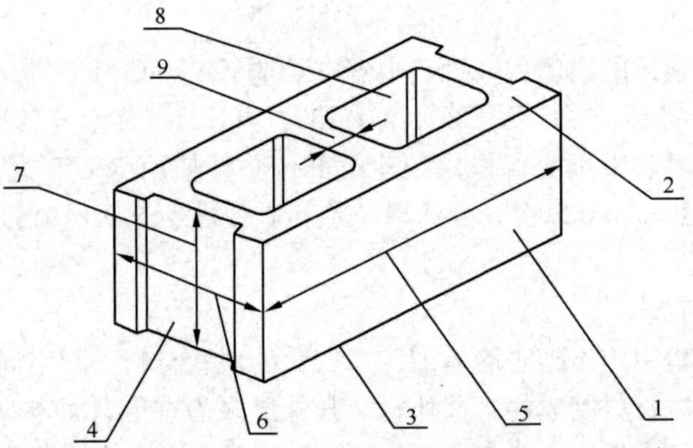

图 6-2　砌块各部位的名称

1—条面；2—坐浆面（肋厚较小的面）；3—铺浆面（肋厚较大的面）；4—顶面；5—长度；6—宽度；7—高度；8—壁；9—肋

（2）外观质量

普通混凝土小型空心砌块的外观质量应符合表 6-21 规定。

表 6-21　普通混凝土小型空心砌块的外观质量　mm

项目名称			优等品 A
弯曲		不大于	2
缺棱掉角	个数（个）	不多于	1 个
	三个方向投影尺寸的最小值	不大于	20
裂纹延伸的投影尺寸累计		不大于	30

（3）强度等级

普通混凝土小型空心砌块的强度等级应符合表 6-22 规定。

表 6-22　普通混凝土小型空心砌块的强度等级　MPa

强度等级	砌块抗压强度	
	平均值≥	单块最小值≥
MU5.0	5.0	4.0
MU7.5	7.5	6.0
MU10	10.0	8.0
MU15	15.0	12.0
MU20	20.0	16.0
MU25	25.0	20.0
MU30	30.0	24.0
MU35	35.0	28.0
MU40	40.0	32.0

(4) 吸水率

L 类砌块的吸水率应不大于 10%；N 类砌块的吸水率应不大于 14%。

(5) 线性干燥收缩值

L 类砌块的线干燥收缩值应不大于 0.45mm/m；N 类砌块的线性干燥收缩值应不大于 0.65mm/m。

(6) 抗冻性

普通混凝土小型空心砌块的抗冻性应符合表 6-23 规定。

表 6-23　普通混凝土小型空心砌块的抗冻性

使用条件	抗冻指标	质量损失率	强度损失率
夏热冬暖地区	D15	平均值≤5% 单块最大值≤10%	平均值≤20% 单块最大值≤30%
夏热冬冷地区	D25		
寒冷地区	D35		
严寒地区	D50		

2. 轻集料混凝土小型空心砌块

根据《轻集料混凝土小型空心砌块》(GB/T 15229—2011)规定，其主要技术要求如下：

(1) 规格尺寸和外观质量

砌块的主规格尺寸(长×宽×高)为 390mm×190mm×190mm，其他规格尺寸可由供需双方协商。与普通混凝土小型空心砌块相比，轻集料混凝土小型空心砌块在外观质量要求中，弯曲一项不做要求。

砌块尺寸允许偏差及外观质量应符合表 6-24 要求。

表 6-24　轻集料混凝土小型空心砌块的尺寸偏差和外观质量　　mm

项目			指标
尺寸偏差	长度		±3
	宽度		±3
	高度		±3
最小外壁厚	用于承重墙体	≥	30
	用于非承重墙体	≥	20
肋厚	用于承重墙体	≥	25
	用于非承重墙体	≥	20
缺棱掉角	个数(块)	≤	2
	三个方向投影的最大值	≤	20
裂缝延伸的累积尺寸		≤	30

(2) 密度等级

轻集料混凝土小型空心砌块的密度等级应符合表 6-25 要求。

表 6-25　轻集料混凝土小型空心砌块的密度等级　kg/m³

密度等级	砌块干燥表观密度的范围
700	610～700
800	710～800
900	810～900
1000	910～1000
1100	1010～1100
1200	1110～1200
1300	1210～1300
1400	1310～1400

（3）强度等级

轻集料混凝土小型空心砌块的强度等级应符合表 6-26 要求。

表 6-26　轻集料混凝土小型空心砌块的强度等级

强度等级	砌块抗压强度（MPa）		密度等级范围（kg/m³）
	平均值	最小值	
MU2.5	≥2.5	≥2.0	≤800
MU3.5	≥3.5	≥2.8	≤1000
MU5.0	≥5.0	≥4.0	≤1200
MU7.5	≥7.5	≥6.0	≤1200[a] ≤1300[b]
MU10.0	≥10.0	≥8.0	≤1200[a] ≤1400[b]

a. 除自然煤矸石掺量不小于砌块质量 35%以外的其他砌块。

b. 自然煤矸石掺量不小于砌块质量 35%的砌块。

注：当砌块的抗压强度同时满足 2 个强度等级或 2 个以上强度等级要求时，应以满足要求的最高强度等级为准。

（4）吸水率、干缩率和相对含水率

轻集料混凝土小型空心砌块的吸水率应不大于 18%，干燥收缩率应不大于 0.065%。相对含水率应符合表 6-27 的规定。

表 6-27　轻集料混凝土小型空心砌块的相对含水率　%

干缩率	相对含水率		
	潮湿	中等	干燥
<0.03	≤45	≤40	≤35
0.03～0.045	≤40	≤35	≤30
0.045～0.065	≤35	≤30	≤25

注：① 相对含水量即砌块出厂含水率与吸水率之比：

$$w=\frac{w_1}{w_2}\times 100$$

式中：w——砌块的相对含水率，%；

w_1——砌块出厂时的含水率，%；

w_2——砌块的吸水率，%。

② 使用地区的湿度条件：

潮湿地区——年平均相对湿度大于 75%的地区；

中等湿度地区——系指年平均相对湿度 50%～75%的地区；

干燥地区——年平均相对湿度小于 50%的地区。

（5）碳化系数和软化系数

碳化系数应不小于 0.8；软化系数应不小于 0.8。

（6）抗冻性

轻集料混凝土小型空心砌块的抗冻性应符合表 6-28 要求。

表 6-28　轻集料混凝土小型空心砌块的抗冻性　　%

环境条件	抗冻强度等级	质量损失率	强度损失率
温和与夏热冬暖地区	D15	≤5	≤25
夏热冬冷地区	D25		
寒冷地区	D35		
严寒地区	D50		

注：环境条件应符合 GB 50176 的规定。

3. 粉煤灰混凝土小型空心砌块

粉煤灰砌块：以粉煤灰、石灰、石膏和轻集料为原料，加水搅拌、振动成型、蒸汽养护而成的密实砌块。

粉煤灰砌块的主规格外形尺寸为 390mm×190mm×190mm 砌块端面应加灌浆槽，坐浆面宜设抗剪槽。

根据《粉煤灰混凝土小型空心砌块》（JC/T 862—2008）规定，其主要技术要求如下。

（1）尺寸允许偏差和外观质量

粉煤灰混凝土小型空心砌块的外观质量应符合表 6-29 要求。

表 6-29　粉煤灰砌块尺寸允许偏差和外观质量

项　目		指　标
尺寸允许偏差（mm）	长度	±2
	宽度	±2
	高度	±2
最小外壁厚，不小于（mm）	用于承重墙体	30
	用于非承重墙体	20
肋厚，不小于（mm）	用于承重墙体	25
	用于非承重墙体	15
缺棱掉角	个数，不多于（个）	2
	3 个方向投影的最小值，不大于（mm）	20
裂缝延伸投影的累计尺寸，不大于（mm）		20
弯曲，不大于（mm）		2

（2）强度等级

强度等级应符合表 6-30 的规定。

表 6-30　粉煤灰强度等级　MPa

强度等级	砌块抗压强度	
	平均值不小于	单块最小值不小于
MU3.5	3.5	2.8
MU5	5.0	4.0
MU7.5	7.5	6.0
MU10	10.0	8.0
MU15	15.0	12.0
MU20	20.0	16.0

(3) 密度等级

密度等级应符合表 6-31 的规定。

表 6-31　粉煤灰混凝土小型空心砌块密度等级　kg/m^3

密度等级	砌块块体密度的范围
600	≤600
700	610～700
800	710～800
900	810～900
1000	910～1000
1200	1010～1200
1400	1210～1400

(4) 相对含水率

相对含水率应符合表 6-32 的规定。

表 6-32　相对含水率　%

使用地区	潮湿	中等	干燥
相对含水率不大于	40	35	30

(5) 抗冻性

抗冻性应符合表 6-33 的规定。

表 6-33　抗冻性　%

使用条件	抗冻指标	质量损失率	强度损失率
夏热冬暖地区	F_{15}	≤5	≤25
夏热冬冷地区	F_{25}		
寒冷地区	F_{35}		
严寒地区	F_{50}		

知识点四　取样

1. 取样依据

《砌体结构工程施工质量验收规范》(GB 50203)

《烧结普通砖》(GB 5101)

《烧结多孔砖和多孔砌块》(GB 13544)

《烧结空心砖和空心砌块》(GB/T 13545)

《普通混凝土小型砌块》(GB/T 8239)

《蒸压加气混凝土砌块》(GB 11968)

《粉煤灰砖》(JC 239)

《蒸压灰砂砖》(GB 11945)

2. 验收批及取样数量

(1) 烧结普通砖、多孔砖、蒸压灰砂砖、粉煤灰砖

① 每一生产厂家的砖到现场后，按烧结普通砖 15 万块、多孔砖 5 万块、灰砂砖及粉煤灰砖各 10 万块为一验收批，抽样数量为 1 组。

② 强度检验试样每组为 10 块。

(2) 普通混凝土小型空心砌块和轻集料混凝土小型空心砌块

① 每一生产厂家，每 1 万块小型砌块至少应抽检 1 组。用于多层建筑基础和底层的小砌块抽检数量不应少于 2 组。

② 强度检验试样每组为 5 块。

(3) 蒸压加气混凝土砌块

① 同一厂家、同品种、同规格、同等级的砌块，以 1 万块为一批。

② 强度及干密度检验每批抽取 6 块试样制作试件，强度及干密度各制作 3 组共 9 块试件。

任务 1　普通砖的强度检测

学习目标

1. 掌握普通砖强度检测中常用仪器设备的使用方法。
2. 掌握普通砖强度检测数据计算和结果评定。

知识要点

烧结普通砖强度应符合规定。强度实验按照实验进行，抽取 10 块砖试样进行抗压强度实验，根据实验结果，按平均值—标准值方法（变异系数 $\delta \leqslant 0.21$ 时）或平均值—最小值方法（变异系数 $\delta > 0.21$ 时）评定砖的强度等级。见表 6-3。

主要仪器

1. 液压式压力试验机

型号：YE-200A；

量程：0～500kN、0～1000kN、0～1000kN；

最小分辨率：1kN、2kN、4kN。

2. 钢尺

量程：0～300mm；最小分辨率：0.5mm。

任务要求

进行普通砖的抗压强度实验，完成实验报告，见表 6-34。

表 6-34　普通砖的抗压强度实验

实验日期：＿＿＿＿＿＿＿＿　气温/室温：＿＿＿＿＿＿＿＿　湿度：＿＿＿＿＿＿＿＿

(1) 实验仪器：＿＿＿＿＿＿＿＿＿＿＿＿＿＿＿＿＿＿＿＿

(2) 实验记录

普通黏土砖抗压强度记录表

试件编号	试样尺寸		受压面积	最大破坏荷载	抗压强度	抗压强度平均值	单块抗压强度最小值	强度标准值
	长度	宽度						
1								
2								
3								
4								
5								
6								
7								
8								
9								
10								

(3) 结论

根据国家规定，该批黏土砖强度等级为：＿＿＿＿＿＿＿＿＿＿＿＿＿＿＿＿

检测步骤

1. 试样的制备

(1) 烧结普通砖

① 将试样切断或锯成两个半截砖，断开的半截砖长不得小于 100mm，如图 6-3 所示。如果不足 100mm，应另取备用试样补足。

② 在试样制备平台上，将已断开的两个半截砖放入室温的净水中浸 10～20min 后取出，并以断口相反方向叠放，两者中间抹以厚度不超过 5mm 的用强度等级 32.5 的普通硅酸盐水泥调制成稠度适宜的水泥净浆粘接，上下两面用厚度不超过 3mm 的同种水泥浆抹平。制成的试件上下两面需相互平行，并垂直于侧面。如图 6-4 所示。

(2) 多孔砖、空心砖

试件制作采用坐浆法操作。即将玻璃板置于试件制备平台上，其上铺一张湿的垫纸，纸

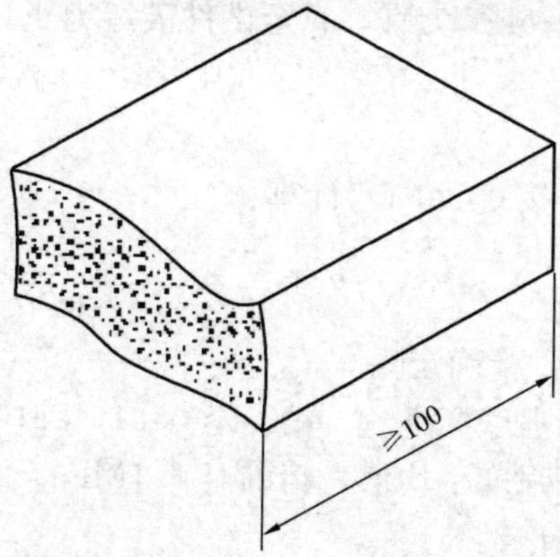

图 6-3 半截砖长度示意图

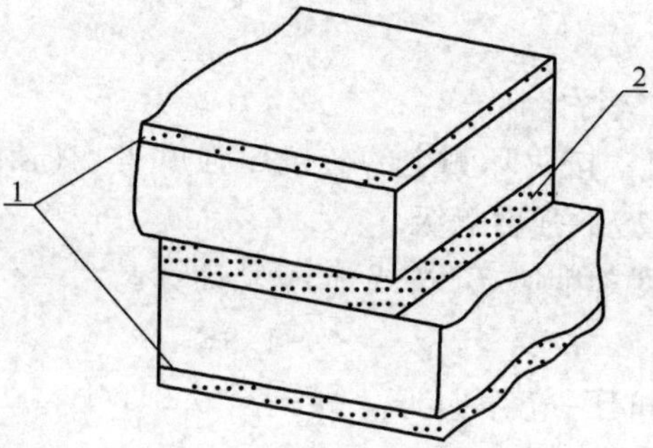

图 6-4 水泥净浆层厚度示意图

1—净浆层厚 3mm；2—净浆层

上铺一层厚度不超过 5mm 的用强度等级 32.5 的普通硅酸盐水泥调制成稠度适宜的水泥净浆，再将试件在水中浸泡 10～20min，在钢丝网架上滴水 3～5min 后，将试样受压面平稳地坐放在水泥浆上，在另一受压面上稍加压力，使整个水泥层与砖受压面相互粘接，砖的侧面应垂直于玻璃板。待水泥浆适当凝固后，连同玻璃板翻放在另一铺纸放浆的玻璃板上，再进行坐浆，用水平尺校正好玻璃板的水平。

（3）非烧结砖

同一块试样的两半截砖切断口相反叠放，叠合部分不得小于 100mm，即为抗压强度试件。如果不足 100mm 时，则应剔除，另取备用试样补足。

2. 测定工作过程

① 实验用 10 块砖样，将砖样切断或锯成两个半截砖，断开的半截边不得少于 10cm。将已断的半砖放入室温的净水中 10～30min 后取出，并以断口取反方向叠放，两者中间抹以厚度不超过 5mm 的 425＃水泥调制成的稠度适宜的水泥净浆，使之粘结为一体，上下两面用厚度不超过 3mm 的同种水泥浆抹平，制成的试件上下两个面需互相平行，并垂直于侧面。

② 制成的抹面试件应置于不低于 10℃的不通风室内养护 3d，再进行试压。

③ 首先测量每个试件连接面的长度尺寸，精确至 1mm，取其平均值，受荷面积以 cm^2 计。然后将试件放在试验机加压的中央，并垂直于受压面，加荷时应均匀平稳，不能发生冲

击或振动，加荷速度以每秒 2～6kN 为宜，直至试件破坏为止。记下读数，实验完毕后应及时关闭电源，清除杂物。

3. 参数计算

① 检测后强度变异系数 δ 按式（6-1）计算：

$$\delta = \frac{S}{\overline{f}} \tag{6-1}$$

式中 δ——砖强度变异系数，精确至 0.01；

S——10 块试样的抗压强度标准差，精确至 0.01MPa；

$\overline{f}$——10 块试样的抗压强度平均值，精确至 0.1MPa。

② 标准差 S 按式（6-2）计算：

$$S = \sqrt{\frac{1}{9}\sum_{i=1}^{10}(f_i - \overline{f})^2} \tag{6-2}$$

4. 强度等级评定

（1）平均值—标准值方法评定

当变异系数 $\delta \leqslant 0.21$ 时，按实际测定的砖抗压强度平均值和强度标准值，根据标准中强度等级规定的指标，评定砖的强度等级。

样本量 $n = 10$ 时的强度标准值 f_K 按式（6-3）计算：

$$f_K = \overline{f} - 1.8S \tag{6-3}$$

式中 f_K——单块试样的抗压强度测定值，精确至 0.01MPa。

（2）平均值—最小值方法评定

变异系数 $\delta > 0.21$ 时，按抗压强度平均值、单块最小值评定砖的强度等级。单块抗压强度最小值精确至 0.1MPa。

注意事项

1. 检测前，检查砖样是否符合要求，仪器设备是否处于正常运作状态。检测后，检查试件是否属于正常破坏情况，仪器设备是否处于正常运作状态。

2. 检查其外观，其承压面的不平度为每 100mm≤0.05mm，承压面与相邻面的不垂直度≤±1 度。

3. 检查仪器设备是否完好并处于准用期，检查使用量秤挂砣是否正确。

任务 2　混凝土小型砌块强度检测

学习目标

掌握混凝土小型砌块的抗压强度，通过检测抗压强度确定砌块的强度等级。

知识要点

混凝土小型砌块是用普通混凝土制成的小型空心砌块，其主要规格尺寸为 390mm×190mm×190mm。按国家规定砌块按抗压强度分为 3.5、5.0、7.5、10.0 和 15.0 五种强度等级。每组 5 个砌块，上下表面用水泥砂浆抹平，养护后进行抗压实验，以 5 个砌块的平均值和单块最小值确定砌块的强度等级。

主要仪器

1. 压力试验机 YE-2000kN 测力范围

2000kN，精度 1kN。

2. 钢板

厚度不小于 10mm，平面尺寸大于 440～240mm。

3. 玻璃平板

厚度不小于 6mm，平面尺寸与钢板的要求同。

4. 水平尺

任务要求

进行混凝土砌块的抗压强度检测，完成实验报告，见表 6-35。

表 6-35 普通砖的抗压强度实验

实验日期：＿＿＿＿＿＿ 气温/室温：＿＿＿＿＿＿ 湿度：＿＿＿＿＿＿

(1) 实验仪器：＿＿＿＿＿＿＿＿＿＿＿＿

(2) 实验记录

普通黏土砖抗压强度记录表

试件编号	试样尺寸		受压面积	最大破坏荷载	抗压强度	抗压强度平均值	单块抗压强度最小值	强度标准值
	长度	宽度						
1								
2								
3								
4								
5								

(3) 结论

根据国家规定，该批黏土砖强度等级为：＿＿＿＿＿＿＿＿

检测步骤

1. 试样制备

① 试件数量为 5 块。

② 处理试件的坐浆面和铺浆面，使之成为互相平行的平面。将钢板置于稳固的底座上，平整面向上，用水平尺调至水平。在钢板上先薄薄地涂一层机油，或铺一层湿纸，然后铺一层以 1 份重量的强度等级 32.5 的普通硅酸盐水泥和 2 份重量的细砂，加入适量的水调成的

砂浆，将试件的坐浆面湿润后平稳地压入砂浆层内，使砂浆层尽可能均匀，厚度为 3～5mm。将多余的砂浆沿试件棱边刮掉，静置 24h 以后，再按上述方法处理试件的铺浆面。可使两面能彼此平行，在处理铺浆面时，应将水平尺置于现已向上的坐浆面上调至水平。在温度 10℃以上不通风的室内养护 3d 后做抗压强度实验。

③ 为缩短时间，也可在坐浆面砂浆层处理后，不经静置立即在向上的铺浆面上铺一层砂浆，压上事先涂油的玻璃平板，边压边观察砂浆层，将气泡全部排除，并用水平尺调至水平，直至砂浆层平面均匀，厚度达 3～5mm。

2. 测定工作过程

① 测量每个试件的长度和宽度，分别求出各个方向的平均值。精确到 1mm。

② 将试件置于试验机承压板上，使试件的轴线与试验机压板的压力中心重合，以 10～30kN/s 的速度加荷，直至试件破坏。记录最大破坏荷载 P。

3. 结果计算与评定

① 每个试件的抗压强度为：

$$f_q = \frac{P}{LB} \tag{6-4}$$

式中 f_q——试件的抗压强度，MPa，精确至 0.1MPa；

L——受压面的长度，mm；

B——受压面的宽度，mm；

P——破坏荷载，N。

② 实验结果以 5 块试件抗压强度的算术平均值和单块最小值表精确至 0.1MPa。

注意事项

1. 试件在温度 10℃以上不通风的室内养护 3d。
2. 实验结果以 5 个试件抗压强度的算术平均值和单块最小值表示，精确到 0.1MPa。
3. 试件受压面的控制。

小　　结

墙体材料是房屋建筑材料中的重要部分，因为它是组成建筑围护结构的基本材料。

在本项目中，除了对墙体材料的分类、强度等级及参数等相关基本知识进行了介绍外，还重点介绍了各种墙体材料的品种、规格、性能以及检测和应用的相关内容。

自测练习

1. 墙体材料按其尺寸可以分为________、________和墙板。
2. 砌墙砖按其制作工艺可以分为________和________两种。
3. 检验普通砖的强度等级，需取______块试样进行实验。
4. 评定墙用砌块的强度等级需要计算的指标包括____。
5. 烧结普通砖的外形为直角六面体，其标准尺寸为________________________。

6. 混凝土砌块具有__________、__________、__________、__________、可加工性好等特点。

7. 评价普通黏土砖的使用特性及应用。墙体材料的发展趋势如何？

8. 为什么要用烧结多孔砖、烧结空心砖及新型轻质墙体材料替代普通黏土砖？

9. 什么是粉煤灰砌块？其强度等级有哪些？用途有哪些？

10. 什么是普通混凝土小型空心砌块？它有什么用途？

项目7 防水材料性能检测

学习目标

1. 掌握防水卷材、防水涂料的基本概念。

2. 掌握防水卷材、防水涂料性能检测的方法、适用范围、仪器设备、检测结果表示与评定内容。

能力目标

1. 掌握防水卷材、防水涂料检测的取样规定。

2. 掌握防水材料拉伸性能、不透水性能、耐热性能、低温柔性、低温弯折等性能检测的方法。

相关理论知识

知识点一 基本概念

防水材料是保证建筑工程能够防止雨水、地下水及其他水分渗透的材料，其质量的优劣直接影响到人们的居住环境、卫生条件及建筑的使用寿命。防水材料通常可分为刚性和柔性防水材料两种类。以混凝土或砂浆外加剂的形式加入到混凝土或砂浆中，增强混凝土或砂浆的密实性，形成防水混凝土或防水砂浆是刚性防水材料。柔性防水材料则有防水卷材、防水涂料和建筑密封材料。

1. 防水卷材

防水卷材是建筑工程重要的防水材料之一，根据其主要防水组成材料分为沥青防水卷材、高聚物改性沥青防水卷材、合成高分子防水卷材三种。

(1) 沥青防水卷材

由于沥青具有良好的防水性能，而且资源丰富、价格低廉，所以沥青防水卷材的应用在我国占主导地位。沥青防水材料最具代表性的是纸胎石油沥青防水卷材，简称油毡。为克服纸胎沥青油毡耐久性差、抗拉强度低等特点，可用玻璃布等代替纸胎。玻璃布胎沥青油毡是用石油浸涂玻璃纤维织布的两面，再涂或撒隔离材料所制成的以无机纤维为胎体的沥青防水卷材，适用于耐久性、耐蚀性、耐水性要求较高的工程。

(2) 高聚物改性沥青防水卷材

高聚物改性沥青防水卷材是指以纤维织物或塑料薄膜为胎体，以合成高分子聚合物改性沥青为涂盖层，以粉状、粒状、片状或薄膜材料为防粘隔离层制成的防水卷材。高聚物改性沥青防水材料克服了沥青防水卷材的温度稳定性差、延伸率小、难于适应基层开裂及伸缩的缺点，具有高温不流淌、低温不脆裂、拉伸强度较高、延伸率较大等优异性能。主要品种有塑性体改性沥青防水卷材（简称 APP 卷材）和弹性体改性沥青防水卷材（SBS 卷材）。

APP 卷材是以聚酯胎、玻纤毡、玻纤增强聚酯毡为胎基，以无规聚丙烯（APP）或聚烯烃类聚合物（APAO、APO 等）作石油沥青改性剂，两面覆以隔离材料所制成的防水卷材。

SBS 卷材是用苯乙烯-丁二烯-苯乙烯（SBS）橡胶改性沥青作涂层，用玻纤毡、聚酯毡、玻纤增强聚酯毡为胎基，两面覆以隔离材料所做成的防水材料。

（3）合成高分子防水卷材

合成高分子防水卷材是以合成橡胶、合成树脂或两者的共混体为基料，加入适量的助剂和填充料等，经过特定工序制成的。合成高分子防水卷材具有拉伸强度高、断裂伸长率大、抗撕裂强度高、耐热性能好，低温柔性好、耐腐蚀、耐老化以及可以冷施工等一系列优异性能。

合成高分子防水卷材分为三元乙丙橡胶、聚氯乙烯、氯化聚乙烯—橡胶共混、氯磺化聚乙烯、丁基橡胶、氯丁橡胶、聚氯烯等多种防水卷材。

2. 防水涂料

防水涂料是指常温下呈黏稠状态，涂布在结构物表面，经溶剂或水分挥发，或各组分间的化学反应，形成具有一定弹性的连续、坚韧的薄膜，使基层表面与水隔绝，起到防水和防潮作用的物质。广泛应用于工业与民用建筑的屋面防水工程、地下混凝土工程的防潮防渗等。

防水涂料按成膜物质的主要成分分为沥青类防水涂料、高聚物改性沥青防水涂料和合成高分子防水涂料三类；按涂料介质不同，又可分为乳液型、溶剂型、反应型三类。

3. 防水材料物理性能

防水材料主要物理性能检测项目见表 7-1。

表 7-1　防水材料主要检验项目

序号	材料名称	物理性能检测项目
1	沥青防水卷材	纵向拉力、耐热度、柔度、不透水性
2	高聚物改性沥青防水卷材	拉力、最大拉力时延伸率、耐热度、低温柔度、不透水性
3	合成高分子防水卷材	断裂拉伸强度、扯断伸长率、低温弯折、不透水性
4	高聚物改性沥青防水涂料	固体含量、耐热度、柔性、不透水性、延伸率
5	合成高分子防水涂料	固体含量、拉伸强度、断裂延伸率、柔性、不透水性

1）防水卷材物理性能

（1）石油沥青纸胎油毡

根据《石油沥青纸胎油毡》（GB 326—2007），石油沥青纸胎油毡分为Ⅰ型、Ⅱ型、Ⅲ型三种，其物理性能要求应符合表 7-2 中的规定。

表 7-2　石油沥青纸胎油毡物理性能

项　目		指　标		
		Ⅰ型	Ⅱ型	Ⅲ型
不透水性	压力（MPa）　≥	0.02	0.02	0.10
	保持时间（min）≥	20	30	30
耐热度		(85±2)℃，2h 涂盖层应无滑动、流淌和集中性气泡		
拉力（纵向）（N/50mm）　≥		240	270	340
柔度		(18±2)℃，绕 ϕ20mm 棒或弯板无裂纹		

（2）塑性体改性沥青防水卷材

根据《塑性体改性沥青防水卷材》（GB 18243—2008），塑性体沥青防水卷材按胎基分为聚酯毡（PY）、玻纤毡（G）、玻纤增强聚酯毡（PYG），按上表面隔离材料分为聚乙烯膜（PE），细砂（S）、矿物粒料（M），下表面隔离材料为细沙（S）、聚乙烯膜（PE）。按材料性能分为Ⅰ型和Ⅱ型。按型号其物理性能应符合表 7-3 中的规定。

表 7-3　塑性体改性沥青防水卷材物理性能

<table>
<tr><td rowspan="2">序号</td><td colspan="3">胎　基</td><td colspan="2">Ⅰ</td><td colspan="3">Ⅱ</td></tr>
<tr><td colspan="3">型　号</td><td>PY</td><td>G</td><td>PY</td><td>G</td><td>PYG</td></tr>
<tr><td>1</td><td colspan="3">不透水性 30min</td><td>0.3MPa</td><td>0.2MPa</td><td colspan="3">0.3MPa</td></tr>
<tr><td rowspan="3">2</td><td rowspan="3">耐热性</td><td colspan="2">℃</td><td colspan="2">110</td><td colspan="3">130</td></tr>
<tr><td colspan="2">≤mm</td><td colspan="5">2</td></tr>
<tr><td colspan="2">试验现象</td><td colspan="4">无流淌、滴落</td><td></td></tr>
<tr><td rowspan="3">3</td><td rowspan="3">拉力</td><td>最大峰拉力（N/50mm）</td><td>≥</td><td>500</td><td>350</td><td>800</td><td>500</td><td>900</td></tr>
<tr><td>最大峰拉力（N/50mm）</td><td>≥</td><td>—</td><td>—</td><td>—</td><td>—</td><td>800</td></tr>
<tr><td colspan="2">试验现象</td><td colspan="5">拉伸过程中，试件中部分无沥青涂盖层开裂或与胎基分离现象</td></tr>
<tr><td rowspan="2">4</td><td rowspan="2">延伸率≥</td><td>最大峰时延伸率（%）</td><td>≥</td><td>25</td><td rowspan="2">—</td><td>40</td><td rowspan="2">—</td><td>—</td></tr>
<tr><td>第二峰时延伸率（%）</td><td>≥</td><td>—</td><td>—</td><td>15</td></tr>
<tr><td rowspan="2">5</td><td colspan="3" rowspan="2">低温柔度（℃）</td><td colspan="2">−7</td><td colspan="3">−15</td></tr>
<tr><td colspan="5">无裂缝</td></tr>
</table>

（3）弹性体改性沥青防水卷材

根据《弹性体改性沥青防水卷材》（GB 18242—2008），弹性体沥青防水卷材按胎基分为聚酯毡（PY）、玻纤毡（G）、玻纤增强聚酯毡（PYG），按上表面隔离材料分为聚乙烯膜（PE），细沙（S）、矿物粒料（M），下表面隔离材料为细沙（S）、聚乙烯膜（PE）。按材料性能分为Ⅰ型和Ⅱ型。按型号其物理性能应符合表 7-4 中的规定。

表 7-4　弹性体改性沥青防水卷材物理性能

<table>
<tr><td rowspan="2">序号</td><td colspan="3">胎　基</td><td colspan="2">Ⅰ</td><td colspan="3">Ⅱ</td></tr>
<tr><td colspan="3">型　号</td><td>PY</td><td>G</td><td>PY</td><td>G</td><td>PYG</td></tr>
<tr><td>1</td><td colspan="3">不透水性 30min</td><td>0.3MPa</td><td>0.2MPa</td><td colspan="3">0.3MPa</td></tr>
<tr><td rowspan="3">2</td><td rowspan="3">耐热性</td><td colspan="2">℃</td><td colspan="2">90</td><td colspan="3">105</td></tr>
<tr><td colspan="2">≤mm</td><td colspan="5">2</td></tr>
<tr><td colspan="2">试验现象</td><td colspan="4">无流淌、滴落</td><td></td></tr>
<tr><td rowspan="3">3</td><td rowspan="3">拉力</td><td>最大峰拉力（N/50mm）</td><td>≥</td><td>500</td><td>350</td><td>800</td><td>500</td><td>900</td></tr>
<tr><td>最大峰拉力（N/50mm）</td><td>≥</td><td>—</td><td>—</td><td>—</td><td>—</td><td>800</td></tr>
<tr><td colspan="2">试验现象</td><td colspan="5">拉伸过程中，试件中部分无沥青涂盖层开裂或与胎基分离现象</td></tr>
</table>

续表

序号	胎　基		Ⅰ		Ⅱ		
	型　号		PY	G	PY	G	PYG
4	延伸率≥	最大峰时延伸率（%）　≥	30	—	40	—	—
		第二峰时延伸率（%）　≥	—		—		15
5	低温柔度（℃）		−15		−20		
			无裂缝				

（4）自粘聚合物改性沥青防水卷材

根据《自粘聚合物改性沥青防水卷材》（GB 23441—2009），自粘聚合物改性沥青防水卷材按有无胎基增强分为无胎基（N 类）、聚酯胎基（PY 类）。N 类按上表面材料分为聚乙烯膜（PE）、聚酯膜（PET）、无膜双面自粘（D）。PY 类按上表面材料分为聚乙烯膜（PE）、细砂（S）、无膜双面自粘（D）。产品按性能分为Ⅰ型和Ⅱ型，卷材厚度为 2.0mm 的 PY 类只有Ⅰ型。其物理性能应符合表 7-5 和表 7-6 中的规定。

表 7-5　N 类卷材物理力学性能

序号	项　目		指　标				
			PE		PET		D
			Ⅰ	Ⅱ	Ⅰ	Ⅱ	
1	拉伸性能	拉力（N/50mm）　≥	150	200	150	200	—
		最大拉力时延伸率（%）　≥	200		30		—
		沥青断裂延伸率（%）　≥	250		150		450
		拉伸时现象	拉伸过程中，在膜断裂前无沥青涂盖层与膜分离现象				—
2	耐热性		70℃滑动不超过 2mm				
3	不透水性		0.2MPa，120min 不透水				—
4	低温柔性（℃）		−20	−30	−20	−30	−20
			无裂纹				

表 7-6　PY 类卷材物理力学性能

序号	项　目			指　标	
				Ⅰ	Ⅱ
1	拉伸性能	拉力（N/50mm）　≥	2.0mm	350	—
			3.0mm	450	600
			4.0mm	450	800
		最大拉力时延伸率（%）　≥		30	40
2	耐热性			70℃无滑动、流淌、滴落	
3	不透水性			0.3MPa，120min 不透水	
4	低温柔性（℃）			−20	−30
				无裂纹	

（5）改性沥青聚乙烯胎防水卷材

根据《改性沥青聚乙烯胎防水卷材》（GB 18967—2009），按基料分为改性氧化沥青防水卷材、丁苯橡胶改性氧化沥青防水卷材、高聚物改性沥青防水卷材三类。按上表面覆盖材料分为聚乙烯膜、铝箔两个品种；按物理力学性能分为Ⅰ型和Ⅱ型。

改性氧化沥青防水卷材为用增塑油和催化剂将沥青氧化改性后制成的防水卷材。

丁苯橡胶改性氧化沥青防水卷材为用 APP、SBS 等高聚物将沥青改性后制成的防水卷材。

卷材按不同基料，不同上表面覆盖材料分为 5 个品种，见表 7-7。改性沥青聚乙烯胎防水卷材物理性能满足 7-8 的要求。

表 7-7　改性沥青聚乙烯胎防水卷材品种

上表面覆盖材料	基　料		
	改性氧化沥青	丁苯橡胶改性氧化沥青	高聚物改性沥青
聚乙烯膜	OEE	MEE	PEE
铝箔	—	MEAL	PEAL

表 7-8　改性沥青聚乙烯胎防水卷材物理性能

序号	上表面覆盖材料		E						AL			
	基料		O		M		P		M		P	
	型号		Ⅰ	Ⅱ	Ⅰ	Ⅱ	Ⅰ	Ⅱ	Ⅰ	Ⅱ	Ⅰ	Ⅱ
1	不透水性（MPa）≥		0.3									
			不透水									
2	耐热性（℃）		85		85	90	90	95	85	90	90	95
			无流淌，无起泡									
3	拉力（N/50mm）≥	纵向	100	140	100	140	100	140	200	220	200	220
		横向		120		120		120				
4	断裂延伸率（%）≥	纵向	200	250	200	250	200	250	—			
		横向										
5	低温柔度（℃）		0		−5		−10	−15	−5		−10	−15
			无裂纹									

（6）聚氯乙烯防水卷材

根据《聚氯乙烯（PVC）防水卷材》（GB 12952—2011），聚氯乙烯防水卷材产品按有无复合层分类，无复合层的为 N 类、用纤维单面复合的为 L 类、织物内增强的为 W 类。每类产品按理化性能分为Ⅰ型和Ⅱ型。聚氯乙烯防水卷材 N 类的物理性能见表 7-9，L 类及 W 类的物理性能见表 7-10。

表7-9　N类聚氯乙烯防水卷材物理性能

序号	试验项目		Ⅰ型	Ⅱ型
1	拉伸强度（MPa）	⩾	8.0	12.0
2	断裂伸长率（%）	⩾	200	250
3	低温弯折性		−20℃无裂纹	−25℃无裂纹
4	不透水性		不透水	

表7-10　L类及W类聚氯乙烯防水卷材物理性能

序号	试验项目		Ⅰ型	Ⅱ型
1	拉力（N/cm）	⩾	100	160
2	断裂伸长率（%）	⩾	150	200
3	低温弯折性		−20℃无裂纹	−25℃无裂纹
4	不透水性		不透水	

（7）氯化聚乙烯防水卷材

根据《氯化聚乙烯防水卷材》（GB 12953—2003），产品也按有无复合层分类，无复合层的为N类，用纤维单面复合的为L类，织物内增强的为W类。每类产品按理化性能分为Ⅰ型和Ⅱ型。N类的物理性能见表7-11，L类及W类的物理性能见表7-12。

表7-11　N类氯化聚乙烯防水卷材物理性能

序号	试验项目		Ⅰ型	Ⅱ型
1	拉伸强度（MPa）	⩾	5.0	8.0
2	断裂延伸率（%）	⩾	200	300
3	低温弯折性		−20℃无裂纹	−25℃无裂纹
4	不透水性		不透水	

表7-12　L类及W类氯化聚乙烯防水卷材物理性能

序号	试验项目		Ⅰ型	Ⅱ型
1	拉力（N/cm）	⩾	70	120
2	断裂延伸率（%）	⩾	125	250
3	低温弯折性		−20℃无裂纹	−25℃无裂纹
4	不透水性		不透水	

（8）三元丁橡胶防水卷材

根据《三元丁橡胶防水卷材》（JC/T 645—2012），三元丁橡胶防水卷材是以废旧丁基橡胶为主，加入丁酯作改性剂，丁醇作促进剂加工制成的无胎卷材。按物理力学性能分为Ⅰ型和Ⅱ型。物理性能应满足表7-13的要求。

表 7-13　三元丁橡胶防水卷材物理力学性能

序号	试验项目		技术指标	
			Ⅰ型	Ⅱ型
1	拉伸性能	纵向拉伸强度（MPa）　≥	2.0	2.2
		纵向断裂伸长率（%）　≥	150	220
2	低温弯折性		−30℃无裂纹	
3	不透水性		0.3MPa，90min 不透水	

2）防水涂料物理性能

（1）聚氨酯防水涂料

根据《聚氨酯防水涂料》（GB/T 19250—2013），聚氨酯防水涂料按组分分为单组分（S）、多组分（M）两种，按基本性能分为Ⅰ型、Ⅱ型和Ⅲ型。聚氨酯防水涂料的物理性能见表7-14。

表 7-14　聚氨酯防水涂料的基本性能

序号	项目		技术指标		
			Ⅰ	Ⅱ	Ⅲ
1	固体含量（%）≤	单组分	85.0		
		多组分	92.0		
2	表干时间（h）　≤		12		
3	实干时间（h）　≤		24		
4	拉伸强度（MPa）　≥		2.00	6.00	12.0
5	断裂伸长率（%）　≥		500	450	250
6	撕裂强度（N/mm）　≥		15	30	40
7	不透水性		0.3MPa，120min，不透水		
8	粘结强度（MPa）　≥		1.0		
9	吸水率（%）　≤		5.0		

聚氨酯防水涂料可选性能应符合表 7-15 的规定，根据产品应用的工程或环境条件由供需双方商定选用，并在订货合同与产品包装上明示。

表 7-15　聚氨酯防水涂料可选性能

序号	项目	技术指标	应用的工程条件
1	硬度（AM）　≥	60	上人屋面、停车场等外露通行部位
2	耐磨性（750g，500r）（mg）	50	上人屋面、停车场等外露通行部位
3	耐冲击性（kg·m）	10	上人屋面、停车场等外露通行部位
4	接缝动态变形能力（10000 次）	无裂纹	桥梁、桥面等动态变形部位

（2）聚合物水泥防水涂料

聚合物水泥防水涂料简称 JS 防水涂料，以丙烯酸酯、乙烯-乙酸乙烯酯等聚合物乳液和水泥为主要原料，加入填料及其他助剂配制而成，经水分挥发和水泥水化反应固化成膜的双组分水性防水涂料，称为聚合物水泥防水涂料。其按物理力学性能可分为Ⅰ型、Ⅱ型和

Ⅲ型。Ⅰ型适用于活动量较大的基层，Ⅱ型和Ⅲ型适用于活动量较小的基层。

根据《聚合物水泥防水涂料》（GB/T 23445—2009），聚合物水泥防水涂料的物理性能指标见表 7-16。

表 7-16　聚合物水泥防水涂料物理性能

序号	试验项目		技术指标		
			Ⅰ类	Ⅱ类	Ⅲ
1	固体含量（%）　≥		70		
2	拉伸强度	无处理（MPa）≥	1.2	1.8	1.8
3	断裂伸长率	无处理（%）　≥	200	80	30
4	低温柔性，ϕ10mm 棒		−10℃无裂纹	—	—
5	不透水性，0.3MPa，30min		不透水	不透水	不透水

知识点二　防水材料性能检测取样要求

1. 沥青、高聚物改性沥青、合成高分子防水卷材

① 同一品种、牌号、规格的沥青、高聚物改性沥青、合成高分子防水卷材，抽检数量大于 1000 卷抽取 5 卷；500～1000 卷抽取 4 卷；100～499 卷抽取 3 卷；小于 100 卷抽取 2 卷。

② 沥青防水卷材应对空洞、硌伤、露胎、涂盖不匀、折纹、皱折、裂纹、裂口、缺边，每卷卷材的接头进行外观质量检查；高聚物改性沥青应对孔洞、缺边、裂口、边缘不整齐、胎体露白、未浸透、撒布材料粒度、颜色、每卷卷材接头进行外观质量检查；合成高分子防水卷材应对折痕、杂质、胶块、凹痕、卷材的接头进行外观质量检查，在外观质量检验合格的卷材中抽取样品。

③ 每卷裁取在距端部 500mm 处取 3m 长的卷材封孔，送检物理性能测定。

④ 胶结材料是防水卷材中不可缺少的配套材料，因此必须和卷材一并抽检。抽样方法按卷材配比取样。同一批出厂、同一规格强度等级的沥青以 20t 为一个取样单位，不足 20t 按一个取样单位。从每个取样单位的不同部位取五处洁净试样，每处所取数量大致相等，共 1kg 左右，作为平均试样。

2. 高聚物改性沥青、合成高分子和无机防水涂料

① 同一规格、品种、牌号的高聚物改性沥青、合成高分子和无机防水涂料，每 10t 为一批，不足 10t 按一批进行抽检。

② 应对高聚物改性沥青防水涂料外观质量进行检查，查看外包装是否完好无损，是否标明涂料名称、生产日期、生产厂名、产品有效期，是否无沉淀、凝胶和分层；对合成高分子和无机防水涂料进行外观质量检查，查看外包装是否完好无损，是否标明涂料名称、生产日期、生产厂名、产品有效期，外观质量检验合格的防水涂料中抽取样品，取样数量为 2kg。

3. 有机防水涂料

① 同一规格、品种、牌号的有机防水涂料，每 5t 为一批，不足 5t 按一批进行抽检。

② 应对无机防水涂料进行外观质量检查，查看外包装是否完好无损，是否标明涂料名称、生产日期、生产厂名、产品有效期，在外观质量检验合格的防水涂料中抽取样品，取样数量为 2kg。

任务 1　防水涂料性能检测

学习目标

掌握防水涂料拉伸性能、不透水性、低温弯折性、低温柔性及固体含量检测的方法。

知识要点

1. 防水涂料的定义和性质

防水涂料又称防水胶粘剂，是一种流态或半流态物质，可用刷、喷等工艺涂布在基层表面，经溶剂或水分挥发或各组分间的化学反应，形成具有一定弹性和一定厚度的连续薄膜，使基层表面与水隔绝，起到防水防潮作用。

防水涂料固话成膜后的防水涂膜具有良好的防水性能，特别适合于各种复杂不规则部位的防水，能形成无接缝的完整防水膜。它大多采用冷施工，不必加热熬制，涂布的防水涂料既是防水层的主体，又是粘结剂，因而施工质量容易保证，维修也较简单。但是防水涂料须采用刷子或刮板等逐层涂刷（刮），故防水膜的厚度较难保持均匀一致。防水涂料广泛适用于工业与民用建筑的屋面防水工程、地下室防水工程和室内地面防潮、防渗等。防水涂料的选择应考虑建筑物的特点、环境条件等因素，结合防水涂料特点和性能指标。

2. 防水涂料的技术指标

建筑防水涂料的主要技术指标有固体含量、耐热度、粘结性、延伸性、拉伸性、加热伸缩率、低温柔性、干燥时间、不透水性和人工加速老化等指标。

任务要求

通过实验检测，完成实验报告，见表 7-17。

表 7-17　防水材料性能检测实验

实验日期：＿＿＿＿＿＿＿＿　温度/室温：＿＿＿＿＿＿　湿度：＿＿＿＿＿＿＿＿

（1）实验仪器＿＿＿＿＿＿＿＿＿＿＿＿＿＿＿＿＿＿＿＿＿＿＿＿＿＿＿＿

（2）实验记录

防水涂料性能检测实验记录表

实验名称及规格型号			使用部位	
批号			试样编号	
序号	检验项目	标准要求	实测结果	单项结论

（3）检验结论

＿＿＿＿＿＿＿＿＿＿＿＿＿＿＿＿＿＿＿＿＿＿＿＿＿＿＿＿＿＿＿＿＿＿

注：填写内容对应检测材料的检测项目。

防水涂料性能检测

1. 拉伸性能检测

1）实验仪器

拉伸试验机：测量值在量程的 15%～85%之间，伸长范围大于 500mm。

2）实验步骤

（1）试件准备

① 实验标准条件为：温度（23±2）℃，相对湿度（50±10）%。

② 单组分防水涂料将其混合均匀作为试料，多组分防水涂料按生产厂规定的配比精确称量，混合均匀作为试料。将产品混合后充分搅拌 5min，静置 1～3min，以减少气泡，然后倒入模具中涂覆。为便于脱模，涂覆前可用脱模剂处理，试样制备时分两次或三次涂覆后，最后一次将表面刮平后，于标准条件下按表 7-18 中的时间要求静置后脱模，然后将脱模后的试样按表 7-18 中的时间要求处理。

表 7-18　涂膜制备的养护条件

分类		脱模前的养护条件	脱模后的养护条件
水性	沥青类	在标准条件 120h	（40±2）℃　48h 后，标准条件 4h
	高分子类	在标准条件 96h	（40±2）℃　48h 后，标准条件 4h
溶剂型、反应型		在标准条件 96h	标准条件 72h

（2）拉伸强度

在表面光滑平整、无明显气泡的涂膜上裁取哑铃Ⅰ型试件，试件数量 5 个，并画好间距 25mm 的平行标线，用厚度计测量试件标线中间和两端三点的厚度，取其算术平均值作为试件厚度。调整拉伸试验机夹具间距约 70mm，将试件夹在试验机上，保持试件长度方向的中心线与试验机夹具中心在一条线上，按表 7-19 的拉伸速度进行拉伸至断裂。

表 7-19　拉伸速度　　mm/min

产品类型	拉伸速度
高延伸率涂料	500
低延伸率涂料	200

（3）实验结果及评定

拉伸试件的拉神强度按式（7-1）计算，结果精确到 0.01MPa：

$$T_L = P/(B \times D) \tag{7-1}$$

式中　T_L——拉伸强度，MPa；

P——最大拉力，N；

B——试件中间部位宽度，mm；

D——试件厚度，mm。

取 5 个试件的算术平均值作为实验结果。

（4）断裂伸长率

试件的断裂伸长率按式（7-2）计算，结果精确到 1%：

$$E=(L_1-L_0)/L_0\times 100 \tag{7-2}$$

式中 E——断裂伸长率，%；

L_0——试件起始标线距离 25mm；

L_1——试件断裂时标线间距离，mm。

取 5 个试件的算术平均值作为实验结果。

2. 不透水性检测

（1）实验仪器

不透水仪：如图 7-1 和图 7-2 所示。

金属网：孔径为 0.2mm。

（2）实验步骤

① 在涂膜上裁取 3 个约 150×150mm 试件，在标准实验条件下放置 2h。

② 实验在（23±5)℃进行。

③ 将装置中充水直到满出，彻底排出装置中空气。将试件放置在透水盘上，再在试件上加一相同尺寸的金属网，盖上 7 孔圆盘，慢慢夹紧直到试件夹紧在盘上，用布或压缩空气干燥试件的非迎水面，慢慢加压到规定的压力。

达到规定压力后，保持压力（30±2）min，观察试件的透水情况（水压突然下降或试件的非迎水面有水）。

（3）实验结果与评定

所有试件在规定时间应无透水现象。

3. 低温弯折性能检测

（1）实验仪器

低温冰柜：控温精度±2℃；弯折仪，如图 7-11 所示；6 倍放大镜。

（2）实验步骤

① 在涂膜上裁取 3 个 100mm×25mm 试件，沿长度方向弯曲试件，将端部固定在一起，可用胶粘带，弯曲 3 个试件，调节弯折仪的两个平板间的距离为试件厚度的 3 倍，检测平板间 4 点的距离，如图 7-11 所示。

② 放置在弯曲试件在试验机上，胶带端对着平行于弯板的转轴，放置翻开的弯折试验机和试件于调好规定温度的低温箱中。在规定温度放置 1h 后，在规定温度弯折试验机从超过 90°的垂直位置到水平位置，1s 内合上，保持该位置 1s，整个操作过程在低温箱中进行。从试验机中取出试件，恢复到（23±5)℃，用 6 倍放大镜检查试件弯折区域的裂纹或断裂。

（3）实验结果与评定

所有试件应无裂纹。

4. 低温柔性检测

（1）实验仪器

低温冰柜：控温精度±2℃；圆棒或弯板：直径 10mm、20mm、30mm。

（2）实验步骤

将涂膜裁取成 100×25mm 的试件 3 块进行实验，将试件和弯板或圆棒放入已调节到规定温度的低温冰柜的冷冻液中，温度计探头应与试件在同一水平位置，在规定温度下保持 1h，然后再冷冻液中将试件绕圆棒或弯板在 3s 内弯曲 180°，弯曲 3 个试件，立即取出试件，肉眼观察试件表面有无裂纹、断裂。

（3）实验结果与评定

所有试件应无裂纹。

5. 固体含量检测

（1）实验仪器

天平：感量 0.001g；电热鼓风烘箱：控温精度±2℃；干燥器：内放变色硅胶或无水氯化钙；培养皿：直径 60～75mm。

（2）实验步骤

将样品（不添加稀释剂）搅匀后，取（6±1）g 的样品倒入已干燥称量的培养皿（m_0）中并铺平底部，立即称量（m_1），再放入到加热到规定温度［水性涂料加热温度（105±2)℃，溶剂型、反应型加热温度（120±2)℃］的烘箱中，恒温 3h，取出放入干燥器中，在标准实验条件下冷却 2h，然后称量（m_2）。对于反应型涂料，应在称量（m_1）后在标准实验条件下放置 24h，再放入烘箱。

（3）实验结果与评定

固体含量按式（7-3）计算：

$$X=\frac{m_2-m_0}{m_1-m_0}\times 100\% \tag{7-3}$$

式中　X——固体含量（质量分数），%；

m_0——培养皿质量，g；

m_1——干燥前试样和培养皿质量，g；

m_2——干燥后试样和培养皿质量，g；

实验结果取两次平行实验的平均值，结果计算精确到 1%。

任务2　防水卷材性能检测

学习目标

掌握防水卷材的不透水性、拉伸性能、耐热性、低温弯折性、低温柔性及固体含量检测的方法。

知识要点

1. 防水卷材的定义

防水卷材是建筑防水材料重要品种，它是具有一定宽度和厚度并可卷曲的片状定型防水材料。

2. 防水卷材的性质

防水卷材必须具备耐水性、温度稳定性、机械强度、延伸性和抗断裂性柔韧性和大气稳定性这几个满足建筑防水要求的基本性能。

3. 防水卷材的技术指标要求

防水卷材的主要技术要求包括卷重、面积及厚度、外观和物理性能三个方面，对不同种的防水卷材其检测方法有所差异。它们的物理性能主要包括拉伸性能（拉伸强度和延伸率）、低温柔度、耐热度、不透水性等指标。

任务要求

通过实验检测，完成实验报告，见表 7-20。

表 7-20　防水卷材性能检测实验

实验日期：________ 温度/室温：________ 湿度：________

（1）实验仪器________

（2）实验记录

防水卷材性能检测实验记录表

实验名称及规格型号			使用部位	
批号			试样编号	
序号	检验项目	标准要求	实测结果	单项结论

（3）检验结论

____

注：填写内容对应检测材料的检测项目。

防水卷材性能检测

1. 防水卷材不透水性能检测

1）适用范围

适用沥青和高分子防水卷材不透水性的检测。

2）实验仪器

组成设备的装置如图 7-1 和图 7-2 所示，产生的压力作用于试件的一面。试件用有狭缝的盘（或 7 孔圆盘）盖上。缝的尺寸符合图 7-3 的规定，孔的尺寸符合图 7-4 的规定。

3）实验步骤

（1）试件制备

试件在卷材宽度方向均匀裁取直径不小于盘外径约 130mm，最外一个距卷材边缘 100mm，试件的纵向与产品的纵向平行并标记，在相关的产品标准中应规定试件数量，最少 3 块。实验前试件在（23±5）℃放置至少 6h。

（2）步骤

在图 7-1 装置中充水直到满出，彻底排出水管中空气，试件的上表面朝下放置在透水盘上，盖上规定的开缝盘（或 7 孔圆盘），其中一个缝的方向与卷材纵向平行（图 7-3）放上封

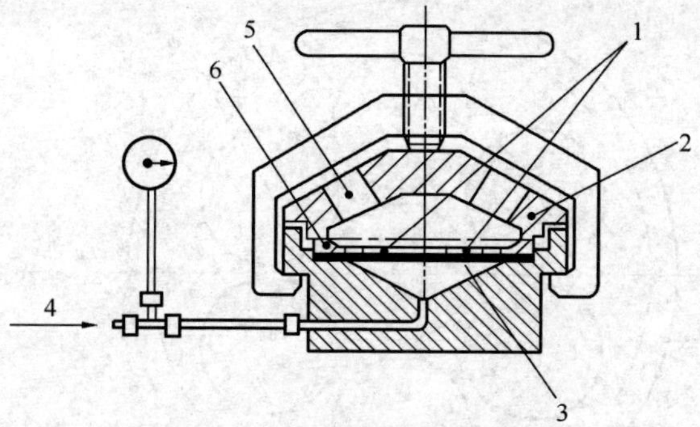

图 7-1　高压力不透水性试验装置

1—狭缝；2—封盖；3—试件；4—静压力；5—观测孔；6—开缝盘

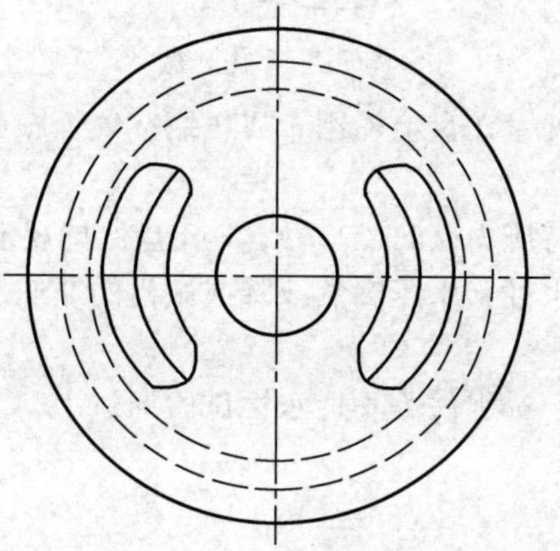

图 7-2　狭缝压力试验装置 封盖草图

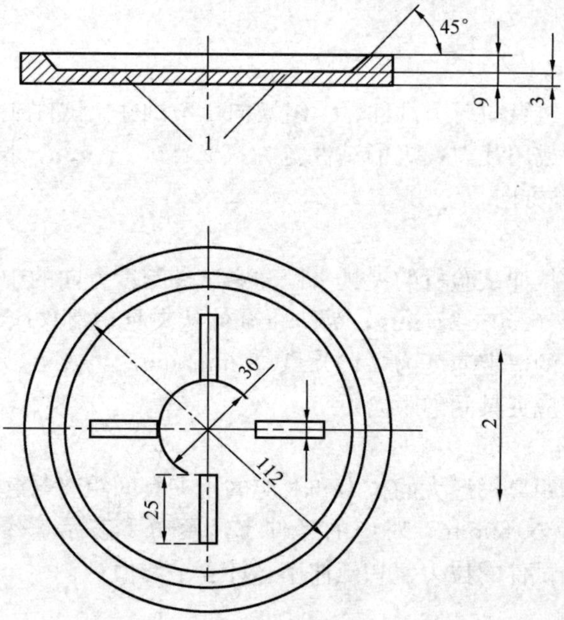

图 7-3　开缝盘

1—所有开封盘的边都有约 0.5mm 半径弧度；2—试件纵向方向

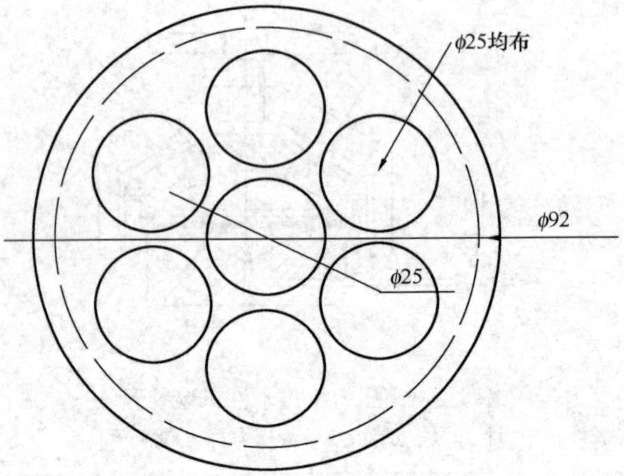

图 7-4　7 孔圆盘

盖，慢慢盖上夹紧直到试件夹紧在盘上，用布或压缩空气干燥试件的非迎水面，慢慢加压到规定的压力。

达到规定的压力后，保持压力（24±1）h，7 孔盘保持规定压力（30±2）min。

实验时观察试件的不透水性（水压突然下降或试件的非迎水面有水）。

4）实验结果与评定

所有试件在规定的时间不透水认为不透水性试验通过。

2. 沥青拉伸性能检测

1）实验仪器

拉伸试验机：有连续记录力和对应距离的装置，能按下面规定的速度均匀的移动夹具，有足够的量程（至少 2000N）和夹具移动速度（100±10）mm/min，夹具宽度不小于 50mm。

2）实验步骤

（1）试件制备

制备 2 组试件，一组纵向 5 个试件，一组横向 5 个试件。试件在试样上距边缘 10mm 以上任意裁取，用模板，或用裁刀，矩形试件宽为（50±0.5）mm，长为（200mm＋2×夹持长度），长度方向为实验方向。

（2）步骤

将试件紧紧的夹在拉伸试验机的夹具中，注意试件长度方向的中线与试验机夹具中心在一条线上，夹具距离为（200±2）mm，为防止试件从夹具中滑移应作标记。试验在（23±2)℃进行，夹具移动长的恒定速度为（100±10）mm/min。

连续记录拉力和对应夹具间的距离。

3）实验结果与评定

记录得到的拉力和距离，最大的拉力和对应的由夹具间距离与起始距离的百分率计算延伸率。最大拉力单位为 N/50mm，对应的延伸率用百分率表示，作为试件同一方向结果，分别记录每个方向 5 个试件的拉力值和延伸率，计算平均值。

3. 沥青耐热性检测

1）适用范围

不适用无增强层的沥青卷材。

2）方法 A

（1）实验仪器

① 鼓风烘箱（不提供新鲜空气）：在实验范围内最大温度波动±2℃。当门打开 30s，恢复温度到工作温度的时间不超过 5min。

② 热电偶：连接到外面的电子温度计，在规定范围内能测量到±1℃。

③ 悬挂装置：至少 100mm 宽，能夹住试件的整个宽度在一条线，并能悬挂在实验区域，如图 7-5 所示。

④ 光学测量装置刻度至少 0.1mm。

⑤ 金属圆插销的插入装置，内径约 4mm。

⑥ 画线装置，如图 7-5 所示。

⑦ 墨水记号，线的宽度不超过 0.5mm，白色耐水墨水。

⑧ 硅纸。

（2）实验步骤

① 试件制备

矩形试件尺寸（115±1)mm×(100±1)mm，试件均匀地在试样宽度方向裁取，长边是卷材的纵向。试件距卷材边缘 150mm 以上，试件从卷材的一边开始连续编号，卷材上表面和下表面标记。

去除任何非持久保护层，在常温下用胶带粘在上面，冷却到接近假设的冷弯温度，然后从试件上撕去胶带，另一方法是用压缩空气吹（压力约 0.5MPa，喷嘴直径约 0.5mm），假若上面的方法不能除去保护膜，用火焰烤，用最少的时间破坏膜而不损伤试件。

在试件纵向的横断面一边，上表面和下表面的大约 15mm 一条的涂盖层去除直至胎体，若卷材有超过一层的胎体，去除涂盖料直到另外一层胎体。在试件的中间区域的涂盖层也从上表面和下表面的两个接近处去除，直至胎体。可用热刮刀，小心地去除涂盖层不损坏胎体。两个内径约 4mm 的插销在裸露区域穿过胎体。任何表面浮着的矿物料或表面材料通过轻轻敲打试件去除，然后标记装置放在试件两边插入插销定位于中心位置，在试件表面整个宽度方向沿着直边用记号笔垂直画一条线，操作时试件平放。

试件实验前至少在（23±2)℃平放 2h，相互之间不要接触或粘住，可将试件分别放在硅纸上防止粘结。

② 步骤

烘箱预热到规定试验温度，温度通过与试件中心同一位置的热电偶控制，整个实验期间，实验区域的温度波动不超过±2℃。

将制备好的一组三个试件露出的胎体处于悬挂装置夹住，涂盖层不要夹到，必要时用不粘层包住两面，便于在实验结束时除去夹子。

悬挂试件在规定温度烘箱的相同高度，间隔至少 30mm。此时烘箱的温度不能下降太多，开关烘箱门放试件的时间不超过 30s，放入试件后加热时间为（120±2）min。

加热周期一结束，试件和悬挂装置从烘箱中取出，相互间不要接触，在（23±2)℃自由悬挂冷却至少 2h，然后除去悬挂装置，按试件制备要求，在试件两面画第二个标记，用光学测量装置在每个试件的两面测量两个标记底部间最大距离 ΔL，精确到 0.1mm。

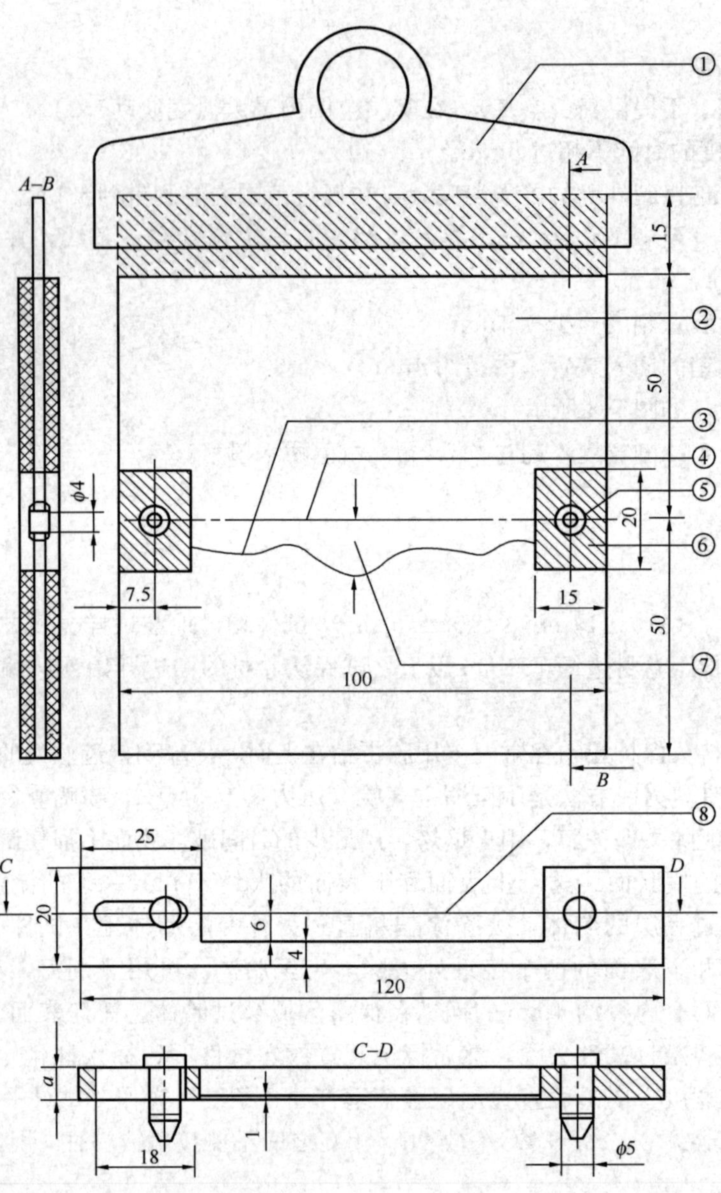

图 7-5　试件、悬挂装置和标记装置

1—悬挂装置；2—试件；3—标记线 1；4—标记线 2；5—插销；ϕ4mm；6—去除涂盖层；7—滑动 ΔL（最大距离）；8—直边

（3）实验结果与评定

在实验温度下卷材上表面和下表面的滑动平均值不超过 2.0mm 认为合格。

3）方法 B

（1）实验仪器

① 鼓风烘箱：在实验范围内最大温度波动±2℃。当门打开 30s，恢复温度到工作温度的时间不超过 5min。

② 热电偶：连接到外面的电子温度计，在规定范围内能测量到±1℃。

③ 悬挂装置：接近无锈的铁丝或回形针。

④ 硅纸。

（2）实验步骤

① 试件制备

矩形试件尺寸（100±1）mm×（50±1）mm，试件均匀地在试样宽度方向裁取，长边是卷材的纵向。试件距卷材边缘 150mm 以上，试件从卷材的一边开始连续编号，卷材上表面和下表面标记。

去除任何非持久保护层，可在常温下用胶带粘在上面，冷却到接近假设的冷弯温度，然后从试件上撕去胶带，另一方法是用压缩空气吹（压力约 0.5MPa，喷嘴直径约 0.5mm），假若上面的方法不能除去保护膜，用火焰烤，用最少的试件破坏膜而不损伤试件。

试件实验前的处理方法同方法 A。

② 步骤

烘箱预热到规定实验温度，温度通过与试件中心同一位置的热电偶控制，整个实验期间，实验区域的温度波动不超过±2℃。

将制备好的一组三个试件，分别在距试件短边一端 10mm 出的中心打一小孔，用细铁丝或回形针穿过，垂直悬挂试件在规定温度烘箱的相同高度，间隔至少 30mm。此时烘箱的温度不能下降太多，开关烘箱门放试件的试件不超过 30s，放入试件后加热时间为（120±2）min。

加热周期一结束，试件从烘箱中取出，相互间不要接触，目测观察并记录试件表面的涂盖层有无滑动、流淌、滴落、集中性气泡（破坏涂盖层原形的密集气泡）。

（3）实验结果与评定

试件任一端涂盖层不应与胎基发生位移，试件下端的涂盖层不应超过胎基，无流淌、滴落、集中性气泡，为规定温度下耐热性符合要求。

一组三个试件都应符合要求。

4. 沥青低温柔性检测

1）实验仪器

① 试样装置的操作的示意和方法如图 7-6 所示。该装置由 2 个直径（20±0.1)mm 不旋转的圆筒，一个直径（30±0.1)mm 圆筒或半圆筒弯曲轴组成，该轴在两个圆筒中间，能向上移动。两个圆筒间的距离可以调节，即圆筒和弯曲轴间的距离能调节为卷材的厚度。

② 整个装置浸入能控制温度在＋20～－40℃，精度 0.5℃温度条件的冷冻液中。冷冻液可选用：丙烯乙二醇/水溶液（体积比 1∶1）低至－25℃或低于－20℃的乙醇/水混合物(体积比 2∶1)。

③ 用一只测量精度 0.5℃的半导体温度计检查实验温度，放入实验液体中与实验试件在同一水平面。试件在实验液体中的位置应平放且完全浸入，用可移动的装置支撑，该支撑装置应至少能放一组 5 个试件。

④ 实验时，弯曲轴从下面顶着试件以 360mm/min 的速度升起，这样试件能弯曲 180°，电动控制系统能保证在每个实验过程和实验温度的移动速度保持在（360±40）mm/min。

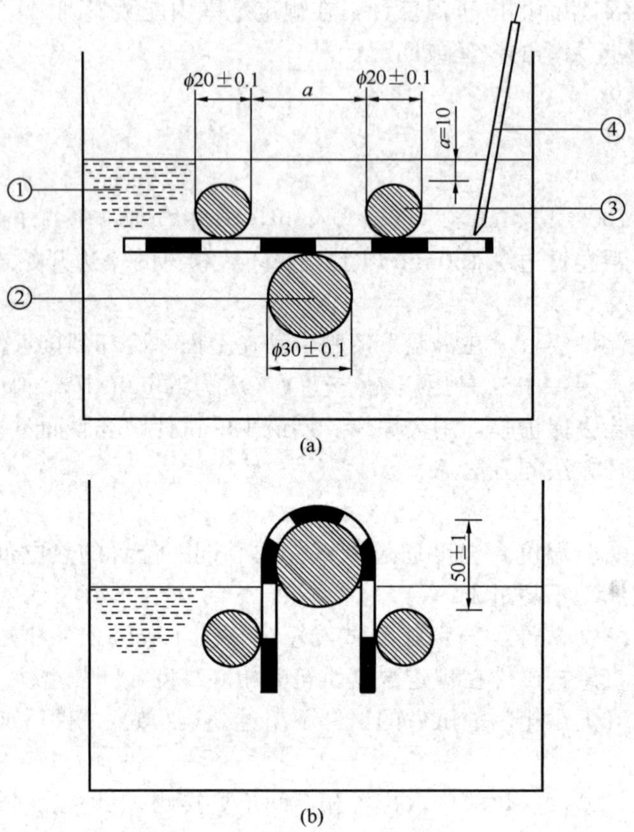

图 7-6　试样装置原理和弯曲过程

1—冷冻液；2—弯曲轴；3—固定圆筒；4—半导体温度计（热敏探头）

（a）开始弯曲；（b）弯曲结束

2）试验步骤

（1）试件制备

从试样宽度方向上均匀地裁取，长边在卷材的纵向，试件裁取时应距卷材边缘不少于150mm，试件应从卷材的一边开始做连续的记号，同时标记卷材的上表面和下表面。去除表面的任何保护膜，在试件试验前应在（23±2)℃的平板上放置至少 4h，并且相互之间不能接触，也不能粘在板上。

（2）步骤

实验前，两圆筒间的距离按试件厚度调节，即弯曲轴直径＋2mm＋两倍试件的厚度，然后装置放入已冷却的液体中，并且圆筒的上端冷冻液面下约 10mm，弯曲轴在下面的位置。

冷冻液达到规定的实验温度，误差不超过 0.5℃，试件放于支撑装置上，且在圆筒的上端，保证冷冻液完全浸没试件，试件放入冷冻液达到规定温度后，开始保持在该温度 1h±5min，半导体温度计的位置靠近试件，检查冷冻液温度。

两组各 5 个试件，全部按上述要求在规定温度处理后，一组是上表面实验，另一组下表面实验，试件放置在圆筒和弯曲轴之间，实验面朝上，然后设置弯曲轴以（360±40)mm/min 速度顶着试件向上移动，试件同时绕轴弯曲。轴移动的终点在圆筒上面（30±1)mm 处，试件的表面明显露出冷冻液，同时液面也因此下降。

在完成弯曲过程 10s 内，在适宜光源下用肉眼检查试件有无裂纹，必要时，用辅助光学装置帮助。若有一条或更多的裂纹从涂盖层深入到胎体层，或完全贯穿无增强卷材，即存在裂缝。

一组 5 个试件分别实验检查。

3）实验结果与评定

一个实验面 5 个试件在规定温度至少 4 个无裂缝为通过，上表面和下表面的实验结果分别记录。

5. 高分子防水卷材拉伸性能检测

1）实验仪器

拉伸试验机：有连续记录力和对应距离的装置，能按下面规定的速度均匀的移动夹具，有足够的量程（至少 2000N）和夹具移动速度（100±10)mm/min 和（500±50)mm/min，夹具宽度不小于 50mm。

2）实验步骤

(1）试件制备

准备两组试件，一组纵向 5 个试件，一组横向 5 个试件。试件在距试样边缘(100±10)mm 以上裁取，用模板，或用裁刀，尺寸如下：

① 方法 A：矩形试件为（50±0.5）mm×200mm，如图 7-7 和表 7-21 所示。

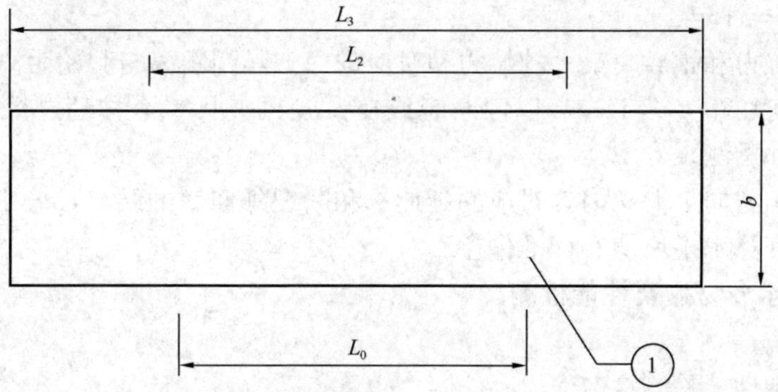

图 7-7　方法 A 的矩形试件

1—标记

② 方法 B：哑铃型试件为（6±0.4）mm×115mm，如图 7-8 和表 7-21 所示。

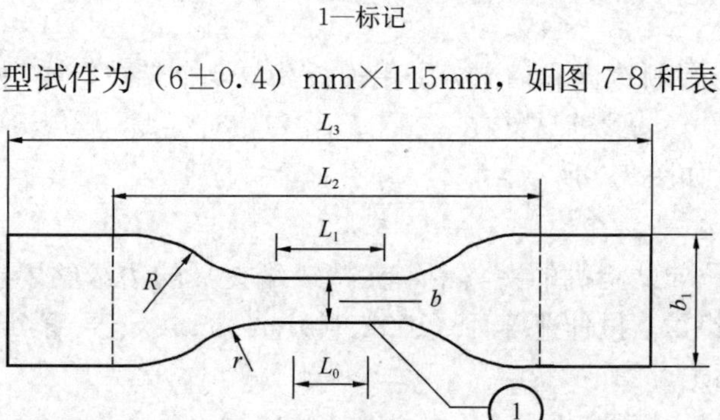

图 7-8　方法 B 的哑铃型试件

1—标记

表 7-21 试件尺寸 mm

方 法	方法 A	方法 B
全长，至少（L_0）	＞200	＞115
端头宽度（b_1）		25±1
狭窄平行部分长度（L_1）		33±2
宽度（b）	50±0.5	6±0.4
小半径（r）		14±1
大半径（R）		25±2
标记间距离（L_0）	100±5	25±0.25
夹具间起始间距（L_2）	120	80±5

试件在实验前在（23±2)℃和相对湿度（50±5)％的条件下至少放置20h。

（2）步骤

将试件紧紧地夹在拉伸试验机的夹具中，试件长度方向的中线与试验机夹具中心在一条线上，为防止试件产生任何松弛加载不超过5N的力。

实验在（23±2)℃进行，夹具移动的恒定速度为：方法A为（100±10)mm/min，方法B为（500±50)mm/min。连续记录拉力和对应的夹具间分开的距离，直至试件断裂，并记录破坏形式。

对于有增强层的卷材，应记录两个最大峰值的拉力和延伸率及断裂延伸率。

3）实验结果与评定

记录得到的拉力和距离，最大的拉力和对应的由夹具间距离与起始距离的百分率计算的延伸率。去除任何在距夹具10mm以内断裂或在试验机夹具中滑移超过极限值的试件的实验结果，用备用件重测。

记录试件同一方向最大拉力，对应的延伸率和断裂延伸率的结果，分别记录每个方向5个试件的值，计算算术平均值和标准偏差。

6. 高分子防水卷材撕裂性能检测

1）实验仪器

详见沥青拉伸性能检测章节。

2）实验步骤

（1）试件制备

α角的精度在1°，卷材纵向和横向分别用模板裁取5个带缺口或割口试件，每个试件上的夹持线位置作好记号，试验前试件在（23±2)℃和相对湿度（50±5)％的条件下放置至少20h。试件形状和尺寸如图7-9所示。

（2）步骤

试件紧紧地夹在拉伸试验机的夹具中，夹持线沿夹具的边缘的要求如图7-10所示。试件试验温度为（23±2)℃，拉伸速度为（100±10)mm/min。记录每个试件的最大拉力。

3）实验结果与评定

每个试件的最大拉力用N表示。舍去试件从拉伸试验机夹具中滑移超过规定值的结果，用备用件重新实验。

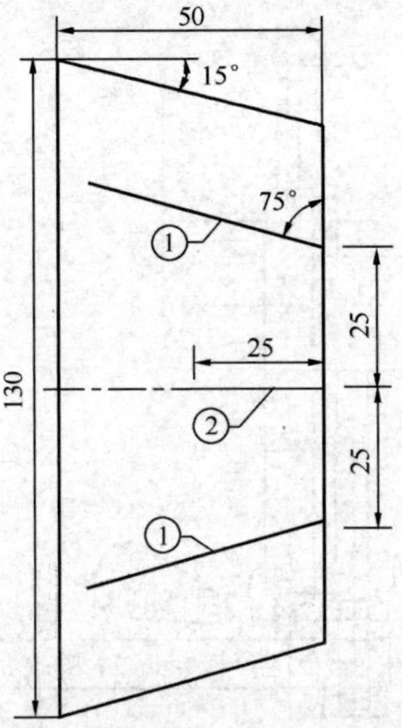

图 7-9　试件形状和尺寸

1—夹持线；2—缺口或割口

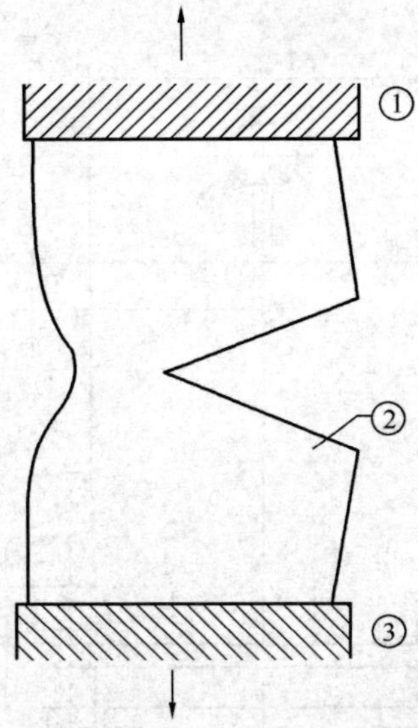

图 7-10　试件在夹具中的位置

1—上夹具；2—试件；3—下夹具

计算每个方向的拉力算术平均值，用 N 表示，结果精确到 1N。

7. 高分子防水卷材低温弯折性能检测

1）实验仪器

① 弯折板：金属弯折装置有可调节的平行平板，如图 7-11 所示。

② 环境箱：空气循环的低温空间，可调节温度至－45℃，精度±2℃。

③ 6 倍玻璃放大镜。

2）实验步骤

（1）试件制备

每个实验温度取 4 个 100mm×50mm 试件，两个卷材纵向（L），两个卷材横向（T）。实验前试件在（23±2)℃和相对湿度（50±5)%的条件下放置至少 20h。

（2）条件

除了低温箱，实验中操作在（23±5)℃进行。

测量每个试件的全厚度，沿长度方向弯曲试件，可用胶粘带将端部固定在一起，卷材上表面弯曲朝外，如此弯曲固定一个纵向、一个横向试件，再将卷材的上表面弯曲朝内，如此弯曲另外一个纵向和横向试件。

放置弯曲试件在试验机上，胶带端对着平行于弯板的转轴，如图 7-11 所示，放置翻开的弯折试验机和试件于调好规定温度的低温箱中。

放置 1h 后，弯折试验机从超过 90°的垂直位置到水平位置，1s 内合上，保持该位置 1s，整个操作过程在低温箱中进行。

从试验机中取出试件，恢复到（23±5)℃。

用 6 倍放大镜检查试件弯折区域的裂纹或断裂。

弯折程序每 5℃重复一次，范围为：40℃、35℃、30℃、25℃、20℃等，直到用 6 倍放大镜检查试件无裂纹和断裂。

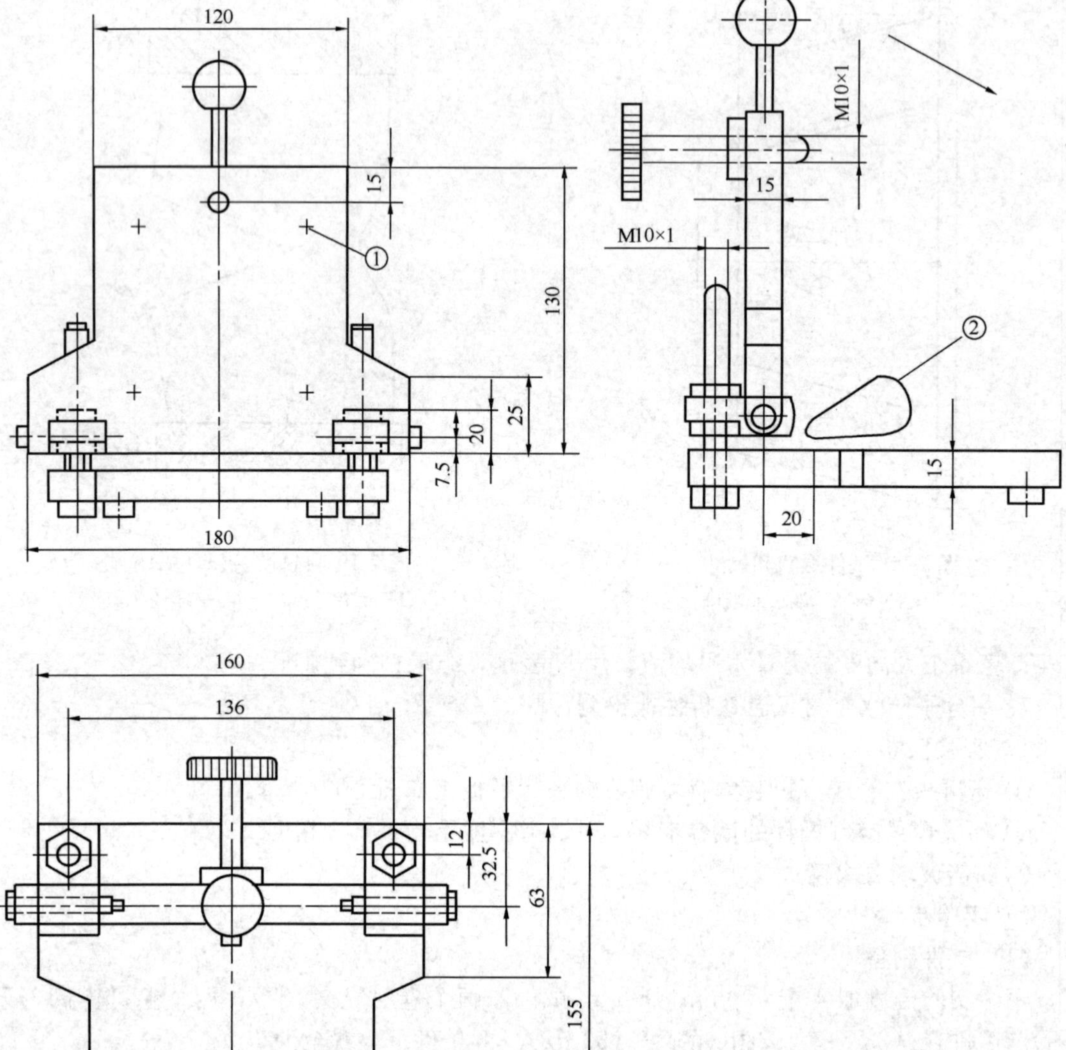

图 7-11　弯折装置示意图（mm）

1—测量点；2—试件

3）实验结果与评定

在上述温度范围内，按弯折程序重复进行，卷材的低温弯折温度为任何试件不出现裂纹和断裂的最低的 5℃间隔。

小　　结

防水材料是保证建筑工程能够防止雨水、地下水及其他水分渗透的材料，其质量的优劣直接影响到人们的居住环境、卫生条件及建筑的使用寿命。常用的防水材料主要有防水卷材、防水涂料。

防水卷材目前主要包括沥青防水卷材、高聚物改性沥青防水卷材、合成高分子防水卷材三大系列，防水涂料主要有聚氨酯防水涂料和聚合物水泥基复合防水涂料。对防水材料性能的检测主要集中在拉伸性能、不透水性能、耐热性能、低温柔性、低温弯折等性能的检测。

自测练习

一、填空题

1. 防水卷材根据其主要防水组成材料分为________________、________________和________________三大类。

2. SBS改性沥青防水卷材的，是以________或________为胎基，________为改性剂，两面覆以________材料所制成的建筑防水卷材，属于________体改性沥青防水卷材；APP改性沥青防水卷材的，是以________或________为胎基，________为改性剂，两面覆以________材料所制成的建筑防水卷材，属于________体改性沥青防水卷材。

3. SBS改性沥青防水卷材和APP改性沥青防水卷材，按胎基分为________和________两类，按表面隔离材料分为________、________及________三种，按物理力学性能分为________型和________型。

4. 三元乙丙橡胶（EPDM）防水卷材属于________防水卷材。

5. 聚氨酯防水涂料标准中产品按组分分类（S）代表________，（M）代表________。

6. 聚氨酯防水涂料标准中标准试验条件为：温度________，相对湿度________。其试件制备时，若样品为多组分涂料，则按产品生产厂要求的配合比混合后充分搅拌________，在________的情况下倒入框中。

二、简答题

1. 防水卷材和防水涂料的主要技术要求是什么？

2. 防水涂料进行低温柔性检测时，若有1块试件表面出现裂纹，如何判定？

3. 聚氨酯防水涂料拉伸强度检测，结果取几位有效数字？

4. 简述沥青防水卷材规定温度下的耐热性测定及结果评定。

5. 简述沥青防水卷材规定温度的柔度结果评定。

项目 8　建筑涂料性能检测

学习目标

1. 掌握合成树脂乳液内墙涂料和合成树脂乳液外墙涂料的基本概念、种类。

2. 掌握合成树脂乳液内墙涂料和合成树脂乳液外墙涂料性能检测的方法、适用范围、仪器设备、检测结果表示与评定、检测报告内容。

能力目标

1. 掌握防水卷材、防水涂料检测的取样规定。

2. 掌握建筑外墙涂料和内墙涂料的性能检测方法。

相关理论知识

知识点一　建筑涂料简介

涂料是指涂布于物体表面在一定的条件下能形成薄膜而起保护、装饰或其他特殊功能（绝缘、防锈、防霉、耐热等）的一类液体或固体材料。因早期的涂料大多以植物油为主要原料，故又称油漆。现在合成树脂已大部分或全部取代了植物油，故称为涂料。涂料属于有机化工高分子材料，所形成的涂膜属于高分子化合物类型。按照现代通行的化工产品的分类，涂料属于精细化工产品。现代的涂料正在逐步成为一类多功能性的工程材料，是化学工业中的一个重要行业。

涂料主要分为三大类，包括建筑涂料、工业涂料和特种涂料。其中建筑涂料是产量最高、消费量最大的品种，具有方便、经济、不增加建筑物自重、施工效率高、翻新维修方便等优点。用于建筑物内外墙体、顶棚、地面、屋面等处的涂料和用于建筑物所有部位的木质、金属、塑料等构件的涂料都属于建筑涂料的范畴。

知识点二　建筑涂料组成

建筑涂料主要由四部分组成：成膜物质、颜填料、助剂及溶剂。

1. 成膜物质

成膜物质是涂膜的主要成分，包括油脂、油脂加工产品、纤维素衍生物、天然树脂和合成树脂。成膜物质还包括部分不挥发的活性稀释剂，它是使涂料牢固附着于被涂物面上形成连续薄膜的主要物质，是构成涂料的基础，决定着涂料的基本特性。

2. 颜填料

颜料可以使涂料呈现出丰富的颜色，使涂料具有一定的遮盖力，并且具有增强涂膜机械性能和耐久性的作用。颜料的品种很多，在配制涂料时应注意根据所要求的不同性能和用途仔细选用。填料也可称为体质颜料，特点是基本不具有遮盖力，在涂料中主要起填充作用。填料可以降低涂料成本，增加涂膜的厚度，增强涂膜的机械性能和耐久性。常用填料品种有滑石粉、碳酸钙、硫酸钡、二氧化硅等。

3. 助剂

形象地说，助剂在涂料中的作用，就相当于维生素和微量元素对人体的作用一样。用量很少，作用很大，不可或缺。现代涂料助剂主要有四大类的产品：

① 对涂料生产过程发生作用的助剂，如消泡剂、润湿剂、分散剂、乳化剂等。

② 对涂料储存过程发生作用的助剂，如防沉剂、稳定剂，防结皮剂等。

③ 对涂料施工过程起作用的助剂，如流平剂、消泡剂、催干剂、防流挂剂等。

④ 对涂膜性能产生作用的助剂，如增塑剂、消光剂、阻燃剂、防霉剂等。

4. 溶剂

除了少数无溶剂涂料和粉末涂料外，溶剂是涂料不可缺少的组成部分。一般常用有机溶剂主要有脂肪烃、芳香烃、醇、酯、酮、卤代烃、萜烯等。溶剂在涂料中所占比重大多在50%以上。溶剂的主要作用是溶解和稀释成膜物，使涂料在施工时易于形成比较完美的漆膜。溶剂在涂料施工结束后，一般都挥发至大气中，很少残留在漆膜里。从这个意义上来说，涂料中的溶剂既是对环境的极大污染，也是对资源的很大浪费。所以，现代涂料行业正在努力减少溶剂的使用量，开发出了高固体份涂料、水性涂料、乳胶涂料、无溶剂涂料等环保型涂料。

知识点三 建筑涂料分类

1. 建筑涂料的分类

建筑的装饰和保护有各种途径，但采用涂料是最简便、最经济的方法。它具有色彩丰富、质感逼真、施工方便、维修容易、自重轻、环保、节能等特点。现对建筑涂料的分类做一个简单介绍：

① 按部位不同，油漆主要分为墙漆、木器漆和金属漆。墙漆包括了外墙漆、内墙漆和顶面漆，它主要是乳胶漆等品种；木漆主要有硝基漆、聚氨酯漆等，金属漆主要是磁漆。

② 按状态不同，油漆又可分为水性漆和油性漆。乳胶漆是主要的水性漆，而硝基漆、聚氨酯漆等多属于油性漆。

③ 按功能不同，油漆又可分为很多种：防水漆、防火漆、防霉漆、防蚊漆及具有多种功能的多功能漆等。

④ 按作用形态又可分为挥发性漆和不挥发性漆。

⑤ 按表面效果上来分，又可分为透明漆、半透明漆和不透明漆。

2. 建筑涂料品种的应用范围（表 8-1）

表 8-1 常见涂料品种的应用范围

品种	主要用途
醇酸漆	一般金属、木器、家庭装修、农机、汽车、建筑等的涂装
丙烯酸乳胶漆	内外墙涂装、皮革涂装、木器家具涂装，地坪涂装
溶剂型丙烯酸漆	汽车、家具、电器、塑料、电子、建筑、地坪涂装

续表

品种	主要用途
环氧漆	金属防腐、地坪、汽车底漆、化学防腐
聚氨酯漆	汽车、木器家具、装修、金属防腐、化学防腐、绝缘涂料、仪器仪表的涂装
硝基漆	木器家具、装修、金属装饰
氨基漆	汽车、电器、仪器仪表、木器家具、金属防护
不饱和聚酯漆	木器家具、化学防腐、金属防护、地坪
酚醛漆	绝缘、金属防腐、化学防腐、一般装饰
乙烯基漆	化学防腐、金属防腐、绝缘、金属底漆、外用涂料

任务1 合成树脂乳液内墙涂料性能检测

学习目标

掌握合成树脂乳液内墙涂料的主要性能并能操作合成树脂乳液内墙涂料的性能检测实验。

知识要点

1. 合成树脂乳液内墙涂料简介

合成树脂乳液内墙涂料是以高分子合成树脂乳液为主要成膜物质，与颜料、体质颜料及各种助剂配制而成的墙面涂料，俗称乳胶漆。按乳液制造方法的不同可分为两类，其一由单体通过乳液聚合方法生产工艺直接合成的乳液；其二由高分子合成树脂通过乳化方法制成的乳液。合成树脂乳液内墙涂料是目前最重要也是最有发展前途的装饰涂料品种之一。它具有安全无毒、施工方便、干燥快速、耐水耐碱、透气性好、容易配色等优点，是目前最常用的大众化的内墙装饰涂料，因其施工简单，色泽可随意调配，所以成为广大群众装修墙体的重要产品。

2. 合成树脂乳液内墙涂料种类及性能特点

合成树脂乳液内墙涂料优点是施工简单，有多种色调，宜在其上点缀各种装饰品，装饰效果简洁大方，是应用的最广泛的内墙装饰材料。居室内墙常用涂料可分为六大类：

第一类，低档水溶性涂料，是聚乙烯醇溶解在水中，再在其中加入颜料等其他助剂而成。该类涂料具有价格便宜、无毒、无臭、施工方便等优点。由于其成膜物是水溶性的，所以用湿布擦洗后总要留下些痕迹，耐久性也不好，易泛黄变色，但其价格便宜，施工也十分方便，目前消耗量仍最大，多为中低档居室或临时居室室内墙装饰选用。

第二类，乳胶漆，它是一种以水为介质，以丙烯酸酯类、苯乙烯、丙烯酸酯共聚物、醋酸乙烯酯类聚合物的水溶液为成膜物质，加入多种辅助成分制成，其成膜物是不溶于水的，涂膜的耐水性和耐侯性比第一类大大提高，湿擦洗后不留痕迹，并有平光、高光等不同装饰类型。由于目前其色彩较少，装饰效果与106类相似，再加上宣传力度不够，价格又比106类涂料高得多，所以尚未被普遍认识。其实这两类涂料完全不是一个档次，乳胶漆在国外用得十分普遍，是一种极有前途的内墙装饰涂料。

第三类，目前十分风行的多彩涂料，该涂料的成膜物质是硝基纤维素，以水包油形式分散在水相中，一次喷涂可以形成多种颜色花纹。

第四类，仿瓷涂料，其装饰效果细腻、光洁、淡雅，价格不高，施工工艺繁杂，耐湿擦性差。

第五类，又称液体墙纸，液体壁纸，是目前流行趋势最大的内墙装饰涂料，性能环保，效果多样，色彩任意调制，而且可以任意订制效果，相比于第四类有超强的耐摩擦，抗污性能，而且工艺配合专用模具施工方便，深受消费者和设计师厚爱。

第六类，新型的泥类粉末涂料，包括硅藻泥、海藻泥等，是目前比较环保的涂料。泥性涂料，工艺配合专用模具施工，深受消费者和设计师厚爱。

3. 产品分类、分等

产品分为两类：合成树脂乳液内墙底漆（以下简称内墙底漆）、合成树脂乳液内墙面漆（以下简称内墙面漆）。

内墙面漆分为三个等级：合格品、一等品、优等品。

4. 要求

（1）内墙底漆应符合表8-2的要求

表8-2　内墙底漆的要求

项　目	指　标
容器中状态	无硬块，搅拌后呈均匀状态
施工性	刷涂无障碍
低温稳定性（3次循环）	不变质
涂膜外观	正常
干燥时间（表干）(h)	2
耐碱性（24h）	无异常
抗泛碱性（48h）	无异常

（2）内墙面漆应符合表8-3的要求

表8-3　内墙面漆的要求

项　目	指　标		
	合格品	一等品	优等品
容器中状态	无硬块，搅拌后呈均匀状态		
施工性	刷涂二道无障碍		
低温稳定性（3次循环）	不变质		
涂膜外观	正常		
干燥时间（表干）(h)⩽	2		
对比率（白色和浅色）⩾	0.90	0.93	0.95
耐碱性（24h）	无异常		
耐洗刷性（次）⩾	300	1000	5000

任务要求

进行合成树脂乳液内墙涂料性能检测，完成试验报告见表 8-4、表 8-5。

表 8-4 合成树脂乳液内墙底漆检测实验

实验日期：__________ 气温/室温：__________ 湿度：__________

（1）实验仪器__________

（2）实验记录

内墙底漆实验记录表

项 目	指 标	实验结果	单项评定
容器中状态	无硬块，搅拌后呈均匀状态		
施工性	刷涂无障碍		
低温稳定性（3 次循环）	不变质		
涂膜外观	正常		
干燥时间（表干）（h）	2		
耐碱性（24h）	无异常		
抗泛碱性（48h）	无异常		

（3）结论

____

表 8-5 内合成树脂乳液内墙面漆检测实验

试验日期：__________ 气温/室温：__________ 湿度：__________

（1）实验仪器__________

（2）实验记录

内墙面漆实验记录表

项 目	指 标			实验结果	单项评定
	合格品	一等品	优等品		
容器中状态	无硬块，搅拌后呈均匀状态				
施工性	刷涂二道无障碍				
低温稳定性（3 次循环）	不变质				
涂膜外观	正常				
干燥时间（表干）（h）⩽	2				
对比率（白色和浅色）⩾	0.90	0.93	0.95		
耐碱性（24h）	无异常				
耐洗刷性（次）⩾	300	1000	5000		

（3）结论

____

检测步骤

1. 依据标准

《合成树脂乳液内墙涂料》(GB/T 9756)

《漆膜、腻子膜干燥时间》(GB/T 1728)

《色漆和清漆　涂层老化的评级方法》(GB/T 1766)

《色漆和清漆　密度的测定　比重瓶法》(GB/T 6750)

《建筑涂料　涂层耐碱性的测定》(GB/T 9265)

《建筑涂料　涂层耐洗刷性的测定》(GB/T 9266)

《涂料试样状态调节和试验的温湿度》(GB/T 9278)

2. 实验方法

(1) 实验条件

试板的状态调节和实验的温湿度为：温度 (23±2)℃，相对湿度为 (50±5)%。

(2) 实验样板的制备

① 所检产品未明示稀释比例时，搅拌均匀后制板。

② 所检产品明示了稀释比例时，除对比率外，其余需要制板进行的检验的项目，均应按规定的稀释比例加水搅匀后制板，若所检产品规定了稀释比例的范围时，应取中间值。

③ 本标准检验用底材对比率使用聚酯膜（或卡片纸）；抗泛碱性使用无石棉纤维增强水泥中密度板；其余项目所用底材采用符合 JC/T 412.1—2006 中 NAFHV 级要求的无石棉水泥中平板，厚度为 4～6。水泥表面处理按 GB/T 9271 中的规定进行。

④ 内墙底漆采用刷涂法制板。每个样品按照 GB/T 6750 中的规定先测定密度 D，按式 (8-1) 计算出刷涂质量：

$$m = D \times S \times 80 \times 10^{-6} \tag{8-1}$$

式中　m——湿膜厚度为 80μm 的一道刷涂质量，kg；

D——按规定的稀释比例稀释后的样品密度，kg/m^3；

S——试板面积，m^3；

每道刷涂质量：计算刷涂质量±0.1g。

部分内墙底漆由于粘度过低，无法按计算刷涂量制板的，可适当减少刷涂质量，应在报告中注明；部分内墙底漆由于黏度过高，无法按计算刷涂量制板的，应适当加水稀释，应在报告中注明稀释比例。

⑤ 内墙面漆采用由不锈钢材料制成的线棒涂布器制板。线棒涂布器是几种不同直径的不锈钢丝分别紧密缠绕在不锈钢棒上制成，其规格为 80、100、120 三种，线棒规格与缠绕钢丝之间的关系见表 8-6。

表 8-6　线棒

规　格	80	100	120
缠绕钢丝直径 (mm)	0.80	1.00	1.20

⑥ 内墙底漆各检测项目的试板尺寸、数量、养护期及底漆涂布量按表 8-7 规定执行。

表 8-7 内墙面漆制板要求

检测项目	制板要求			
	尺寸（mm×mm×mm）	线棒涂布器规格		养护期（d）
		第一道	第二道	
干燥时间	150×70×(4～6)	100	—	
施工性、涂膜外观	430×150×(4～6)	—	—	—
对比率	—	100	—	1
耐碱性	150×70×(4～6)	120	80	7
耐洗刷性	430×150×(4～6)	120	80	7

注：根据涂料干燥性能不同，干燥条件和养护时间可以商定，但仲裁检验时为 1d。

⑦ 内墙面漆各检测项目的试板尺寸、采用的涂布器规格、涂布道数和养护时间应符合表 8-7 规定。涂布两道时，两道间隔 6h。

3. 性能检测

1）容器中状态

打开包装容器，搅拌时无硬块，易于混合均匀，则评定为合格。

2）施工性

（1）内墙底漆施工性

用刷子在试板平滑面上刷涂试样，刷子运行无困难，则评定为“刷涂无障碍”。

（2）内墙面漆施工性

用刷子在试板平滑面上刷涂试样，涂布量为湿膜厚约 100μm。使试板的长边呈水平方向，短边与水平面成约 85°竖放。放置 6h 后再用同样方法涂刷第二道试样，刷子运行无困难，则评定为“刷涂二道无障碍”。

3）涂膜外观

将试验结束后的试板放置 24h，目视观察涂膜，若无显著缩孔，涂膜均匀，则评定为“正常”。

4）干燥时间（表干）

按漆膜一般制备法，在马口铁板上制备漆膜。然后按产品规定的干燥时间进行干燥。

干燥时间测定法（指触法）：以手指轻触漆膜表面，如感到有些发粘，但无漆粘在手指上，即认为表面干燥。

5）耐碱性

除非另有规定，试板底板为符合 JC/T 412.1—2006 中 NAF H V 级的无石棉纤维平板，最小尺寸为 150mm×700mm×(3～6)mm。

（1）实验环境条件

除非另有规定，在温度（23±2)℃，相对湿度（50±5)%条件下进行实验。

（2）碱溶液（饱和氢氧化钙）的配制

在温度（23±2)℃条件下，在符合规定的三级水中加入过量的氢氧化钙分析纯配置碱溶液并进行充分搅拌，密封放置 24h 后取上层清液作为实验溶液。

（3）实验步骤

取三块制备好的试板，用 1∶1 的石蜡和松香将试板四周边缘和背面封闭，封边宽度2～4mm。将试板长度的 2/3 浸入氢氧化钙饱和溶液，加盖密封至产品标准规定时间。

（4）试板的检查与结果评定

浸泡结束后，取出试板用水冲洗干净，甩掉板面上的水珠，再用滤纸吸干。立即观察表面是否出现变色、气泡、剥落、粉化、软化等现象。

以至少两块试板涂层一致作为实验结果。

试板边缘约 5mm 和液面以下约 10mm 内的涂层区域，不作评定。

当出现变色、气泡、剥落、粉化等涂膜病态现象可按 GB/T 1766 进行描述。

6）耐洗刷性

（1）仪器和材料

① 无石棉纤维平板：除非另有规定，试板底板为符合 JC/T 412.1—2006 中 NAF H V 级，尺寸为 430mm×150mm×(3～6)mm。

② 涂层耐洗刷性测试仪：刷子的运动频率为每分钟往复(37±2)次循环，夹具及刷子的总质量应为(450±10)g。

③ 刷子：毛长约为 19mm。使用前将刷毛 12mm 浸入(23±2)℃水中 30min，取出后用力甩净水，再将刷毛浸入符合规定的洗刷介质中 20mm。

④ 刷毛磨损至小于 16mm 时，须重新更换刷子。

⑤ 洗刷介质：将洗衣粉溶于蒸馏水中，配制成质量分数为 0.5%的洗衣粉溶液，其 pH 为 9.5～11.0。

（2）实验环境条件

漆膜的试板在温度（23±2)℃、相对湿度为（50±5)%条件下养护 7d。

（3）操作步骤

① 实验环境条件

除非另有规定或商定，在温度（23±2)℃条件下进行实验。

② 测定

a. 将实验试板漆膜面向上，水平地固定在耐洗刷实验仪的实验台板上。

b. 将预处理过的刷子置于实验试板漆膜面上，使刷子保持自然下垂，滴加约 2ml 洗刷介质于试板的实验区域，立即启动仪器，往复洗刷涂层，同时以每秒钟滴加 0.04ml 的速度滴加洗刷介质，使洗刷面保持润湿。

c. 洗刷至规定次数或洗刷至试板长度的中间 100mm 区域露出底材后，取下试板，用自来水冲洗干净。

③ 试板的检查

在散射日光下检查试板被洗刷过的中间长度 100mm 区域的涂层，观察其是否破损露出底材。

对同一试样采用两块试板进行平行实验。

④ 结果评定

洗刷到规定次数，两块试板中至少有一块试板的涂层不破损至露出底材，则评定为“通过”。

洗刷到涂层刚好破损至露出底材，以两块试板中洗刷次数多的结果报告。

任务2 水溶性内墙涂料性能检测

学习目标

掌握水溶性内墙涂料的主要性能并能操作水溶性内墙涂料的性能检测实验。

知识要点

1. 定义

水溶性内墙涂料是指水溶性树脂为成膜物，水为稀释剂，并加入一些填料、辅料以及颜料研磨而成的涂料。

2. 适用范围

适用于建筑物内墙装饰。

3. 产品分类

Ⅰ类：用于涂刷浴室、厨房内墙；Ⅱ类：用于涂刷建筑内的一般墙面。

4. 技术要求

表8-8 水溶性内墙涂料技术要求

序号	性能项目	技术要求	
		Ⅰ类	Ⅱ类
1	容器中状态	无结块、沉淀和絮凝	
2	黏度，(s)	30～75	
3	细度（μm）	≤100	
4	遮盖力（g/m）	≤300	
5	白度（%）	≥80	
6	涂膜外观	平整，色泽均匀	
7	附着力（%）	100	
8	耐水性	无脱落、起泡和皱皮	
9	耐干擦性（级）	—	≤1
10	耐洗刷性（次）	≥300	—

注：① GB 1723 中涂-4 黏度计的测定结果的单位为“s”；

② 白度规定只适用于白色涂料。

任务要求

进行水溶性内墙涂料性能检测，完成实验报告见表8-9。

表 8-9　水溶性内墙涂料检测实验

实验日期：________________ 气温/室温：________________ 湿度：________________

(1) 实验仪器：________________________________

(2) 实验记录

水溶性内墙涂料实验记录表

序号	性能项目	技术要求		实验结果	单项评定
		Ⅰ类	Ⅱ类		
1	容器中状态	无结块、沉淀和絮凝			
2	黏度（s）	30～75			
3	细度（μm）	≤100			
4	遮盖力（g/m）	≤300			
5	白度（%）	≥80			
6	涂膜外观	平整，色泽均匀			
7	附着力（%）	100			
8	耐水性	无脱落、起泡和皱皮			
9	耐干擦性（级）	—	≤1		
10	耐洗刷性（次）	≥300	—		

(3) 结论

____

主要仪器

1. 电热鼓风干燥箱

能保持（50±2)℃的温度。

2. 天平

感量为 0.02g。

3. 黏度计

符合 GB/T 1723 中涂-4 黏度计的规定。

4. 烧杯

两只，容量分别为 150mL、1000mL。

5. 温度计

温度范围 0～100℃，分度为 1℃。

6. 木制暗箱

符合 GB/T 1726 的规定。

7. 黑白格玻璃板

符合 GB/T 1726 的规定。

8. 软毛刷

宽度 25～50mm。

9. 刮板细度计

0～150μm 和 0～100μm 两种。

10. 乙醇

化学纯。

11. 白度仪

技术参数应符合 GB/T 5950 的规定。

12. 涂料耐洗刷测定仪

技格参数应符合 GB/T 9266 的规定。

13. 钢尺

分度为 1mm，长度为 100～150mm。

14. 放大镜

放大倍数为 4 倍。

15. 注射针筒

2mL、5mL、10mL。

16. 恒温水槽

恒温水槽的尺寸视具体情况而定。

检测步骤

1. 实验条件

(1) 实验室温度为 (23±2)℃，相对湿度为 (50±5)%。

(2) 实验前涂料应按规定放置 24h。

2. 试板数量和器具

表 8-10 试板数量和规格

性能项目	数 量	规格 (mm)
耐水性	3	
附着力	1	
涂膜外观及耐干擦性	3	150×70
耐洗刷性	3	430×170

3. 试板制备

按 JC/T 423—1991 的规定（体积法）制备试板。

涂料应按规定处理后，用注射针筒按规定制备试板，共需涂刷两道，其涂刷时间间隔以涂膜表干为准。涂料用量分别为：第一道 1.2mL/dm、第二道 0.8mL/dm。试板制备后，在规定的条件下养护 (72±2)h。

4. 性能检测

1) 容器中状态的检查

将装有涂料的原包装容器打开，充分搅拌，使涂料沉淀物与上部清液混合成一体。立即观察并记录是否仍有沉淀、结块、絮凝现象。

2) 黏度的测定

(1) 测定的步骤

测定前，用纱布蘸乙醇将黏度计内部擦拭干净，在空气中干燥或冷风吹干。调整水平螺丝，使黏度计处于水平位置，在黏度计漏嘴下面放置 150mL 的烧杯，黏度计流出孔口 100mm 左右。用手指堵住流出孔，将试样倒满黏度计，用玻璃板将气泡和多余的试样刮入凹槽，然后松开手指，使试样流出。同时按动秒表，当靠近流出孔的流丝中断时停止秒表，记录流出时间，精确到 1s，测定时试样温度为（23±2）℃。

（2）结果表示

实验结果取两次测定的平均值，精确到整数位，报告此平均值。两次测定值之差不应大于平均值的 3%。

3）细度的测定

（1）测定步骤

测试前，用纱布蘸乙醇把刮板细度计洗净擦干，将搅拌均匀的试样滴入刮板细度计沟槽最深部位，以能充满槽而略有多余为宜。以双手持刮刀，横置在磨光平板上端，使刮刀与磨光平板表面垂直接触。在 3s 内，将刮刀由沟槽深的部位向浅的部位拉过，使试样充满沟槽而平板上不留余料。刮刀拉过后，立即使视线与沟槽平面成 15°～30°角，对光观察沟槽中颗粒均匀显露处，取两条刻度线之间约 3mm 的条带内粒子数为 5～10 粒处的上限位置为细度读数。

（2）结果表示

平行实验三次，实验结果取两次相近读数的算术平均值，精确到整数位。报告此平均值。两次读数的误差不应大于仪器的最小分度值。

4）遮盖力的测定

（1）测定步骤

在天平上称出盛有试样的软笔毛刷的总重量，将试样刷在符合 GB/T 1726 规定的黑白格玻璃板上，涂刷时应快速均匀，防止将试样刷在玻璃板的边缘上。然后把涂刷后的玻璃板在（50±2）℃的电热鼓风箱内放置 0.5h。干燥后再把玻璃板放置于木桶暗箱内，离磨砂下玻璃片 10～20mm，玻璃板的水平面倾斜 30°～45°，在 2 支 15W 日光灯灯光下观察，以涂层完全遮盖黑白格为准。

（2）结果计算

遮盖力按式（8-2）计算：

$$X = \frac{W_1 - W_2}{S} \times 10^4 = 50(W_1 - W_2) \tag{8-2}$$

式中　X——涂料遮盖力，g/m；

W_1——未涂刷前盛有试样的杯子和刷子的总重量，g；

W_2——涂刷后剩余的盛有试样的杯子和刷子的总重量，g；

S——黑白格玻璃板涂刷的面积，200cm。

平行实验两次，结果取其算术平均值，精确到整数位，报告此平均值。两次结果之差不大于平均值的 5%。

5）白度的测定

按 GB/T 5950 的规定测定白度，取两块试板白度的算术平均值。

6）涂膜外观的检查

按规定制备试板后，目测并记录每块试板的涂膜是否平整，色泽是否均匀。

7）附着力的测定

（1）测定步骤

按规定制备试板后，用锋利的刀片和刻度钢尺，在试板的纵横方向切割 11 条间距为 1mm 的切痕，纵横切痕相交成 100 个正方形。切割时，刀片面必须和底板成垂直，刀刃和底面成 10°～20°角，用力要均匀，所有的切口要穿透涂膜至底板的表面，刀片的每个尖端只能做一次实验，以保持刀片的锋利，同一块试板的不同部位做三次实验。切割后用软毛刷轻轻沿着正方形的两条对角线来回各刷 5 次，并用 4 倍放大镜观察涂膜脱落的方格数。

（2）结果计算

取脱落方格数较接近的两次实验值，按式（8-3）计算实验结果，以平均值表示：

$$a=\frac{100-a_1}{100}\times 100 \tag{8-3}$$

式中 a——附着力，%；

a_1——脱落方格数。

8）耐水性的测定

按规定制备试板后，用重量比为 1∶1 的石蜡和松香熔融物封闭其四边和背面，然后将试板的 2/3 面积浸入温度为（23±2）℃蒸馏水中，浸泡 24h 后取出，用滤纸吸去试板表面的水，目测和记录每块试板表面有无脱落、起泡和皱皮现象。

9）耐干擦性的测定

经外观观察后的试板可用于本项测定。每次测定前，应用脱脂棉蘸乙醇将食指擦净，并保持干燥。测定时用食指在试板表面上往复擦两次（擦痕长 5～7cm），然后视手指上沾附的涂料粒子多少评定等级，其等级如表 8-11。

表 8-11 评定等级

等 级	脱粉状况
0	用力擦试板表面，手指不沾有涂料粒子
1	用力擦试板表面，手指沾有少量涂料粒子
2	用力擦试板表面，手指沾有较多的涂料粒子
3	用力较轻，手指沾有较多涂料粒子

10）耐洗刷性的测定

按 GB/T 9266 的规定进行。

5. 检验规则

① 以 2t 同类产品为一批，不中 2t 亦按一批计。

② 每批抽样桶数为总桶的 20%，小批量产品抽样不得少于 3 桶，用于容器中状态的检查。然后逐桶按 GB/T 3186 的规定进行取样，每批产品取样总量不少于 1kg。

③ 出厂检验的项目为表 8-8 的第 1～3 项。型式检验项目为表 8-8 中规定的全部项目。正常生产时，型式检验周期为半年。

④ 每批产品样品应按表 8-10 规定数量和尺寸制作试板，按规定进行实验，然后根据下述情况判断是否合格。

⑤ 容器中状态、黏度、细度、遮盖力、白度、涂膜外观、附着力，各项实验结果均应

符合表 8-8 规定，则判为批合格。

⑥ 如某项技术要求不符合⑤的规定，则应重新双倍取样，对不合格项目进行复验，如仍不符合规定时，则判为批不合格。

任务 3　合成树脂乳液外墙涂料性能检测

学习目标

掌握合成树脂乳液外墙涂料的主要性能并能操作合成树脂乳液外墙涂料的性能检测实验。

知识要点

1. 合成树脂乳液外墙涂料简介

合成树脂乳液外墙涂料是指以合成树脂乳液为基料与颜料、体质颜料及各种助剂配制而成的、施涂后能形成表面平整的薄质涂层的外墙涂料。该涂料适用于建筑物和构筑物等外表面的装饰和防护。目前建筑市场上使用的外墙涂料主要有丙烯酸系列涂料、硅丙复合乳液涂料、弹性涂料、氟碳涂料。

2. 检验项目

若受检单位能够提供法定检测单位出具的、能够证明该批涂料产品合格的检测报告原件，则只需检验下列几项必检项目便可以使用：涂膜外观、耐水性、容器中状态、施工性、耐碱性、耐洗刷性。若不能提供，或所检项目的检测指标与提供的报告差别较大，应进行下列指标的检测：涂膜外观、容器中状态、施工性、干燥时间、对比率、耐水性、耐碱性、耐洗刷性、耐人工老化性、耐冻融性、涂层耐温变性。

3. 产品分等

产品分为三个等级：优等品、一等品、合格品。

4. 技术要求

表 8-12　合成树脂乳液外墙涂料

项　目	指　标		
	优等品	一等品	合格品
容器中状态	无硬块，搅拌后呈均匀状态		
施工性	刷涂二道无障碍		
低温稳定性	不变质		
干燥时间（表干）(h)	2		
对比率	0.93	0.90	0.87
耐水性	96h 无异常		
耐碱性	48h 无异常		
耐洗刷性（次）	2000	1000	500
耐沾污性	15	15	20
涂层耐温变性	无异常		

任务要求

进行合成树脂乳液外墙涂料性能检测，完成实验报告见表 8-13。

表 8-13　合成树脂外墙涂料性能检测

实验日期：________ 气温/室温：________ 湿度：________

（1）实验仪器：________

（2）实验记录

水溶性内墙涂料检测实验

项　目	指　标			实验结果	单项评定
	优等品	一等品	合格品		
容器中状态	无硬块，搅拌后呈均匀状态				
施工性	刷涂二道无障碍				
低温稳定性	不变质				
干燥时间（表干）(h)	2				
对比率	0．93	0．90	0．87		
耐水性	96h 无异常				
耐碱性	48h 无异常				
耐洗刷性（次）	2000	1000	500		
耐沾污性	15	15	20		
涂层耐温变性	无异常				

（3）结论

____

检测步骤

1. 执行标准

《合成树脂乳液外墙涂料》(GB/T 9755)

《涂料试样状态调节和试验的温湿度》(GB/T 9278)

《建筑涂料涂层耐沾污性试验方法》(GB/T 9780)

《漆膜耐水性测定法》(GB/T 1733)

2. 实验方法

1）取样

产品按 GB/T 3186 的规定进行取样。取样量根据检验需要而定。

2）实验的一般条件

（1）实验环境

试板的状态调节和实验的温湿度应符合 GB/T 9278 的规定。

（2）实验样板的制备

① 所检产品未明示稀释比例时，搅拌均匀后制板。

② 所检产品明示了稀释比例时，除对比率外，其余需要制板进行检验的项目，均应按规定的稀释比例加水搅匀后制板，若所检产品规定了稀释比例的范围时，应取其中间值。

③ 本标准中检验用试板的底材除对比率使用聚酯膜（或卡片纸）外，其余均为符合 JC/T 412.1—2006、JC/T 412.2—2006 表中 1 类板（加压板，厚度为 4～6mm）技术要求的石棉水泥平板，其表面处理按 GB/T 9271 中的规定进行。

④ 本标准规定采用由不锈钢材料制成的线棒涂布器制板。线棒涂布器是由几种不同直径的不锈钢丝分别紧密缠绕在不锈钢棒上制成，其规格为 80、100、120 三种，线棒规格与缠绕钢丝之间的关系见表 8-14。

表 8-14　线棒规格与缠绕钢丝之间的关系

规　格	80	100	120
缠绕钢丝直径（mm）	0.80	1.00	1.20

注：以其他规格形式表示的线棒涂布器也可使用，但应符合本标准中表 8-14 的技术要求。

⑤ 各检验项目的试板尺寸、采用的涂布器规格、涂布道数和养护时间应符合表 8-15 的规定。涂布两道时，两道间隔 6h。

表 8-15　制板要求

检验项目	制板要求			
	尺寸（mm×mm×mm）	线棒涂布器规格		养护期（d）
		第一道	第二道	
干燥时间	150×70×(4～6)	100		
耐水性、耐碱性、耐人工气候老化性、耐沾污性，涂层耐温变性	150×70×(4～6)	120	80	7
耐洗刷性	430×150×(4～6)	120	80	7
施工性、涂膜外观	430×150×(4～6)	100		
对比率				

注：根据涂料干燥性能不同，干燥条件和养护时间可以商定，但仲裁检验时间为 1d。

3. 性能检测

（1）容器中状态

打开包装容器，用搅棒搅拌时无硬块，易于混合均匀，则可视为合格。

（2）施工性

用刷子在试板平滑面上刷涂试样，涂布量为湿膜厚约 100μm，使试板的长边呈水平方向，短边与水平面成约 85°竖放。放置 6h 后再用同样方法涂刷第二道试样，在第二道涂刷时，刷子运行无困难，则可视为“刷涂二道无障碍”。

（3）低温稳定性

将试样装入约 1L 的塑料或玻璃容器内，大致装满，密封，放入－5℃的低温箱中，18h 后取出容器，再于标准条件下放置 6h。如此反复三次后，打开容器，充分搅拌试样，观察有无硬块、凝聚及分离现象，如无则认为“不变质”。

（4）干燥时间

将试样刷在试板上，每隔半小时用手指压痕测定干燥时间。

（5）涂膜外观

将检测“施工性”试验结束后的试板放置24h。目视观察涂膜，若无针孔和流挂，涂膜均匀，则认为“正常”。

（6）对比率

用纸棒涂布器将原漆（无需开桶）刮涂在聚酯薄膜上，在试验环境下放置24h，然后用反射率测定仪检测在黑板上的反射率和白板上的放射率。

对比率＝黑板上的反射率/白板上的发射率平行测定两次，如两次测定结果之差不大于0.02，取两次测定结果的平均值，结果达到标准规定值，则认为合格。

（7）耐水性

按GB/T 1733—1993甲法规定进行。试板投试前除封边外，还需封背。将三块试板浸入GB/T 6682规定的三级水中，如三块试板中有两块未出现起泡、掉粉、明显变色等涂膜病态现象，可评定为“无异常”。如出现以上涂膜病态现象，按GB/T 1766进行描述。

（8）耐碱性

按GB/T 9265规定进行。如三块试板中有两块未出现起泡、掉粉、明显变色等涂膜病态现象，可评定为“无异常”。如出现以上涂膜病态现象，按GB/T 1766进行描述。

（9）耐洗刷性

除试板的制备外，按GB/T 9266规定进行。同一试样制备两块试板进行平行试验。洗刷至规定的次数时，两块试板中有一块试板未露出底板，则认为其耐洗刷性合格。

（10）耐人工气候老化性

试板制备同耐水性实验（无需封边封背），将试板放入人工老化以中进行实验，达到规定的时间后，拿出试板进行评判。

（11）耐沾污性

试样的制备与耐水性一样（无需封边、封背）用反射率测定仪对涂层的起始反射率进行测定记录为A，用软毛刷将粉煤灰水涂刷在涂层的表面上，在标准状态下放置2h后用规定水压的水进行冲洗，冲洗后干燥至第二天，一个循环约24h，试验5个循环后测定其实验后的反射率记录为B。

耐沾污性＝$(A-B)/A$，耐沾污性达到标准要求后为合格。

（12）涂层耐温变性

按JG/T 25的规定进行，做5次循环。(23±2)℃水中浸泡18h、(－20±2)℃冷冻3h、(50±2)℃热烘3h为一次循环。三块试板中至少应有两块未出现粉化、开裂、起泡、剥落、明显变色等涂膜病态现象，可评定为“无异常”。如出现以上涂膜病态现象，按GB/T 1766进行描述。

小　结

在涂料生产和使用过程中，质量检测是不可缺少的重要环节。通过对基料、色浆的各项性能检查，可有效地对车间生产进行控制；通过对成品的出厂检验对研制的产品或指定的生产产品进行鉴定，以判定它们是否符合技术指标或达到质量标准。本章主要介绍了建筑内外墙涂料的容器中状态、施工性、涂膜颜色及外观、细度、干燥时间、遮盖力、固体含量、耐水性、耐碱性、耐洗刷性、耐沾污性、耐候性、耐冻融稳定性等的检测方法。

自测练习

一、填空题

1. 建筑涂料检测的标准环境条件：温度__________，相对湿度__________________。

2. 合成树脂乳液外墙涂料（合格品）的技术指标：干燥时间_____________、对比率__________、耐水性__________、耐碱性____________、耐洗刷性 ______________。

3. 合成树脂乳液内墙涂料（合格品）的技术指标：干燥时间 ______对比率________、耐碱性________________、耐洗刷性__________________。

4. 溶剂型外墙涂料的（合格品）的技术指标：干燥时间__________、对比率________、耐水性________________、耐碱性______________、耐洗刷性__________________。

5. 外墙弹性建筑涂料的技术指标：干燥时间____________、对比率________________、耐碱性________________、耐水性________________、耐洗刷性 ________________、拉伸强度______________、断裂伸长率（标准状态下）______________________。

6. 内墙弹性建筑涂料的技术指标：干燥时间________________、对比率____________、耐碱性________________、耐洗刷性________________、拉伸强度____________、断裂伸长率（标准状态下）______________________。

二、单项选择题

1. 合成树脂乳液内．外墙涂料干燥时间检测用样板尺寸为(　　) mm×mm×mm。

A. 150×70×（4～6）　　B. 430×150×（4～6）

C. 160×70×（4～6）　　D. 420×150×（4～6）

2. 合成树脂乳液内外墙涂料耐洗刷性检测用样板尺寸为(　　) mm×mm×mm。

A. 150×70×（4～6）　　B. 430×150×（4～6）

C. 160×70×（4～6）　　D. 420×150×（4～6）

3. 合成树脂乳液内外墙涂料耐碱性检测：试验样板制备第一道涂布用线棒涂布器规格为(　　)。

A. 100　　B. 120　　C. 80

4. 合成树脂乳液内外墙涂料耐碱性检测：试验样板制备第二道涂布用线棒涂布器规格为(　　)。

A. 100　　B. 120　　C. 80

5. 溶剂型外墙涂料干燥时间检测：试验样板制备第一道刷涂量为(　　)/g。

A. 1.0±0.1　　B. 1.6±0.1　　C. 9.7±0.1　　D. 6.4±0.1

6. 溶剂型外墙涂料耐水性检测：试验样板制备第二道刷涂量为(　　)/g。

A. 9.7±0.1　　B. 1.6±0.1　　C. 1.0±0.1　　D. 6.4±0.1

7. 溶剂型外墙涂料耐洗刷性检测：试验样板制备第二道刷涂量为(　　)/g。

A. 9.7±0.1　　B. 1.6±0.1　　C. 1.0±0.1　　D. 6.4±0.1

8. 弹性建筑涂料耐水性检测：试验样板制备的养护时间为(　　)。

A. 1d　　B. 7d　　C. 14d　　D. 21d

三、简答题

1. 简述建筑涂料的分类方法。
2. 内墙涂料有哪些特征?
3. 内墙乳胶漆底漆有何作用?
4. 合成树脂乳液外墙涂料包括哪些种类?

项目9　建筑玻璃性能检测

学习目标

1. 掌握平板玻璃、钢化玻璃、中空玻璃的基本概念。

2. 掌握平板玻璃、钢化玻璃、中空玻璃的分类、生产材料、性能要求、检测方法、适用范围、仪器设备、检测结果与评定。

能力目标

1. 掌握平板玻璃、钢化玻璃、中空玻璃检测的技术性能要求。

2. 掌握平板玻璃、钢化玻璃、中空玻璃性能检测的方法。

相关理论知识

知识点一　基本概念

玻璃是用石英砂、纯碱、长石和石灰石为原料，于1550～1600℃高温下烧至熔融，再经急冷而得的一种无定型硅酸盐材料。它是各向同性的匀质材料，其化学组成较复杂，主要是SiO_2、Cao及MgO等。玻璃的抗压强度为600～1200MPa，抗拉强度仅40～80MPa，在冲击作用下易破碎，是典型的脆性材料。玻璃的绝热、隔声性较好而热稳定性差。但是耐酸性好，能抵抗除氢氟酸以外的多种酸的侵蚀。玻璃这种建筑材料的最大特点是透光和透视，并有很好的艺术装饰作用。特种玻璃还有吸热、防辐射等特殊功能。根据功能和用途，玻璃可分为平板玻璃、安全玻璃、声、光、热控制玻璃、饰面玻璃。本项目主要介绍平板玻璃、钢化玻璃和中空玻璃性能的检测。

1. 定义

（1）平板玻璃

板状的硅酸盐玻璃。

（2）钢化玻璃

经热处理工艺之后的玻璃。其特点是在玻璃表面形成压应力层，机械强度和耐热冲击强度得到提高，并具有特殊的碎片状态。

（3）中空玻璃

两片或多片玻璃以有效支撑均匀隔开并周边粘结密封，使玻璃层间形成有干燥气体空间的玻璃制品。

2. 术语

（1）应力

由于玻璃内部及表面存在温差或因化学组成不均匀导致结构上的不均匀而产生的相互作用力，以及当有外力作用时而在其内部单位截面上产生的相互作用力。

(2) 暂时应力

由于温度梯度存在而产生的热应力。

(3) 永久应力

玻璃温度逐渐降低至室温时也不会消失的应力。也称残余应力。

(4) 化学稳定性

玻璃抵抗气体、水、酸、碱、盐或其他化学试剂侵蚀的能力。

(5) 波筋

平板玻璃表面呈现出与拉引方向一致的条纹。

(6) 波纹

玻璃表面微小起伏不平的纹理。

(7) 裂纹

玻璃板面或断面的开裂缺陷。

(8) 结石

玻璃中的晶体夹杂物。有原料结石、耐火材料结石、析晶结石等。

(9) 节瘤

完全或部分熔化成玻璃态的半透明或不透明的结节状物质，往往突出玻璃表面并有波及范围。

(10) 气泡

玻璃中的气体夹杂物。

(11) 开口泡

玻璃表面泡壁破裂的气泡。

(12) 线道

玻璃中的线状缺陷。

(13) 划伤

玻璃表面被硬物摩擦、刻划所留下的伤痕。

(14) 辊子伤

玻璃在拉引过程中因辊子所造成的擦伤。

(15) 轴花

在垂直引上过程中塑性玻璃带被石棉辊子挤压后表面呈现的压痕。

(16) 麻点

用平拉法生产平板玻璃，玻璃带经过转向辊时，由于转向辊精度不高或腐蚀、变形等原因，而在玻璃带上造成的小压痕。

(17) 沾锡

玻璃带经锡槽时，其下表面沾上的锡氧化物。

(18) 光畸变点

浮法玻璃表面引起光学变形的斑点。

(19) 雾斑

浮法玻璃表面存在雾状的斑点。

(20) 发霉

玻璃表面发生化学变化，出现白色或彩虹状的斑痕，严重时引起粘片。

（21）夹杂物

玻璃中的固体杂质。

（22）破皮

玻璃表面局部剥落的现象。

（23）偏斜

玻璃板切裁形状与规定形状发生偏差造成歪斜的现象。

（24）断面缺陷

玻璃断面凸出或凹进的部分。包括爆边、边部凹凸、缺角、斜边等缺陷。

（25）点光源法

用强集中光源，透射玻璃样品使其在屏幕上成像，与平板玻璃标准样板相比较，测量玻璃的波筋、轴花等缺陷，确定玻璃等级。

（26）斑马法

透过玻璃样品观察屏幕上斜线的变形程度，测量玻璃的光学变形的方法。

（27）光学变形

在一定角度透过玻璃观察物体时出现变形的缺陷。其变形程度用入射角（俗称斑马角）来表示。

（28）虹彩

浮法玻璃经过热弯或钢化后，玻璃下表面（成形时与锡液接触的表面）呈现光干涉色。

（29）点状缺陷

气泡、夹杂物、斑点等缺陷的统称。

（30）厚薄差

同一片玻璃厚度的最大值与最小值之差。

（31）中空玻璃 u 值：

中空玻璃 u 值（传热系数）是指在稳态条件下，中空玻璃中央区域，不考虑边缘效应，玻璃两外表面在单位时间、单位温差，通过单位面积的热量，单位为 $W/(m^2 \cdot K)$。

3. 分类

（1）平板玻璃的分类

按颜色属性分为无色透明平板玻璃和本体着色平板玻璃。按外观质量分为合格品、一等品和优等品。按公称厚度分为：2mm、3mm、4mm、5mm、6mm、8mm、10mm、12mm、15mm、19mm、22mm、25mm。

（2）钢化玻璃的分类

按生产工艺分为垂直法钢化玻璃和水平法钢化玻璃。按形状分类，分为平面钢化玻璃和曲面钢化玻璃。

在钢化过程中采取夹钳吊挂的方式生产出来的钢化玻璃称为垂直法钢化玻璃；在钢化过程中采取水平辊支撑的方式生产出来的钢化玻璃称为水平法钢化玻璃。

（3）中空玻璃的分类

按形状分为平面中空玻璃和曲面中空玻璃。按中空腔内气体分为普通中空玻璃和充气中空玻璃。中空腔内为空气的中空玻璃称为普通中空玻璃；中空腔内充入氩气、氪气等气体的中空玻璃称为充气中空玻璃。

4. 生产材料

(1) 生产钢化玻璃所使用的玻璃

生产钢化玻璃所使用的玻璃，其质量应符合相应的产品标准的要求。对于有特殊要求的，用于生产钢化玻璃的玻璃，玻璃的质量由供需双方确定。

(2) 生产中空玻璃所使用的材料

① 玻璃

可采用平板玻璃、镀膜玻璃、夹层玻璃、钢化玻璃、防火玻璃、半钢化玻璃和压花玻璃等。所用玻璃应符合相应标准要求。

② 边部密封材料

中空玻璃边部密封材料应符合相应标准要求，应能够满足中空玻璃的水气和气体密封性能并能保持中空玻璃的结构稳定。密封胶的粘结性能、边部密封材料水气渗透率应符合相关标准和技术文件的要求。

③ 间隔材料

间隔材料可为铝间隔条、不锈钢间隔条、复合材料间隔条、复合胶条等，并应符合相关标准和技术文件的要求。

④ 干燥剂

干燥剂应符合相关标准要求。

知识点二　技术要求

1. 平板玻璃技术要求

平板玻璃要求项目有尺寸偏差、对角线差、厚度偏差、厚薄差、外观质量（点状缺陷，点状缺陷密集度，线道、划伤、裂纹，光学变形，断面缺陷）和弯曲度、光学性能（无色透明平板玻璃可见光透射比、本体着色平板玻璃透射比偏差、本体着色平板玻璃颜色均匀性），其中对尺寸偏差、对角线差、厚度偏差、厚薄差、外观质量和弯曲度的要求为强制性的。

(1) 尺寸偏差

平板玻璃应裁切成矩形，其长度和宽度的尺寸偏差应不超过表 9-1 的规定。

表 9-1　尺寸偏差　　mm

公称厚度	尺寸偏差	
	尺寸≤3000	尺寸>3000
2～6	±2	±3
8～10	+2，−3	+3，−4
12～15	±3	±4
19～25	±5	±5

(2) 对角线差

平板玻璃对角线差应不大于其平均长度的 0.2%。

(3) 厚度偏差和厚薄差

平板玻璃的厚度偏差和厚薄差应不超过表 9-2 规定。

表 9-2　厚度偏差和厚薄差　　mm

公称厚度	厚度偏差	厚薄差
2～6	±0.2	0.2
8～12	±0.3	0.3
15	±0.5	0.5
19	±0.7	0.7
22～25	±1.0	1.0

(4) 外观质量

① 平板玻璃合格品外观质量应符合表 9-3 的规定。

表 9-3　平板玻璃合格品外观质量

<table>
<tr><td>缺陷种类</td><td colspan="4">质量要求</td></tr>
<tr><td rowspan="5">点状缺陷[a]</td><td colspan="2">尺寸 (L) (mm)</td><td colspan="2">允许个数限度</td></tr>
<tr><td colspan="2">$0.5 \leqslant L \leqslant 1.0$</td><td colspan="2">$2 \times S$</td></tr>
<tr><td colspan="2">$1.0 < L \leqslant 2.0$</td><td colspan="2">$1 \times S$</td></tr>
<tr><td colspan="2">$2.0 < L \leqslant 3.0$</td><td colspan="2">$0.5 \times S$</td></tr>
<tr><td colspan="2">$L > 3.0$</td><td colspan="2">0</td></tr>
<tr><td>点状缺陷密集度</td><td colspan="4">尺寸≥0.5mm 的点状缺陷最小间距不小于 300mm；直径 100mm 圆内尺寸≥0.3mm 的点状缺陷不超过 3 个</td></tr>
<tr><td>线道</td><td colspan="4">不允许</td></tr>
<tr><td>裂纹</td><td colspan="4">不允许</td></tr>
<tr><td rowspan="2">划伤</td><td colspan="2">允许范围</td><td colspan="2">允许条数限度</td></tr>
<tr><td colspan="2">宽≤0.5mm，长≤60mm</td><td colspan="2">$3 \times S$</td></tr>
<tr><td rowspan="4">光学变形</td><td>公称厚度</td><td colspan="2">无色透明平板玻璃</td><td>本体着色平板玻璃</td></tr>
<tr><td>2mm</td><td colspan="2">≥40°</td><td>≥40°</td></tr>
<tr><td>3mm</td><td colspan="2">≥45°</td><td>≥40°</td></tr>
<tr><td>≥4mm</td><td colspan="2">≥50°</td><td>≥45°</td></tr>
<tr><td>断面缺陷</td><td colspan="4">公称厚度不超过 8mm 时，不超过玻璃板的厚度；8mm 以上时，不超过 8mm</td></tr>
</table>

a　光畸变点视为 0.5～1.0mm 的点状缺陷。

注：S 是以平方米为单位的玻璃板面积数值，按 GB/T 8170 修约，保留小数点后两位。点状缺陷的允许个数限度及划伤的允许条数限度为各系数与 S 相乘所得的数值，按 GB/T 8170 修约至整数。

② 平板玻璃一等品外观质量应符合表 9-4 的规定。

表 9-4　平板玻璃一等品外观质量

缺陷种类	质量要求		
点状缺陷[a]	尺寸（L）（mm）	允许个数限度	
	$0.3 \leqslant L \leqslant 0.5$	$2 \times S$	
	$0.5 < L \leqslant 1.0$	$0.5 \times S$	
	$1.0 < L \leqslant 1.5$	$0.2 \times S$	
	$L > 1.5$	0	
点状缺陷密集度	尺寸≥0.3mm 的点状缺陷最小间距不小于 300mm；直径 100mm 圆内尺寸≥0.2mm 的点状缺陷不超过 3 个		
线道	不允许		
裂纹	不允许		
划伤	允许范围	允许条数限度	
	宽≤0.2mm，长≤40mm	$2 \times S$	
光学变形	公称厚度（mm）	无色透明平板玻璃	本体着色平板玻璃
	2	≥50°	≥45°
	3	≥55°	≥50°
	4～12	≥60°	≥55°
	≥15	≥55°	≥50°
断面缺陷	公称厚度不超过 8mm 时，不超过玻璃板的厚度；8mm 以上时，不超过 8mm		

a　点状缺陷中不允许有光畸变点。

注：S 是以平方米为单位的玻璃板面积数值，按 GB/T 8170 修约，保留小数点后两位。点状缺陷的允许个数限度及划伤的允许条数限度为各系数与 S 相乘所得的数值，按 GB/T 8170 修约至整数。

③ 平板玻璃优等品外观质量应符合表 9-5 的规定。

表 9-5　平板玻璃优等品外观质量

缺陷种类	质量要求	
点状缺陷[a]	尺寸（L）（mm）	允许个数限度
	$0.3 \leqslant L \leqslant 0.5$	$1 \times S$
	$0.5 < L \leqslant 1.0$	$0.2 \times S$
	$L > 1.0$	0
点状缺陷密集度	尺寸≥0.3mm 的点状缺陷最小间距不小于 300mm；直径 100mm 圆内尺寸≥0.1mm 的点状缺陷不超过 3 个	
线道	不允许	
裂纹	不允许	
划伤	允许范围	允许条数限度
	宽≤0.1mm，长≤30mm	$2 \times S$

续表

缺陷种类	质量要求		
	公称厚度（mm）	无色透明平板玻璃	本体着色平板玻璃
光学变形	2	≥50°	≥50°
	3	≥55°	≥50°
	4～12	≥60°	≥55°
	≥15	≥55°	≥50°
断面缺陷	公称厚度不超过 8mm 时，不超过玻璃板的厚度；8mm 以上时，不超过 8mm		

a　点状缺陷中不允许有光畸变点。

注：S 是以平方米为单位的玻璃板面积数值，按 GB/T 8170 修约，保留小数点后两位。点状缺陷的允许个数限度及划伤的允许条数限度为各系数与 S 相乘所得的数值，按 GB/T 8170 修约至整数。

（5）弯曲度

平板玻璃弯曲度应不超过 0.2%。

（6）光学特性

① 无色透明平板玻璃可见光透射比应不小于表 9-6 的规定。

表 9-6　无色透明平板玻璃可见光透射比最小值

公称厚度（mm）	可见光透射比最小值（%）
2	89
3	88
4	87
5	86
6	85
8	83
10	81
12	79
15	76
19	72
22	69
25	67

② 本体着色平板玻璃可见光透射比、太阳光直接透射比、太阳能总透射比偏差应不超过表 9-7 的规定。

表 9-7　本体着色平板玻璃透射比偏差

种　类	偏差（%）
可见光（380～780nm）透射比	2.0
太阳光（300～2500nm）直接透射比	3.0
太阳能（300～2500nm）总透射比	4.0

③ 本体着色平板玻璃颜色均匀性，同一批产品色差应符合 $\Delta E_{ab}^{*} \leqslant 2.5$。

(7) 特殊厚度或其他要求

特殊厚度或其他要求由供需双方协商。

2. 钢化玻璃的技术要求

钢化玻璃的技术要求项目有尺寸及外观（尺寸及其允许偏差、厚度及其允许偏差、外观质量、弯曲度）、安全性能（抗冲击性、碎片状态、霰弹袋冲击性能）及一般性能（表面应力、耐热冲击性能）。其中安全性能要求为强制性要求。

1) 尺寸及其允许偏差

(1) 长方形平面钢化玻璃边长允许偏差

长方形平面钢化玻璃的边长的允许偏差应符合表 9-8 的规定。

表 9-8 长方形平面钢化玻璃边长允许偏差 mm

<table>
<tr><th rowspan="2">厚 度</th><th colspan="4">边长（L）</th></tr>
<tr><th>$L \leqslant 1000$</th><th>$1000 < L \leqslant 2000$</th><th>$2000 < L \leqslant 3000$</th><th>$L > 3000$</th></tr>
<tr><td>3、4、5、6</td><td>+1
−2</td><td>±3</td><td rowspan="3">±4</td><td rowspan="3">±5</td></tr>
<tr><td>8、10、12</td><td>+2
−3</td><td rowspan="2">±4</td></tr>
<tr><td>15</td><td>±4</td></tr>
<tr><td>19</td><td>±5</td><td>±5</td><td>±6</td><td>±7</td></tr>
<tr><td>>19</td><td colspan="4">供需双方商定</td></tr>
</table>

(2) 长方形平面钢化玻璃的对角线差

长方形平面钢化玻璃的对角线差应符合表 9-9 的规定。

表 9-9 长方形平面钢化玻璃对角线差允许值 mm

玻璃公称厚度	对角线差允许值		
	边长≤2000	2000<边长≤3000	边长>3000
3、4、5、6	±3.0	±4.0	±5.0
8、10、12	±4.0	±5.0	±6.0
15、19	±5.0	±6.0	±7.0
>19	供需双方商定		

(3) 其他形状的钢化玻璃的尺寸及其允许偏差

由供需双方商定。

(4) 边部加工

边部加工形状及质量由供需双方商定。

(5) 圆孔

① 概述：只适用于公称厚度不小于 4mm 的钢化玻璃。圆孔的边部加工质量由供需双方商定。

② 孔径：孔径一般不小于玻璃的公称厚度，孔径的允许偏差应符合表 9-10 的规定。小于玻璃的公称厚度的孔的孔径允许偏差由供需双方商定。

表 9-10　孔径及其允许偏差　mm

公称孔径（D）	允许偏差
$4 \leqslant D \leqslant 50$	±1.0
$50 < D \leqslant 100$	±2.0
$D > 100$	供需双方商定

③ 孔的位置：

a. 孔的边部距玻璃边部的距离 a 不应小于玻璃公称厚度的 2 倍。如图 9-1 所示。

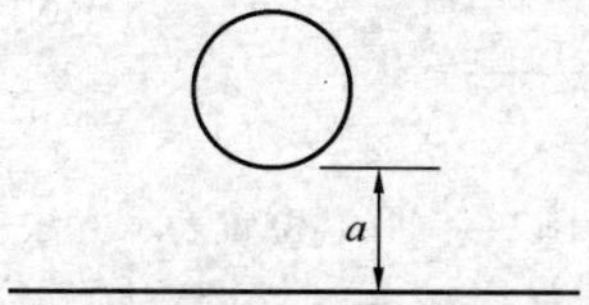

图 9-1　孔的边部距玻璃边部的距离示意图

b. 两孔孔边之间的距离 b 不应小于玻璃公称厚度的 2 倍。如图 9-2 所示。

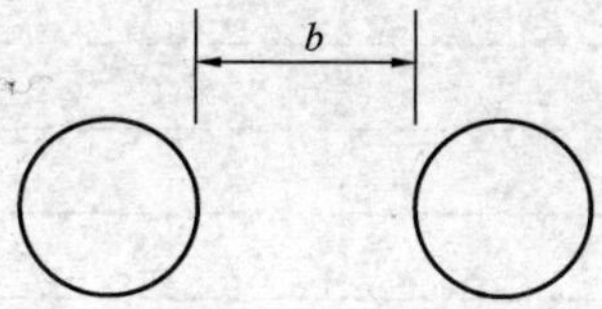

图 9-2　两孔孔边之间的距离示意图

c. 孔的边部距玻璃角部的距离 c 不应小于玻璃公称厚度 d 的 6 倍。如图 9-3 所示。

注：如果孔的边部距玻璃角部的距离小于 35mm，那么这个孔不应处在相对于角部对称的位置上。具体位置由供需双方商定。

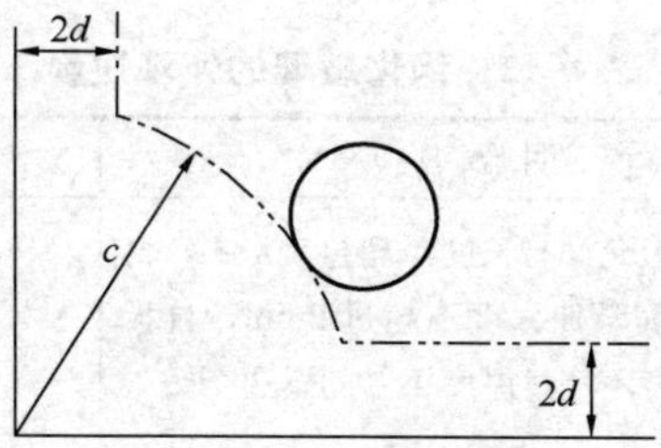

图 9-3　孔的边部距玻璃角部的距离示意图

d. 圆心位置表示方法及其允许偏差。

圆孔圆心的位置的表达方法可参照图 9-4 进行。如图 9-4 建立坐标系，用圆心的位置坐标（x，y）表达圆心的位置。

圆孔圆心的位置 x、y 的允许偏差与玻璃的边长允许偏差相同，见表 9-8。

2）厚度及其允许偏差

① 钢化玻璃的厚度的允许偏差应符合表 9-11 的规定。

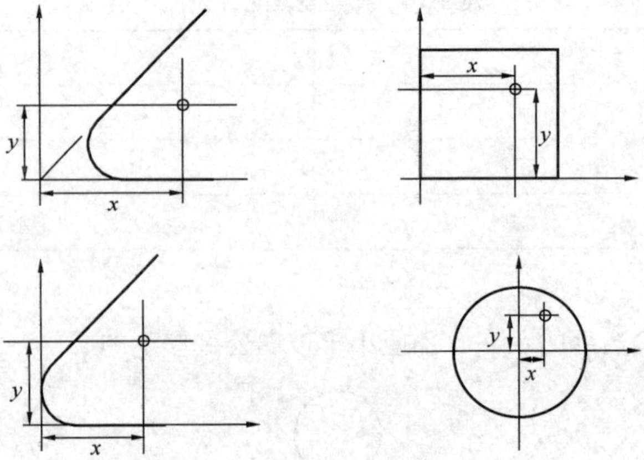

图 9-4　圆心位置表示方法

表 9-11　厚度及其允许偏差　mm

公称厚度	厚度允许偏差
3、4、5、6	±0.2
8、10	±0.3
12	±0.4
15	±0.6
19	±1.0
>19	供需双方商定

② 对于表 9-11 未作规定的公称厚度的玻璃，其厚度允许偏差可采用表 9-11 中与其邻近的较薄厚度的玻璃的规定，或由供需双方商定。

3）外观质量

钢化玻璃的外观质量应满足表 9-12 的要求。

表 9-12　钢化玻璃的外观质量

缺陷名称	说　明	允许缺陷数
爆边	每片玻璃每米边长上允许有长度不超过 10mm，自玻璃边部向玻璃板表面延伸深度不超过 2mm，自板面向玻璃厚度延伸深度不超过厚度 1/3 的爆边个数	1 处
划伤	宽度在 0.1mm 以下的轻微划伤，每平方米面积内允许存在条数	长度≤100mm 时 4 条
	宽度大于 0.1mm 的划伤，每平方米面积内允许存在条数	宽度 0.1～1mm，长度≤100mm 时 4 条
夹钳印	夹钳印与玻璃边缘的距离≤20mm，边部变形量≤2mm（图 9-5）	
裂纹、缺角	不允许存在	

4）弯曲度

平面钢化玻璃的弯曲度，弓形时应不超过 0.3%，波形时应不超过 0.2%。

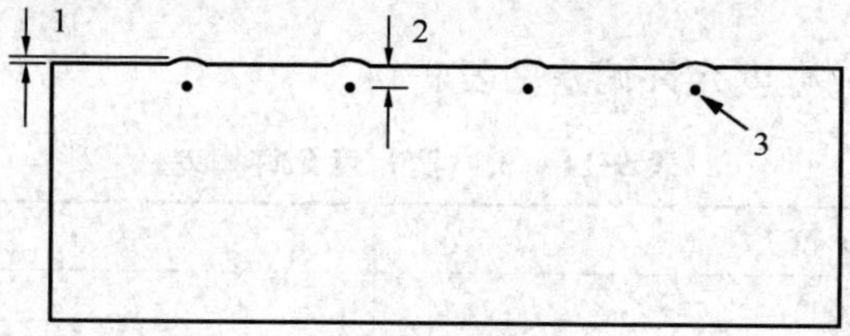

图 9-5　夹钳印示意图

1—边部变形；2—夹钳印与玻璃边缘的距离；3—夹钳印

5）抗冲击性

取 6 块钢化玻璃进行实验，试样破坏数不超过 1 块为合格，多于或等于 3 块为不合格。破坏数为 2 块时，再另取 6 块进行实验，试样必须全部不被破坏为合格。

6）碎片状态

取 4 块玻璃试样进行实验，每块试样在任何 50mm×50mm 区域内的最少碎片数必须满足表 9-13 的要求。且允许有少量长条形碎片，其长度不超过 75mm。

表 9-13　最少允许碎片数

玻璃品种	公称厚度（mm）	最少碎片数（片）
平面钢化玻璃	3	30
	4～12	40
	≥15	30
曲面钢化玻璃	≥4	30

7）霰弹袋冲击性能

取 4 块平型玻璃试样进行实验，应符合下列①或②中任意一条的规定：

① 玻璃破碎时，每块试样的最大 10 块碎片质量的总和不得超过相当于试样 $65cm^2$ 面积的质量，保留在框内的任何无贯穿裂纹的玻璃碎片的长度不能超过 120mm。

② 弹袋下落高度为 1200mm 时，试样不破坏。

8）表面应力

钢化玻璃的表面应力不应小于 90MPa。

以制品为试样，取 3 块试样进行实验，当全部符合规定为合格，2 块试样不符合则为不合格，当 2 块试样符合时，再追加 3 块试样，如果 3 块全部符合规定则为合格。

9）耐热冲击性能

钢化玻璃应耐 200℃温差不破坏。

取4 块试样进行实验，当 4 块试样全部符合规定时认为该项性能合格。当有 2 块以上不符合时，则认为不合格。当有 1 块不符合时，重新追加 1 块试样，如果它符合规定，则认为该项性能合格。当有 2 块不符合时，则重新追加 4 块试样，全部符合规定时则为合格。

3. 中空玻璃技术要求

中空玻璃的技术要求项目有尺寸偏差、外观质量、露点、耐紫外线辐照性能、水气密封耐久性能、初始气体含量、气体密封耐久性能、U 值。

(1) 尺寸偏差

① 中空玻璃的长度及宽度允许偏差见表 9-14。

表 9-14 长(宽)度允许偏差 mm

长(宽)度 L	允许偏差
$L<1000$	±2
$1000\leqslant L<2000$	+2、-3
$L\geqslant 2000$	±3

② 中空玻璃的厚度允许偏差见表 9-15。

表 9-15 厚度允许偏差 mm

公称厚度 D	允许偏差
$D<17$	±1.0
$17\leqslant D<22$	±1.5
$D\geqslant 22$	±2.0

注：中空玻璃的公称厚度为玻璃原片公称厚度与中空腔厚度之和。

③ 中空玻璃对角线差

矩形平面中空玻璃对角线差应不大于对角线平均长度的 0.2%曲面和异形中空玻璃对角线差由供需双方商定。

④ 叠差

平面中空玻璃的最大叠差应符合表 9-16 的规定。

表 9-16 允许叠差 mm

长(宽)度 L	允许叠差
$L<1000$	2
$1000\leqslant L<2000$	3
$L\geqslant 2000$	4

注：曲面和有特殊要求的中空玻璃的叠差由供需双方商定。

⑤ 中空玻璃的胶层厚度

中空玻璃外道密封胶宽度应≥5mm；复合密封胶条的胶层宽度为 (8±2)mm；内道丁基胶层宽度应≥3mm，特殊规格或有特殊要求的产品需双方商定。

(2) 外观质量

中空玻璃的外观质量应符合表 9-17 的规定。

表 9-17 中空玻璃外观质量

项 目	要 求
边部密封	内道密封胶应均匀连续，外道密封胶应均匀整齐，与玻璃充分粘结，且不超出玻璃边缘
玻璃	宽度≤0.2mm，长度≤30mm 的划伤允许 4 条/m^2，0.2mm<宽度≤1mm、长度≤50mm 划伤允许 1 条/m^2；其他缺陷应符合相应玻璃标准要求

续表

项　目	要　求
间隔材料	无扭曲，表面平整光洁；表面无污痕、斑点及片状氧化现象
中空腔	无异物
玻璃内表面	无妨碍透视的污迹和密封胶流淌

（3）露点

中空玻璃的露点应＜－40℃。

（4）耐紫外线辐照性能

实验后，试样内表面应无结雾、水气凝结或污染的痕迹且密封胶无明显变形。

（5）水气密封耐久性能

水分渗透指数 $I \leqslant 0.25$，平均值 $I_{av} \leqslant 0.20$。

（6）初始气体含量

充气中空玻璃的初始气体含量应≥85%（V/V）。

（7）气体密封耐久性能

充气中空玻璃经气体密封耐久性能实验后的气体含量应≥80%（V/V）。

（8）U 值

由供需双方商定是否有必要进行本项实验。

任务1　平板玻璃性能检测

学习目标

1. 熟悉平板玻璃性能检测的仪器设备。

2. 掌握平板玻璃尺寸偏差、对角线差、厚度偏差、厚薄差、外观质量、弯曲度、光学特性的检测方法。

知识要求

1. 适用

平板玻璃的技术指标及实验方法适用于各种工艺生产的钠钙平板玻璃，不适用于压花玻璃和夹丝玻璃。

2. 实验依据

《平板玻璃》（GB 11614）

《计数抽样检验程序　第1部分：按接收质量限（AQL）检索的逐批检验抽样计划》（GB/T 2828.1）

《建筑玻璃　可见光透射比、太阳光直接透射比、太阳能总透射比、紫外线透射比及有关窗玻璃参数的测定》（GB/T 2680）

《数值修约规则与极限数值的表示和判定》（GB/T 8170）

《平板玻璃术语》（GB/T 15764）

任务要求

通过平板玻璃性能检测实验，完成实验报告（表 9-18）并得出结论。

表 9-18 平板玻璃性能检测实验

实验日期：________ 温度/室温：________ 湿度：________

（1）实验仪器

____

（2）实验记录

平板玻璃性能检测实验记录表

样品规格（mm）					
序号	检验项目	GB 11614—2009 标准要求	样品编号	检验结果	单项结论
1					
2					
3					
4					
5					

（3）结论

____

检测方法

1. 尺寸偏差检测

用符合 GB/T 9056 规定的分度值为 1mm 的金属直尺或用符合 QB/T 2443 规定的 1 级精度钢卷尺，在长、宽边的中部，分别测量两平行边的距离。实测值与公称尺寸之差即为尺寸偏差。

2. 对角线差检测

用符合 QB/T 2443 规定的 1 级精度钢卷尺测量玻璃板的两条对角线长度，其差的绝对值即为对角线差。

3. 厚度偏差检测

用符合 GB/T 1216 规定的分度值为 0.01mm 的外径千分尺，在垂直于玻璃板拉引方向上测量 5 点：距边缘约 15mm 向内各取一点，在两点中均分其余 3 点。实测值与公称厚度之差即为厚度偏差。

4. 厚薄差检测

用符合 GB/T 1216 规定的分度值为 0.01mm 的外径千分尺，在垂直于玻璃板拉引方向上测量 5 点：距边缘约 15mm 向内各取一点，在两点中均分其余 3 点。测出一片玻璃板五个不同点的厚度，计算其最大值与最小值之差。

5. 外观质量检测

（1）点状缺陷检测

用符合 JB/T 2369 规定的分格值为 0.01mm 的读数显微镜测量点状缺陷的最大尺寸。

（2）点状缺陷密集度检测

用符合 GB/T 9056 规定的分度值为 1mm 的金属直尺测量两点状缺陷的最小间距并统计 100mm 圆内规定尺寸的点状缺陷数量。

（3）线道、划伤和裂纹检测

如图 9-6 所示。在不受外界光线影响的环境中，将试样垂直放置在距屏幕 600mm 的位置。屏幕为黑色无光泽屏幕，安装有数支 40W，间距为 300mm 的荧光灯。观察者距离试样 600mm，视线垂直于试样表面观察。

采用符合 GB/T 9056 规定的分度值为 1mm 的金属直尺和符合 JB/T 2369 规定的分格值 0.01mm 的读数显微镜测量划伤的长度和宽度。

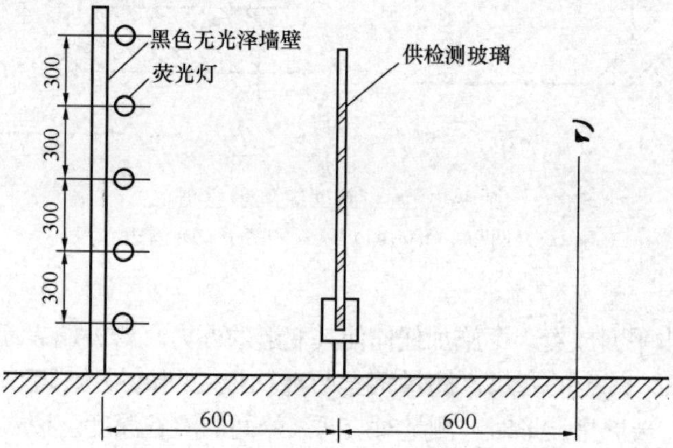

图 9-6　检验外观质量示意图（mm）

（4）光学变形检测

如图 9-7 所示。试样按拉引方向垂直放置于距屏幕 4.5m 处。屏幕带有黑白色斜条纹，且亮度均匀。观察者距试样 4.5m，透过试样观察屏幕上的条纹。首先使条纹明显变形，然后慢慢转动试样直至变形消失，记录此时的入射角度。

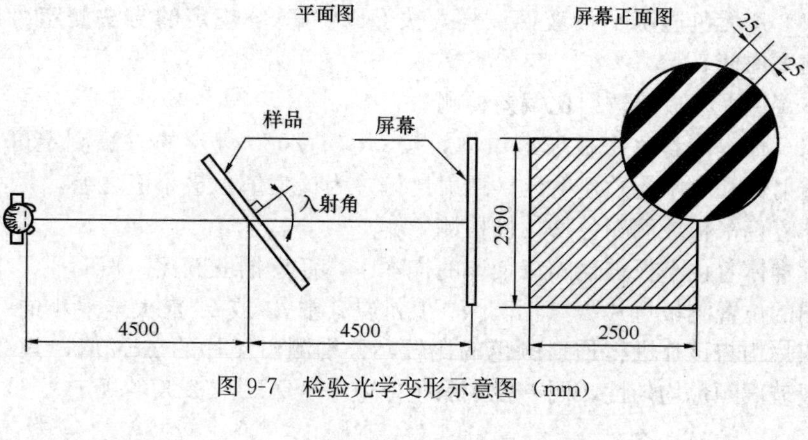

图 9-7　检验光学变形示意图（mm）

（5）断面缺陷检测

用符合 GB/T 9056 规定的分度值为 1mm 的金属直尺测量。凹凸时，测量边部凹进或凸出最大处与板边的距离；爆边时，测量边部沿板面凹进最大处与板边的距离；缺角时，测量原角等分线的长度；斜边时，测量端口突出。如图 9-8 所示。

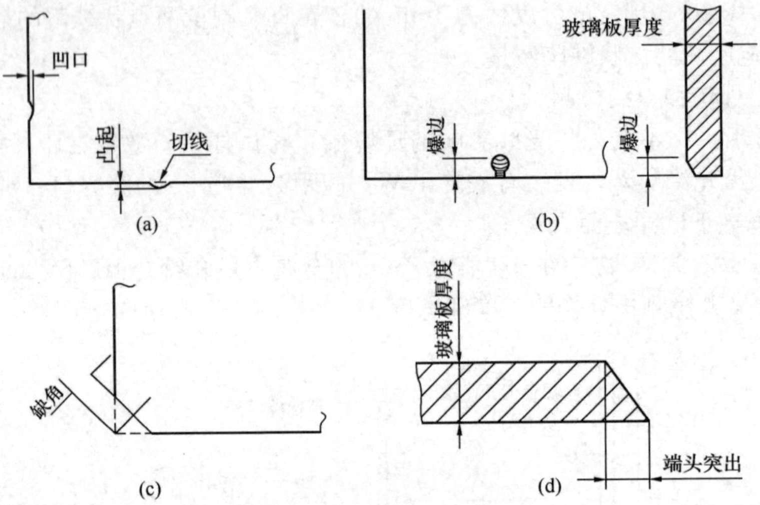

图 9-8　测量断面缺陷示意图

（a）凹凸；（b）爆边；（c）缺角；（d）斜边

6. 弯曲度检测

将玻璃板垂直于水平面放置，不施加任何使其变形的外力。沿玻璃表面紧靠一根水平拉直的钢丝，用符合 JB/T 8788 规定的塞尺，测量钢丝与玻璃板之间的最大间隙。玻璃呈弓形弯曲时，测量对应弦长的拱高；玻璃呈波形时，测量对应两波峰间的波谷深度。按式（9-1）计算弯曲度：

$$c=\frac{h}{l}\times 100 \tag{9-1}$$

式中　c——弯曲度，%；

h——拱高或波谷深度，mm；

l——弦长或波峰到波峰的距离，mm。

7. 光学特性检测

（1）无色透明平板玻璃可见光透射比检测

随机抽取 3 片无色透明平板玻璃试样，按 GB/T 2680 规定的方法测定可见光透射比，取 3 片试样的平均值。

（2）本体着色平板玻璃透射比偏差检测

随机抽取 3 片本体着色平板玻璃试样，按 GB/T 2680 规定的方法测定可见光透射比、太阳光直接透射比和太阳能总透射比。透射比偏差为最大值与最小值之差。

（3）本体着色平板玻璃颜色均匀性检测

从同一批本体着色平板玻璃随机抽取的样本中，任意抽取五片。按 GB/T 11942 规定的方法，在相同的位置测量每片 L^*、a^*、b^* 值，以其中 a^* 或 b^* 最大或最小的一片作为标准片，其余的四片均与该片进行透射颜色的比较，分别测出 4 片的 ΔE_{ab}^* 值，其最大值应符合本体着色平板玻璃颜色均匀性，同一批产品色差应符合 $\Delta E_{ab}^*\leqslant 2.5$ 的规定。

判定规则

对产品尺寸偏差、对角线差、厚度偏差、厚薄差、外观质量和弯曲度进行检验时，一片玻璃其检验结果的各项指标均达到该等级的要求则该片玻璃为合格。否则为不合格。

任务 2　钢化玻璃性能检测

学习目标

1. 熟悉建筑用钢化玻璃性能检测的仪器设备。

2. 掌握建筑用钢化玻璃的尺寸、厚度、外观、弯曲度、抗冲击性、碎片状态、霰弹袋冲击性、表面应力、耐热冲击性能的检测方法。

知识要求

1. 适用

本方法适用于经热处理工艺制程的建筑钢化玻璃，对于建筑以外用的如工业装备、家具等钢化玻璃，可根据其产品特点参照使用本方法。

2. 实验依据

《建筑用安全玻璃　第 2 部分：钢化玻璃》(GB 15763.2)

《建筑用安全玻璃　第 3 部分：夹层玻璃》(GB 15763.3)

《平板玻璃》(GB 11614)

《玻璃应力测试方法》(GB/T 18144)

任务要求

通过钢化玻璃性能检测实验，完成实验报告（表 9-19）并得出结论。

表 9-19　钢化玻璃性能检测实验

实验日期：＿＿＿＿＿＿＿＿　温度/室温：＿＿＿＿＿＿＿＿　湿度：＿＿＿＿＿＿＿＿

(1) 实验仪器

＿＿＿＿＿＿＿＿＿＿＿＿＿＿＿＿

(2) 实验记录

钢化玻璃性能检测实验记录表

样品规格（mm）					
序号	检验项目	GB 15763.2—2005 标准要求	样品编号	检验结果	单项结论
1					
2					
3					
4					
5					

(3) 结论

＿＿＿＿＿＿＿＿＿＿＿＿＿＿＿＿

检测方法

1. 尺寸检测

尺寸用最小刻度为1mm的钢直尺或钢卷尺测量。

2. 厚度检测

使用外径千分尺或与此同等精度的器具，在距玻璃板边15mm内的四边中点测量。测量结果的算术平均值即为厚度值。并以毫米（mm）为单位修约到小数点后两位。

3. 外观检测

以制品为试样，按《平板玻璃》（GB 11614—2009）外观检验方法进行。

4. 弯曲度检测

将试样在室温下放置4h以上，测量时把试样垂直立放，并在其长边下方的1/4处垫上2块垫块。用一直尺或金属线水平紧贴制品的两边或对角线方向，用塞尺测量直线边与玻璃之间的间隙，并以弧的高度与弦的长度之比的百分率来表示弓形时的弯曲度。进行局部波形测量时，用一直尺或金属线沿平行玻璃边缘25mm方向进行测量，测量长度300mm。用塞尺测得波谷或波峰的高，并除以300mm后的百分率表示波形的弯曲度，如图9-9所示。

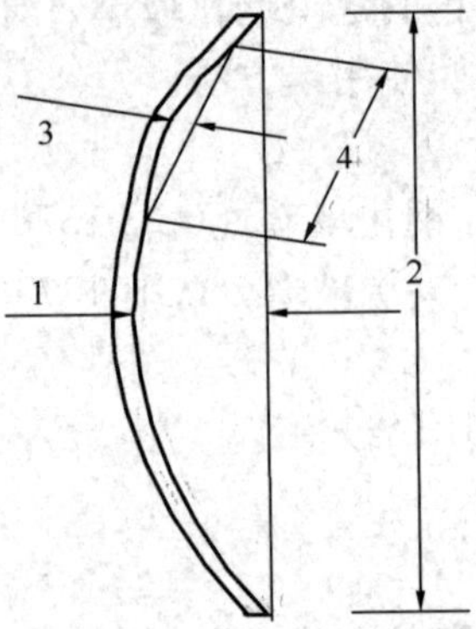

图9-9 弓形和波形弯曲度示意图

1—弓形变形；2—玻璃边长或对角线长；3—波形变形；4—300mm

5. 抗冲击性检测

① 试样为与制品同厚度、同种类的，且与制品在同一工艺条件下制造的尺寸为610mm（－0mm，＋5mm）×610mm(－0mm，＋5mm)的平面钢化玻璃。

② 玻璃落球冲击试验机，实验装置应符合GB 15763.3—2009附录A的规定。使冲击面保持水平。实验曲面钢化玻璃时，需要使用相应的辅助框架支承。

③ 使用直径为63.5mm（质量约1040 g）表面光滑的钢球放在距离试样表面1000mm的高度，使其自由落下。冲击点应在距试样中心25mm的范围内。

对每块试样的冲击仅限1次，以观察其是否破坏。实验在常温下进行。

6. 碎片状态检测

（1）以制品为试样

（2）实验设备

可保留碎片图案的任何装置如玻璃碎片状态试验机。

（3）实验步骤

① 将钢化玻璃试样自由平放在实验台上，并用透明胶带纸或其他方式约束玻璃周边，以防止玻璃碎片溅开。

② 在试样的最长边中心线上距离周边 20mm 左右的位置，用尖端曲率半径为（0.2±0.05)mm 的小锤或冲头进行冲击，使试样破碎。

③ 保留碎片图案的措施应在冲击后 10s 后开始并且在冲击后 3min 内结束。

④ 碎片计数时，应除去距离冲击点半径 80mm 以及距玻璃边缘或钻孔边缘 25mm 范围内的部分。从图案中选择碎片最大的部分，在这部分中用 50mm×50mm 的计数框计算框内的碎片数，每个碎片内不能有贯穿的裂纹存在，横跨计数框边缘的碎片按 1/2 个碎片计算。

7. 霰弹袋冲击性能检测

（1）试样

试样为与制品相同厚度，且与制品在同一工艺条件下制造的尺寸为 1930mm(－0mm，＋5mm)×864mm(－0mm，＋5mm)的长方形平面钢化玻璃。

（2）实验装置

霰弹袋冲击机，实验装置应符合 GB 15763.3—2009 夹层玻璃附录 B 的规定。

（3）实验步骤

① 用直径 3mm 的挠性钢丝绳把冲击体吊起，使冲击体横截面最大直径部分的外周距离试样表面小于 13mm，距离试样的中心在 50mm 以内。

② 使冲击体最大直径的中心位置保持在 300mm 的下落高度，自由摆动落下，冲击试样中心点附近一次。若试样没有破坏，升高至 750mm，在同一试样的中心点附近再冲击一次。

③ 试样仍未破坏时，再升高至 1200mm 的高度，在同一块试样中心点附近冲击一次。

④ 下落高度为 300mm，750mm 或 1200mm 试样破坏时，在破坏后 5min 之内，从玻璃碎片中选出最大的 10 块，称其质量。并测量保留在框内最长的无贯穿裂纹的玻璃碎片的长度。

8. 表面应力检测

（1）检测装置及试剂

表面应力仪，折射油。

（2）试样

以制品为试样，按 GB/T 18144—2008 玻璃应力测试方法规定的方法进行。如果试样锡扩散层的表面有涂层（如幕墙玻璃）应先用氢氟酸或砂布除去涂层，在除去涂层的部位作为试样应力检测点。为了避免热应力的产生，试样的内、外温度应一致并与周围的环境温度相同。

（3）测量点的规定

如图 9-10 所示，在距长边 100mm 的距离上，引平行于长边的两条平行线，并与对角线相交于 4 点，这 4 点以及制品的几何中心点即为测量点。

若制品短边长度不足 300mm 时，如图 9-11 所示，则在距短边 100mm 的距离上引平行于短边的两条平行线与中心线相交于 2 点，这两点以及制品的几何中心点即为测量点。不规则形状的制品，其应力测量点由供需双方商定。

（4）测量结果

测量结果为各测量点的测量值的算术平均值。

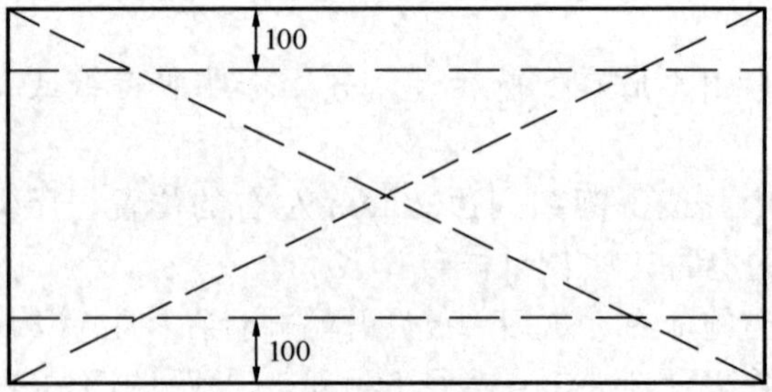

图 9-10　测量点示意图（mm）

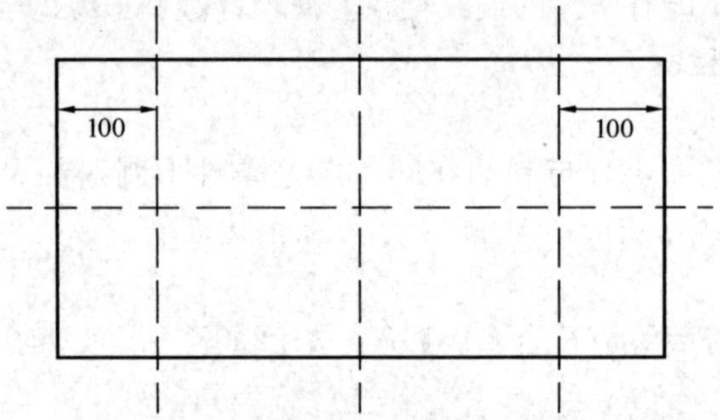

图 9-11　测量点示意图（mm）

9. 耐热冲击性能检测

将 300mm×300mm 的钢化玻璃试样置于（200±2)℃的烘箱中，保温 4h 以上，取出后立即将试样垂直浸入 0℃的冰水混合物中，应保证试样高度的 1/3 以上能浸入水中，5min 后观察玻璃是否破坏。

玻璃表面和边部的鱼鳞状剥离不应视作破坏。

检验规则

1. 组批抽样方法

① 产品的尺寸和偏差、外观质量、弯曲度按表 9-20 规定进行随机抽样。

表 9-20　钢化玻璃抽样表

批量范围	样本大小	合格判定数	不合格判定数
1～8	2	1	2
9～15	3	1	2
16～25	5	1	2
26～50	8	2	3
51～90	13	3	4
91～150	20	5	6
151～280	32	7	8
281～500	50	10	11
501～1000	80	14	15

② 对于产品要求的其他技术性能，若用制品检验时，根据检测项目所要求的数量从该批产品中随机抽取；若用试样进行检验时，应采用同一工艺条件下制备的试样。当该批产品

批量大于 1000 块时，以每 1000 块为 1 批分批抽取试样，当检验项目为非破坏性实验时可用它继续进行其他项目的检测。

2. 判定规则

若不合格品数等于或大于表 9-20 的不合格判定数，则认为该批产品外观质量、尺寸偏差、弯曲度不合格。

其他性能也应符合相应条款的规定，否则，认为该项不合格。

若上述各项中，有 1 项不合格，则认为该批产品不合格。

任务 3　中空玻璃性能检测

学习目标

1. 熟悉中空玻璃性能检测的仪器设备。

2. 掌握中空玻璃的尺寸偏差、外观、露点、耐紫外线辐照、水气密封耐久性、初始气体含量厚度、气体密封耐久性能、*U* 值检测。

知识要求

1. 适用

本方法适用于建筑、冷藏等用途的中空玻璃。

2. 实验依据

《中空玻璃》(GB/T 11944)

《建筑用安全玻璃　第 3 部分：夹层玻璃》(GB 15763.3)

《建筑用安全玻璃　第 2 部分：钢化玻璃》(GB 15763.2)

《平板玻璃》(GB 11614)

《半钢化玻璃》(GB/T 17841)

任务要求

通过中空玻璃性能检测实验，完成实验报告（表 9-21）并得出结论。

表 9-21 中空玻璃性能检测实验

实验日期：__________ 温度/室温：__________ 湿度：__________

（1）实验仪器

____

（2）实验记录

中空玻璃性能检测实验记录表

样品规格（mm）					
序号	检验项目	GB/T 11944—2012 标准要求	样品编号	检验结果	单项结论
1					
2					
3					
4					
5					

（3）结论

____

检测方法

1. 尺寸偏差检测

① 中空玻璃长、宽偏差、对角线差用精度为 1.0mm 的钢卷尺或钢直尺测量；胶层宽度和叠差用精度为 0.5mm 的钢卷尺或钢直尺测量。

② 中空玻璃厚度用符合 GB/T 1216 规定的精度为 0.01mm 的外径千分尺或精度为 0.02mm 的游标卡尺，在距玻璃边缘 15mm 内的四边中点测量。测量结果的算术平均值即为厚度值。

③ 使用最小刻度为 0.5mm 的钢直尺沿玻璃周边测量，读取叠差最大值，如图 9-12 所示。

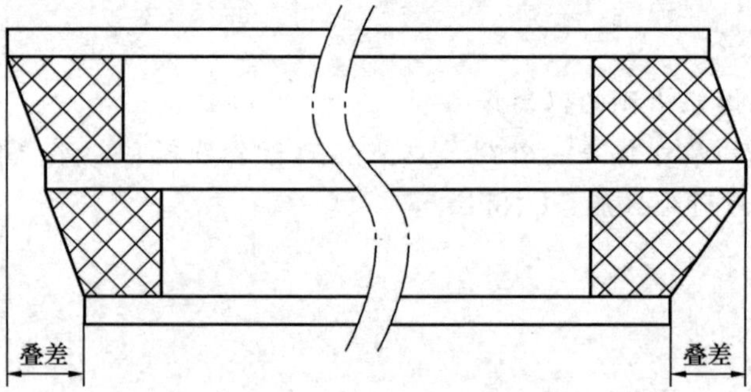

图 9-12 叠差示意图

④ 内道密封胶的宽度在丁基胶最窄处测量，外道密封胶的宽度在内道密封胶与外道密封胶交界处至外道密封胶外边缘最窄处测量，如图 9-13 所示。复合密封胶条的宽度如图 9-14 所示。

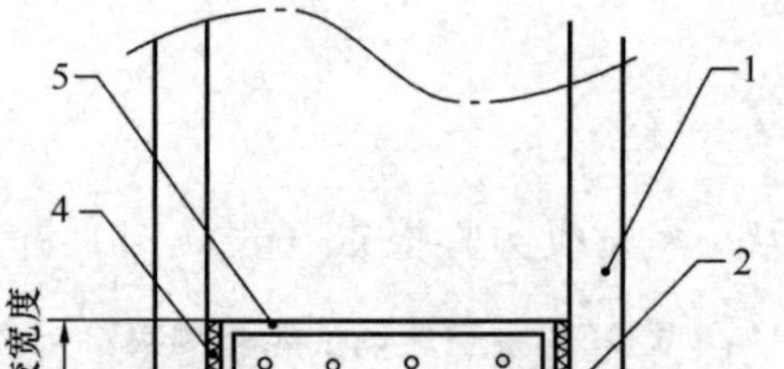

图 9-13 胶层宽度示意

1—玻璃；2—干燥剂；3—外道密封胶；4—内道密封胶；5—间隔框

2. 外观检测

用制品或试样进行检测，在较好的自然光或散射光背景光照条件下，距中空玻璃正面 600mm 处，用肉眼进行观测。划伤宽度用放大 10 倍，精度 0.1mm 的读数显微镜测量；划伤的长度用精度为 0.5mm 的钢直尺测量。

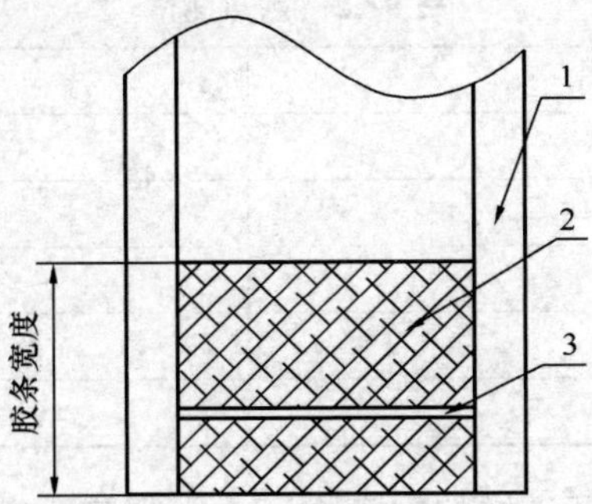

图 9-14　胶条宽度示意

1—玻璃；2—胶条；3—支撑带

3. 露点检测

(1) 试样

试样为制品或与制品相同材料、在同一工艺条件下制作的尺寸为 510mm×360mm 的试样，数量为 15 块。

(2) 实验条件

实验在 (23±2)℃，相对湿度 30%～75%的环境中进行。实验前全部试样在该环境中放置至少 24h。

(3) 实验设备

露点仪应满足：测量面为铜质材料，$\phi(50\pm1)$mm、厚度 0.5mm；温度测量范围可以达到－60℃，精度≤1℃（图 9-15）。

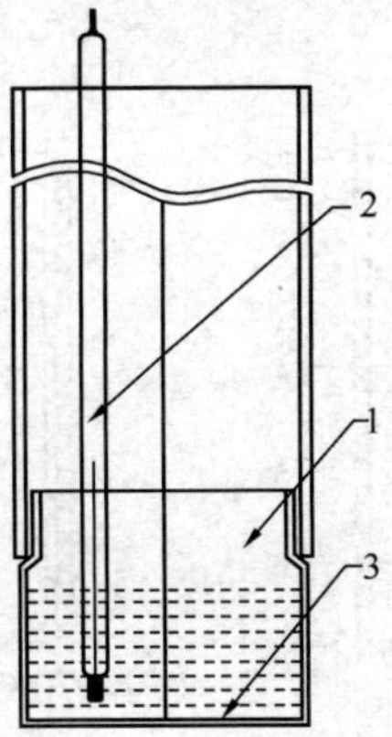

图 9-15　露点仪示意图

1—铜槽；2—温度计；3—测量面

(4) 实验步骤

向露点仪内注入深约 25mm 的乙醇或丙酮，再加入干冰，使其温度降低到等于或低于－60℃开始露点测试，并在实验中保持该温度。

将试样水平放置，在上表面涂一层乙醇或丙酮，使露点仪与该表面紧密接触，停留时间按表 9-22 的规定。

表 9-22　露点测试

原片玻璃厚度（mm）	接触时间（min）
≤4	3
5	4
6	5
8	7
≥10	10

移开露点仪，立刻观察玻璃试样的内表面有无结露或结霜。

如无结霜或结露，露点温度记－60℃。

如结露或结霜，将试样放置到完全无结霜或结露后，提高露点仪温度继续测量，每次提高 5℃，直至测量到－40℃，记录试样最高的结露温度，该温度为试样的露点温度。

对于两腔中空玻璃露点测试应分别测试中空玻璃的两个表面。

4. 耐紫外线辐照检测

（1）试样

试样为与制品相同材料、在同一工艺条件下制作的尺寸为 510mm×360mm 的平面中空玻璃试样，数量为 2 块。

两腔中空玻璃的试样为 4 块。

（2）实验设备

紫外线试验箱箱体尺寸为 560mm×560mm×560mm，内装由紫铜板制成的 ϕ150mm 的冷却盘两个，如图 9-16 所示。光源为功率 300W、在 315～380nm 波长范围内辐照强度 ≥40W/m^{2}的紫外灯。试验箱内温度控制在（50±3)℃。辐照强度达不到时应更换紫外灯。

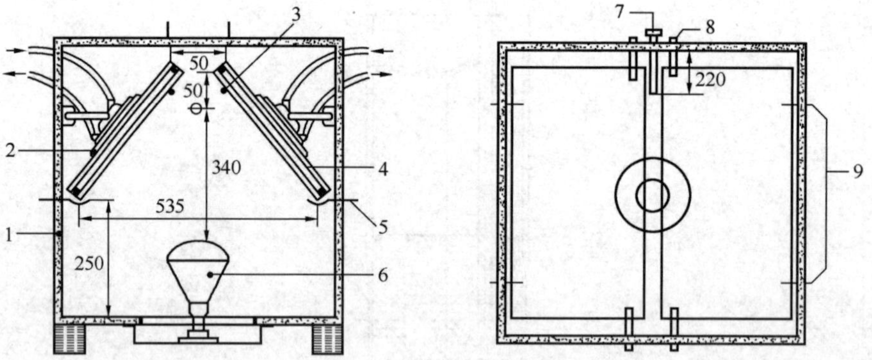

图 9-16　紫外线试验箱（mm）

1—试验箱；2—冷却盘；3—定位钉；4—试样；5、8、9—支撑架；6—紫外灯；7—温度计

（3）实验步骤

在试验箱内放 2 块试样，试样中心与光源相距 300mm，在每块试样表面各放置冷却盘，然后连续通水冷却，进口水温保持在（16±2)℃，冷却板进出口水温相差不得超过 2℃。连续照射 168h 后，将试样移出，散射光背景光照条件下（图 9-17）距试样 600mm 观察。如果观察到玻璃内表面出现冷凝现象，将试样放到（23±2)℃温度下存放一周，擦净表面观察。

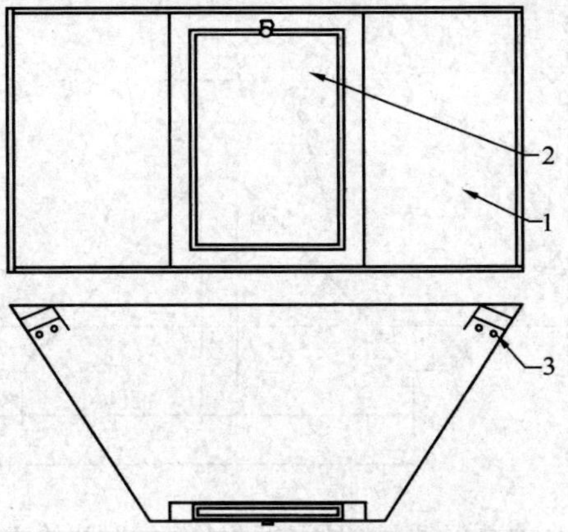

图 9-17　观察箱示意图

1—箱体；2—试样实；3—日光灯

对于两腔中空玻璃，如果两个腔的结构和材料相同，应先将试样分别拆成两个单腔中空玻璃，然后进行实验；如果结构或材料不同，应先将试样拆成小同的两组试样，然后分别进行实验。

5. 水气密封耐久性检测

（1）试样

经露点检测合格的试样，数量为 l5 块（11 块实验、4 块备用）。

（2）实验设备

能够提供下述两个阶段实验的试验箱。第 1 阶段：56 个循环，每 12h 为一个温度循环，温度从（－18±2)～（53±1)℃，升降温速度为（14±2)℃/h；第 2 阶段：温度在（58±1)℃、相对湿度大于 95％的环境温度保持 7 周。温度曲线如图 9-18、图 9-19 所示。

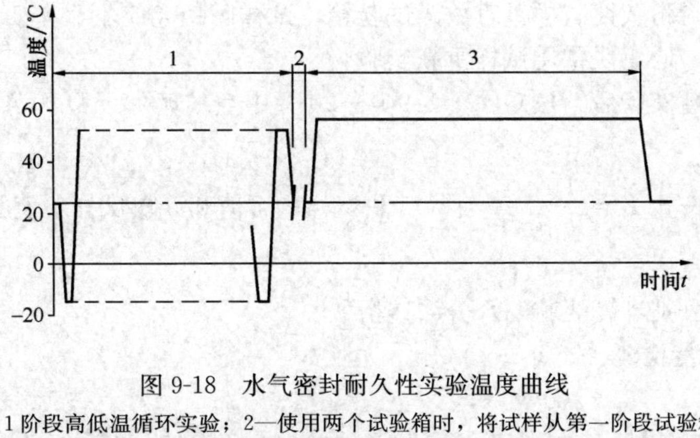

图 9-18　水气密封耐久性实验温度曲线

1—第 1 阶段高低温循环实验；2—使用两个试验箱时，将试样从第一阶段试验箱移到第二阶段试验箱的最大时间间隔为 4h；3—第 2 阶段恒温恒湿实验

（3）实验程序

实验试样按露点温度由高到低的顺序编号，露点温度等于或低于－60℃时随机编号，对于两腔中空玻璃任取一面的露点温度排序，按表 9-23 的规定选择试样进行实验。

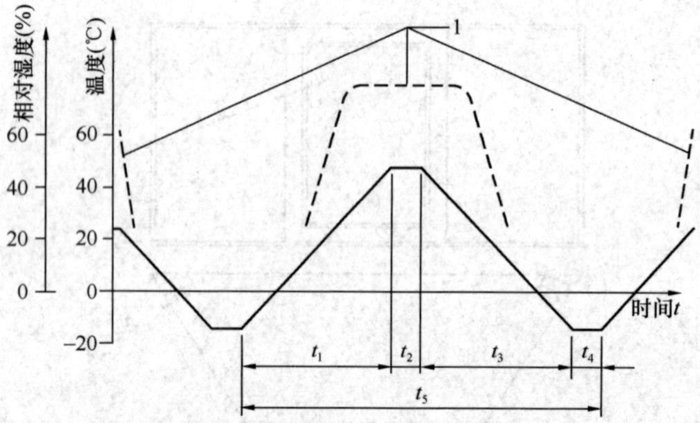

图 9-19 高低温循环阶段温度及湿度随时间的变化曲线

t_1—加热阶段（5h±1min）；t_2—保温阶段（1h±1min）；

t_3—制冷阶段（5h±1min）；t_4—保温阶段（1h±1min）；

t_5——个循环周期（12h）；1—试验箱温度大于23℃时（虚线范围内）相对湿度应≥95%

表 9-23 加速耐久性实验的试样分配

试样编号	实验内容
7、8、9、10	干燥剂初始水分含量的测定
4、5、6、11、12	水气密封耐久性实验和干燥剂最终水分含量测定
2、3、13、14	备用试样
1、15	干燥剂标准水分含量的测定

按 GB/T 11944—2012 中空玻璃附录 D 分别测定 4 块试样的干燥剂初始水分含量 T_i，取其平均值为干燥剂初始水分含量。

按 GB/T 11944—2012 中空玻璃附录 D 分别测定 1、15 号试样的干燥剂标准水分含量 T_c，取其平均值为干燥剂标准水分含量。

将 5 块水气密封耐久性试样垂直放入试验箱，试样间距离应不小于 15mm。实验过程中允许 1 块试样破坏，取 1 块备用试样重新实验。

水气密封耐久性实验后，按 GB/T 11944—2012 中空玻璃附录 D 测定干燥剂最终水分含量 T_f。

水分渗透指数按式 $I=\dfrac{T_f-T_i}{T_c-T_i}$ 计算 5 块试样的 I 值和 5 块试样 I 值的平均修值 I_{av}，计算结果修约至小数点后三位。

两腔中空玻璃分别计算两腔的水分渗透指数。

6. 初始气体含量检测

（1）试样

3 块充气中空玻璃制品或 3 块未经水气密封耐久性实验的与制品相同材料、在同一工艺条件下制作的规格为 510mm×360mm 的试样。

（2）实验条件

实验在（23±2)℃，相对湿度 30%～75%的环境中进行。实验前全部试样在该环境放置至少 24h。

（3）实验设备

顺磁性氧分析仪，仪器分辨率在0.1%，精度应≤±1.0%（V/V）。其他符合要求的仪器也可使用。

（4）实验过程

① 仪器校准：实验前应对氧分析仪进行校准，校准分别使用已经确定氧气浓度的干燥空气和纯度为99.99%以上的氧气或氮气。其他仪器在实验前也应进行校准。

② 取气：试样竖直放置，用尖锥在试样中部将间隔框穿透，立即将排空气体的气密注射器穿过胶垫插入中空玻璃中，如图9-20所示，将中空腔中的气体抽入注射器，然后再把注射器里的气体推入中空腔，如此反复进行两次后，将20mL气体试样抽入注射器。

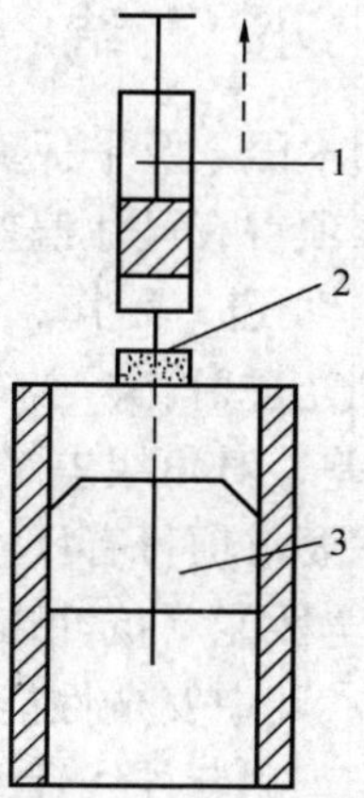

图9-20　取气示意图

1—气密注射器；2—胶垫；3—中空玻璃间隔框

③ 测量：将取好气体试样的注射器插入仪器进气口，然后将气体缓慢注入分析仪，显示器数值稳定后即为测量结果。

两腔中空玻璃分别测量。

7. 气体密封耐久性能检测

（1）试样

4块与制品相同材料在同一工艺条件下制作的规格为510mm×360mm的充气中空玻璃试样（3块实验、1块备用）。

（2）实验设备

符合水气密封耐久性实验温度变化要求的试验箱、顺磁性氧分析仪。

（3）实验过程

将3块试样垂直放入试验箱，试样间的距离应不小于15mm。实验过程中允许1块试样破坏，更换备份试样重新实验。实验首先按水气密封耐久性测试第一阶段的实验方法，进行28个高低温循环实验，然后按第二阶段的实验方法进行4周的恒温恒湿实验。实验后将试样在温度（23±2)℃，相对湿度30%～75%的环境中放置至少24h，按初始气体含量检测要求测量气体含量。

两腔中空玻璃分别测量。

8. *U* 值检测

中空玻璃*U*值按《中空玻璃稳态*U*值（传热系数）的计算及测定》（GB/T 22476—2008）方法计算或测定。

判定规则

若不合格品数等于或大于表9-18的不合格判定数，则认为该批产品外观质量、尺寸偏差不合格。

其他性能也应符合相应条款的规定，否则认为该项不合格。

若上述各项中，有一项不合格，则认为该产品不合格。

小　结

本项目介绍了建筑玻璃检测的常用术语，及平板玻璃、建筑用钢化玻璃、中空玻璃的技术性能要求及检测方法。平板玻璃要求项目有尺寸偏差、对角线差、厚度偏差、厚薄差、外观质量（点状缺陷，点状缺陷密集度，线道、划伤、裂纹，光学变形，断面缺陷）和弯曲度、光学性能（无色透明平板玻璃可见光透射比、本体着色平板玻璃透射比偏差、本体着色平板玻璃颜色均匀性），其中对尺寸偏差、对角线差、厚度偏差、厚薄差、外观质量和弯曲度的要求为强制性的。钢化玻璃的技术要求项目有尺寸及外观（尺寸及其允许偏差、厚度及其允许偏差、外观质量、弯曲度）、安全性能（抗冲击性、碎片状态、霰弹袋冲击性能）及一般性能（表面应力、耐热冲击性能）。其中安全性能要求为强制性要求。中空玻璃的技术要求项目有尺寸偏差、外观质量、露点、耐紫外线辐照性能、水气密封耐久性能、初始气体含量、气体密封耐久性能、*U*值。

自测练习

1. 平板玻璃的缺陷有几种？
2. 平板玻璃质量检验所用的仪器有哪些？
3. 平板玻璃的各种外观瑕疵如何检查？
4. 平板玻璃分为哪几类？
5. 如何判断平板玻璃为优等品？
6. 钢化玻璃对尺寸及其允许偏差有什么要求？
7. 钢化玻璃对外观质量有何要求？
8. 钢化玻璃质量检验所用的仪器有哪些？
9. 如何检测钢化玻璃的霰弹袋冲击性能？
10. 中空玻璃分为哪几类？
11. 制作中空玻璃所需材料有哪些？
12. 中空玻璃对性能有哪些方面的要求？
13. 中空玻璃对外观质量有何要求？
14. 中空玻璃质量检验所用的仪器有哪些？
15. 如何进行中空玻璃露点的测定？

项目 10　保温隔热吸声材料性能检测

学习目标

1. 掌握保温、隔热、吸声材料的基本概念。

2. 掌握保温、隔热、吸声材料性能检测的方法、适用范围、仪器设备、检测结果表示与评定、检测报告内容。

能力目标

1. 掌握保温、隔热、吸声材料检测的取样规定。

2. 掌握导热系数性能检测的方法。

相关理论知识

知识点一　基本概念

1. 定义

(1) 胶粉聚苯颗粒保温浆料

胶粉聚苯颗粒组成并且聚苯颗粒体积比不小于80%的保温灰浆。

(2) 胶粉料

由无机胶凝材料与各种外加剂在工厂采用预混合干拌技术制成的专门用于配制胶粉聚苯颗粒保温浆料的复合胶凝材料。

(3) 聚苯颗粒

由聚苯乙烯泡沫塑料经粉碎、混合而制成的具有一定粒度、级配的专门用于配制胶粉聚苯颗粒保温浆料的轻集料。

(4) 建筑保温砂浆

以膨胀珍珠岩或膨胀蛭石、胶凝材料为主要成分，掺合其他功能组分制成的用于建筑物墙体绝热的干拌混合物。使用时需加适当面层。

2. 术语

(1) 露点

放置露点仪后玻璃表面局部冷却，当达到一定温度后，内部水汽在冷点部位结露，该温度为露点。

(2) 基本平整制品

制品应具有以下某一个特征：

① 平整受火面。

② 如果制品表面不规则，但整个受火面均体现这种不规则特性，只要满足以下规定要求，可视为平整受火面。

在250mm×250mm的代表区域表面上，至少应有50%的表面与受火面最高点所处平面的垂直距离不超过 6mm；或对于有缝隙、裂纹或孔洞的表面，缝隙、裂缝或孔洞的宽度不应超过 6.5mm，且深度不应超过 10mm，其表面积也不应超过受火面 250mm×250mm 代表区域的 30%。

（3）燃烧滴落物

在燃烧实验过程中，脱离试样并继续燃烧的材料。本标准将试样下方的滤纸被引燃作为燃烧滴落物的判据。

（4）导热系数

在稳定传热条件下，1m 厚的材料，两侧表面的温差为 1℃（K），在 1h 内，通过 $1m^2$ 面积传热的热量，单位：W/(m·K)。

（5）环境温度

试件边缘温度或整个防护热板组件的边缘温度。封闭装置为箱内温度，不封闭的为实验室温度。

3. 主要符号

ε——相对形变；

σ_m——压缩强度；

ε_{10}——相对形变为 10%的压缩应力；

ρ_a——表观（体积）密度（表观总密度、表观芯密度、体积密度）；

ψ——软化系数；

OI——氧指数。

知识点二 保温隔热吸声材料检测的取样规定

1. 导热系数检测取样规定

（1）样品尺寸

厚度应符合产品标准要求，试件的尺寸应该完全覆盖加热单元的表面，试样表面应用适当方法加工平整，整个表面的不平行度应 0.5mm 以内。

（2）样品数量

同一厂家同一品种的产品，当单位工程建筑面积在 $20000m^2$ 以下时各抽查不少于 3 次；当单位工程建筑面积在 $20000m^2$ 以上时各抽查不少于 6 次。

2. 密度检测取样规定

（1）样品尺寸

硬质材料，试样的总表面积至少 100cm；半硬质和软质材料试样体积至少 100cm。试样的形状应便于体积的计算。切割试样时，不可使原始泡孔结构产生变形。对于硬质材料当表观总密度是用从大样品上切下的试样进行测定时，则模制时形成的表皮面积与总体积之比，试样和样品二者应相同。碎玉保温砂浆等需要成型的样品，其成型尺寸按照本规程相关实验方法进行。

（2）样品数量

同一厂家同一品种的产品，当单位工程建筑面积在 $20000m^2$ 以下时各抽查不少于 3 次；当单位工程建筑面积在 $20000m^2$ 以上时各抽查不少于 6 次。硬质材料至少 5 个试样；半硬质或软质材料至少 3 个试样。

3. 压缩强度检测取样规定

(1) 样品尺寸

在使用中不保留模塑表皮的制品，应除去表皮，试样厚度应为（50±1）mm。使用时需带有模塑表皮的制品，其试样应取整个制品的原厚，但至少为10mm，厚度不得超过试样的宽度或直径。

试样的基面为正方形或圆形，面积在25.0～230.0cm^2。

试样两平行面的平行度公差不应超过1%，推荐使用基面边长为（100.0±1.0）mm的正四棱柱试样。

(2) 试样取样

制取试样应不改变泡沫材料的原始结构。

制取试样应使其基准面与制品使用时要承受压力的方向垂直。如需要了解各项异型材料完整的特性，或不知道非均质材料的主要性能时，应制备两组试样。各项异型体的特性用一分平面及它的正交面来表示。试样不允许由几片薄片叠成。

(3) 试样数量

同一厂家同一品种的产品，当单位工程建筑面积在20000m^2以下时各抽查不少于3次；当单位工程建筑面积在20000m^2以上时各抽查不少于6次。应从硬质泡沫塑料制品的块状材料或厚板中制取试样。取样方法和数量可参照有关泡沫塑料制品标准中的规定，但至少要取5个试样。

4. 抗压强度、软化系数、干燥收缩率取样规定

抗压强度、软化系数、干燥收缩率样品成型方法按照本规程相关实验方法进行。同一厂家同一品种的产品，当单位工程建筑面积在20000m^2以下时各抽查不少于3次；当单位工程建筑面积在20000m^2以上时各抽查不少于6次。

5. 憎水率检测取样规定

板状制品试样的尺寸为300mm×150mm，厚度为制品的原厚，管状制品试样长300mm，横截面为半环形或扇形，壁厚为制品的原壁厚。制备试样时应尽可能使试样具有代表性，不要从带有折皱或表面破损的部位取样。泡沫塑料制品应去除表皮。

6. 体积吸水率检测取样规定

① 样品数量不得少于3块。

② 试样尺寸。试样长度150mm，宽度150mm，体积不小于500 cm^3。对带有自然或复合表皮的产品，试样厚度是产品厚度；对于厚度大于75mm且不带表皮的产品，试样应加工成75mm的厚度，两平面之间的平行度公差不大于1%。

③ 试样的制备和调节。采用机械切割方式制备试样，试样表面应光滑、平整和无粉末。常温下放于干燥器中，每隔12h称重一次，直至连续两次称重质量相差不大于平均值得1%。

7. 真空吸水率检测取样规定

在温度为（23±2）℃，相对湿度为（50±5）%的标准环境下，预置试样24h。在试样上切取两块试件。板的试件尺寸为100mm×100mm原厚；管的试样尺寸为100mm长。

8. 燃烧性能检测取样规定

(1) 试样尺寸

使用规定的模板在代表制品的实验样品上切割试样。

试样尺寸为：长 250^{0}_{-1} mm，宽 90^{0}_{-1} mm。

名义厚度不超过 60mm 的试样应按其实际厚度进行实验。名义厚度大于 60mm 的试样，应提供完整制品或长 250mm 的试样。

对于非平整制品，试样可按其最终应用条件进行实验（如隔热导管），应提供完整制品或长 250mm 的试样。

（2）试样数量

对于每种点火方式，至少应测试 6 块具有代表性的制品试样，并应分别在样品的纵向和横向上切制 3 块试样。

若实验用的制品厚度不对称，在实际应用中两个表面均可能受火，则应对试样的两个表面分别进行实验。

若制品的几个表面区域明显不同，则应再附加一组实验来评估该制品。

如果制品在安装过程中四周封边，但仍可以再未加边缘保护的情况下使用，应对封边的试样和未封边的试样分别实验。

（3）基材选取

若制品在最终应用条件下安装在基材上，则试样应能代表最终应用状况。且应根据 EN 13238 选取基材。

9. 氧指数检测取样规定

① 按产品标准或《计数抽样检验程序　第 1 部分：按接收质量限（AQL）检索的逐批检验抽样计划》（GB/T 2828.1）的有关规定取样。

② 按产品标准的有关规定或按《塑料　垫固性塑料试样的压塑》（GB/T 5471）、《塑料　热塑性塑料材料试样的压塑》（GB/T 9352）、《塑料　多用途试样》（GB/T 11997）等有关标准，模塑或切割符合尺寸规定要求的试样。

③ 试样类型、尺寸和用途见表 10-1。

表 10-1　试样类型、尺寸和用途　　mm

类型	类型	长		宽		厚		用途
		基本尺寸	极限偏差	基本尺寸	极限偏差	基本尺寸	极限偏差	
自撑材料	Ⅰ	80～100	—	10	±0.5	4	±0.5	用于模塑材料
	Ⅱ					10	±0.5	用于泡沫材料
	Ⅲ					<10.5	—	用于原厚的片材
	Ⅳ	70～100		6.5		3	±0.5	用于电器用模塑料或片材
非自撑材料	Ⅴ	140	−5	52		≤10.5	—	用于软片或薄膜等

④ 试样数量每组至少 15 条。

⑤ 试样表面清洁，无影响燃烧行为的缺陷，如：气泡、裂纹、溶胀、飞边、毛刺等。

⑥ 对Ⅰ、Ⅱ、Ⅲ、Ⅳ型试样，标线划在距点燃端 50mm 处，对Ⅴ型试样，标线划在框架上，或划在距点燃端 20mm 和 100mm 处。

任务　导热系数性能检测

学习目标

1. 了解保温材料的基本性能及特点。
2. 掌握导热系数性能检测的方法。

知识要点

1. 概述

保温材料的导热系数是反映其导热性能的物理量，它不仅是评价材料热力学性能的指标，并且是材料在节能工程应用时的一个重要设计依据。

在工程开工前的图纸设计，以及竣工后建筑节能的评定，都必须进行热工计算，其中导热系数是保温材料最重要的热物性指标。为了使热工计算结果准确，使其与材料的实际使用情况相符，我们就必须正确地选择材料的导热系数。

同时，材料的导热系数受许多因素的影响，例如：材料的化学成分、密度、温度、湿度等；在实际使用中，由于气候、施工工艺、施工水分等各方面的影响，都会导致材料的保温性能下降。

所以实验室的测定值不应该不加修正地应用于所有的使用情况。在通常的热工计算中，我们引入了导热系数的修正因子，（例如：XPS 板 $\alpha=1.10$、EPS 板 $\alpha=1.20$），这就将各种不利影响因素考虑进去。从而使热工计算结果更符合了实际，或是更保守了一些。

在热工计算或保温图集中，材料的导热系数一般是选取产品标准中的规定值。因此，我们只要严格按照标注要求，对保温材料导热系数进行检测，把好产品使用前的质量关。就能确保材料在实际使用中满足其设计要求。

2. 基本定义

（1）导热系数

在稳定传热条件下，1m 厚的材料，两侧表面的温差为 1K 时，在 1h 内，通过 $1m^2$ 面积传递的热量。

（2）公式

$$\lambda=\frac{Q\cdot d}{A\Delta T}[\mathrm{W/(m\cdot K)}]$$

（3）表征

物质导热能力的大小（与材料的厚度、温差无关）。

（4）注意

稳态条件下，材料应为单一均质的干燥材料。

3. 影响因素

导热系数因物质种类不同而异，还与其温度、湿度压力等因素有关。

（1）温度

大多数材料，在一定温度范围内，导热系数可认为是温度的线性函数；金属材料，$b<0$，λ 随 t 升高而减小；非金属材料，$b>0$，λ 随 t 升高而增大。

(2) 湿度

材料导热系数一般随着自身湿度的增大而增大。对于湿材料的导热系数，比干材料和水都要大。

4. 保温材料及其特点

(1) 定义

凡平均温度不高于 350℃，导热系数不大于 0.12W/(m·K) 的材料统称为保温材料。

(2) 结构特点

多孔体或纤维材料。这些材料由于存在孔隙，其中填充低导热系数的气体[如空气：0.0243W/(m·K)]，因此整体具有了良好保温性能。

(3) 与均质材料的区别

由于孔隙的存在，严格说保温材料不应视为均质介质，但如果孔隙的大小和物体的总几何尺寸比起来很小的话，仍可以有条件地认为它们是均质介质，用“表现导热系数”来考虑。

这种情况下材料内部的实际传热包括以下不同方式的复杂组合：

① 导热系数随平均温度的升高而增大。

② 人为地增加材料的孔隙可以提高保温性能。

③ 材料密度减小到一定程度后，密度的减小又会使导热系数增大。

(原因：人为地增加材料的孔隙可以提高保温性能，但密度轻到一定程度后，小的孔隙变大或连成沟道时，引起孔隙内的空气的对流作用及孔隙间的辐射作用都有所加强，反而使材料的整体表现导热系数升高。)

④ 湿度的影响：保温材料多孔状的结构，当水分侵入时，不仅替代孔隙内的部分空气，更重要的是水分存在大大加快了热量的传递。因此保温材料的干湿状态对导热系数测试结果会有很大的影响。样品测试前必须严格进行状态调节。

5. 相关产品标准

(1) EPS 板（表 10-2）

表 10-2 《绝热用模塑聚苯乙烯泡沫塑料》(GB/T 10801.1—2002)

分 类	Ⅰ Ⅱ	Ⅲ Ⅳ Ⅴ Ⅵ	
导热系数 [W/(m·K)]	≤0.041	≤0.039	
试样厚度(mm)	25±1	平均温度(℃)	25±2
状态条件	23/50 二级环境下调节 16h	温差(℃)	15～20
依据标准	《绝热材料稳定热阻及有关特性的测定 防护热板法》(GB/T 10294—2008) 《绝热材料稳定热阻及有关特性的测定 热流计法》(GB/T 10295—2008)		

(2) XPS板(表10-3)

表10-3　《绝热用挤塑聚苯乙烯泡沫塑料(XPS)》(GB/T 10801.2—2002)

分类		带表皮		不带表皮	
		X150～X300	X400～X500	W200	W300
导热系数[W/(m·K)]	平均温度10℃	≤0.028	≤0.027	≤0.033	≤0.030
	平均温度25℃	≤0.030	≤0.029	≤0.035	≤0.032
25mm热阻[(m²·K)/W]	平均温度10℃	≥0.89	≥0.93	≥0.76	≥0.83
	平均温度25℃	≥0.83	≥0.86	≥0.71	≥0.78
平均温度(℃)	10±2 25±2		温差(℃)	15～25	
依据标准	《绝热材料稳定热阻及有关特性的测定　防护热板法》(GB/T 10294—2008) 《绝热材料稳定热阻及有关特性的测定　热流计法》(GB/T 10295—2008)		状态调节	23/50二级环境	

(3) 柔性泡沫橡塑绝热制品(表10-4)

表10-4　《柔性泡沫橡塑绝热制品》(GB/T 17794—2008)

分类		Ⅰ类板(管)	Ⅱ类板(管)
导热系数[W/(m·K)]	平均温度-20℃	≤0.034	
	平均温度0℃	≤0.036	
	平均温度40℃	≤0.041	
依据标准	《绝热材料稳定热阻及有关特性的测定　防护热板法》(GB/T 10294—2008) 《绝热材料稳定热阻及有关特性的测定　热流计法》(GB/T 10295—2008) 《绝热层稳态传热性质的测定　圆管法》(GB/T 10296—2008)	状态调节	按《塑料试样状态调节和试验的标准环境》(GB/T 2918—1998)进行
备注	当管由于形状不适宜进行试验或制备时，应以同一配方、同一工艺、同期生产的板代替		

(4) 聚氨酯(表10-5)

表10-5　《喷涂聚氨酯硬质泡体保温材料》(JC/T 998—2006)

分类		Ⅰ类(墙面)	Ⅱ(屋面)
导热系数[W/(m·K)]		≤0.024	
平均温度(℃)	23±2	试样厚度(mm)	25
依据标准	《绝热层稳定传热性质的测定图管法》(GB/T 10294—2008)	状态调节	23/50二级环境调节72h

(5) 玻璃棉、岩棉和矿渣棉

《绝热用玻璃棉及其制品》(GB/T 13350)，《绝热用岩棉、矿渣棉及其制品》(GB/T 11835)。

① 按其形状分类：棉、板、带、毯、毡、管壳；

② 导热系数平均温度：玻璃棉（70℃）、岩棉、矿渣棉（70℃）；

③ 依据标准：《绝热材料稳定热阻及有关特性的测定　防护热板法》（GB/T 10294—2008）、《绝热材料稳定热阻及有关特性的测定　热流计法》（GB/T 10295—2008）、《绝热层稳态传热性质的测定　圆管法》（GB/T 10296—2008）。

任务要求

能在一维稳态情况下，用防护热板法进行导热系数检测，并完成实验报告，见表 10-6。

表 10-6　导热系数实验

实验日期：____________实验小组成员：____________ 气温/室温：____________ （1）实验仪器 ____________ （2）实验记录 ① 样品名称及规格型号； ② 试件的制备过程； ③ 试件的状态调节； ④ 检测装置的型号及运行情况； ⑤ 测试条件下试件的厚度及夹持压力； ⑥ 数据采集：达到稳定条件后试件的平均温差、平均温度、热流密度的采样值； ⑦ 数据整理：结果的计算及表示。 （3）结论 ____________

主要仪器

1. 量具

见表 10-7。

表 10-7　量具

mm

测试部位	尺寸范围	精度要求	量具	读数中值精确度
长、宽	＞100	0.5	直尺、游标卡尺	1
厚度	10～100	0.1	游标卡尺	0.2

2. 导热系数仪

导热系数仪如图 10-1～图 10-3 所示。

图 10-1　平板导热仪

图 10-2　防护热板式导热系数仪

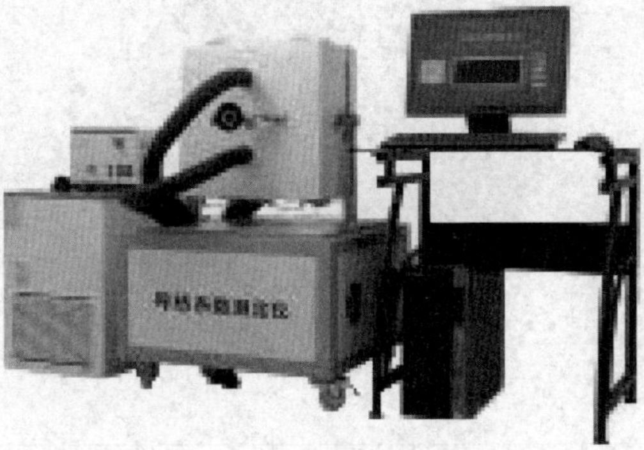

图 10-3　低温导热系数仪

低温导热系数仪的技术指标：

(1) 导热系数测量

① 测量范围：0.005～2.20W/(m·K)。

② 测量重复性：优于±1.5%。

③ 测量的精度：优于±2.5%。

(2) 仪器温度范围

① 冷板温度：－30～90℃，热板温度：－20～90℃。

② 平均温度范围：－20～80℃。

(3) 试件规格要求

① 尺寸：300mm×300mm。

② 厚度：最大可达 45mm。

(4) 该仪器设备的特点

① 测试平均温度范围宽，对常用保温材料导热系数测试温度要求均可满足。

② 实现了在测试条件下，对试件厚度的直接测量。

③ 仪器配置了夹持力控制预显示模块，对其夹持力可进行监控和调节。

④ 能实现对粉状样品导热系数的测试。

3. 其他设备

（1）样品制备过程中的切割工具（图 10-4）

图 10-4　热熔切割工作台

（2）对硬质材料试件表面平整度研磨的工具（图 10-5）

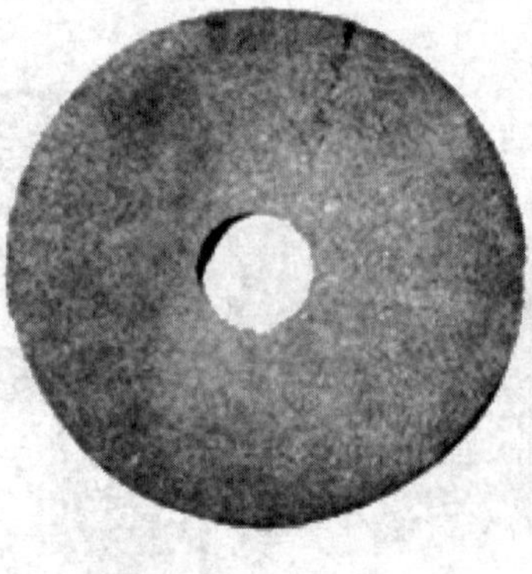

图 10-5　砂轮

（3）对样品进行状态调节的设备（图 10-6）

图 10-6　恒温恒湿养护箱

（4）标准参比板（图 10-7）

标准板使用应注意的事项：

① 使用前应在（105±5）℃干燥箱内干燥 48h 以上，烘至绝干后才能用于标定工作。

② 热面使用温度绝对不得超过 150℃，否则将引起标准值不可恢复的变化。

图 10-7　标准参比板

③ 使用时标准参比板热、冷面温度差以 20～50℃为宜。

④ 标准参比板为半硬性材料，受较大夹持力会压缩变形，在计算导热系数时应采用测量时的实际厚度。如果测试过程中实测厚度难以实现的话，可以应用低导热系数刚性材料制作三个长度相等的短柱嵌入板外周，以短柱高度作为标准参比板的厚度。

检测步骤

（1）样品制备

应按相应的产品标准要求进行。

① 尺寸：应该完全覆盖加热单元的表面（常用：300mm×300mm）。

② 厚度：应符合产品标准及仪器测试厚度范围。

③ 平整度、平行度：如试件表面不平，应采取适当方法加工平整，整个表面的不平行度应小于 0.5mm。

④ 试件数量：由仪器形式确定。应注意：当采用双试件时，厚度差别应小于 2%。

（2）样品状态调节

（3）完成样品质量的称量

（4）将样品安装在导热系数仪的固定位置

（5）进行厚度测量

（6）设置仪器参数

（7）测试开始

（8）当达到平衡的时候，进行数据采集和结果的计算

（9）护热板法中导热系数 λ 的计算公式

$$\lambda = \frac{Q \cdot d}{A(T_1 - T_2)}$$

式中　Q——加热单元计量部分的平均热流量，其值等于平均发热功率，W；

d——试件平均厚度，m；

T_1——试件热面温度平均值，K；

T_2——试件冷面温度平均值，K；

A——计量面积（双试件装置需乘以 2），m^2。

小　　结

本项目主要介绍了保温、隔热、吸声材料的基本概念；导热系数检测、密度检测、压缩强度检测、抗压强度、软化系数、干燥收缩率检测、憎水率检测、体积吸水率检测、真空吸水率检测、燃烧性能检测、氧指数检测取样的规定以及导热系数性能检测的方法、适用范围、仪器设备、检测结果表示与评定、检测报告内容。

自测练习

1. 下列选项中可视为平整受火面的是(　　)。

A. 250mm×250mm 的代表区域表面上，有 40%的表面与受火面最高点所处平面的垂直距离为 5mm。

B. 250mm×250mm 的代表区域表面上，有 50%的表面与受火面最高点所处平面的垂直距离为 6mm。

C. 250mm×250mm 的代表区域表面上，有 60%的表面与受火面最高点所处平面的垂直距离为 7mm。

D. 250mm×250mm 的代表区域表面上，有 70%的表面与受火面最高点所处平面的垂直距离为 8mm。

2. 胶粉聚苯颗粒保温浆料是由胶粉料和聚苯颗粒组成并且聚苯颗粒体积比不小于(　　)的保温灰浆。

A. 65%　　B. 70%　　C. 75%　　D. 80%

3. 氧指数检测取样规定其试样数量每组至少为(　　)条。

A. 5　　B. 10　　C. 12　　D. 15

4. 燃烧性能检测取样规定中的试样尺寸应为：长________mm，宽________mm。

5. 真空吸水率检测取样规定为：在温度为________，相对湿度为________的标准环境下，预置试样________h。在试样上切取两块试件。

6. 导热系数因物质种类不同而异，还与其______、湿度、______等因素有关。

7. 材料导热系数一般随着自身湿度的增大而________。对于材料的导热系数，比干材料和水都要________。

8. 在保温隔热吸声材料导热系数检测取样中，样品应如何进行抽查？

9. 保温材料与均质材料的区别有哪些？

参考文献

[1] 葛新亚. 混凝土材料技术 [M]. 北京：化学工业出版社，2006.
[2] 高军林，李念军. 建筑材料与检测 [M]. 北京：中国电力出版社，2014.
[3] 唐寻，朱晓军. 建筑材料与检测 [M]. 北京：中国建材工业出版社，2012.
[4] 黄荣辉. 预拌混凝土实用技术 [M]. 北京：机械工业出版社，2008.
[5] 陈宝钰. 建筑装饰材料 [M]. 北京：中国建筑工业出版社，2003.
[6] 蔡贵珍. 化验室基本知识及操作 [M]. 武汉：武汉理工大学出版社，2011.
[7] 冯正良. 建材物理检验 [M]. 北京：化学工业出版社，2005.
[8] 郑超荣. 土建工程材料标准速查与选用指南 [M]. 北京：中国建材工业出版社，2011.
[9] 冯文元，建筑材料检验手册 [G]. 北京：中国建材工业出版社，2006.
[10] 李维. 建筑材料质量检测 [M]. 北京：中国计量出版社，2006.
[11] 孙家国. 建筑材料与检测 [M]. 郑州：黄河水利出版社，2011.
[12] 谭平. 建筑材料实训 [M]. 武汉：华中科技大学出版社，2010.
[13] 赵华玮. 建筑材料应用于检测 [M]. 北京：中国建筑工业出版社，2011.
[14] 俞航. 建筑工程材料质量检验 [M]. 北京：中国铁道出版社，2012.
[15] 白燕，刘玉波. 建筑工程材料检测 [M]. 北京：机械工业出版社，2013.
[16] 张华. 建筑材料检测 [M]. 北京：化学工业出版社，2013
[17] 苑芳友. 建筑材料与检测技术综合实训与试验指导 [M]. 北京：北京理工大学出版社，2011.
[18] 张健. 建筑材料与检测. [M]. 北京：化学工业出版社，2003.
[19] 张宪江. 建筑材料与检测 [M]. 杭州：浙江大学出版社，2010.
[20] 王作成，周仲景. 建筑工程检验与材料检测 [M]. 北京：中国建筑工业出版社，2011.
[21] 殷凡勤. 建筑材料与检测 [M]. 北京：机械工业出版社，2014.
[22] 张松榆，刘祥顺. 建筑材料质量检测与评定 [M]. 武汉：武汉理工大学出版社，2007.